中法工程师学院预科教学系列丛书

Preparatory Cycle Textbooks Series of Sino-French Institute of Engineering

丛书主编：王彪 Jean-Marie BOURGEOIS-DEMERSAY

Chimie générale et chimie physique

普通化学和物理化学（法文版）

Océane GEWIRTZ 著

科学出版社

北京

内 容 简 介

本书覆盖了普通化学和物理化学的基础到应用的各个环节，从微观尺度开始介绍普通化学和物理化学原理，最后将理论应用到实际问题中. 本书内容包括原子核理论、溶液化学、晶体结构学、动力学、热化学、相平衡及相应的习题，内容全面，具有可读性、趣味性和广泛性，与日常生活联系紧密，能激发学生的学习热情.

本书可作为中法合作办学单位的预科和专业教材，也可作为其他相关专业的参考教材.

图书在版编目(CIP)数据

普通化学和物理化学：法文/（法）格维尔茨（Gewirtz, O）著. —北京：科学出版社，2016.5

（中法工程师学院预科教学系列丛书 / 王彪等主编）

ISBN 978-7-03-046997-7

Ⅰ. ① 普… Ⅱ. ①格… Ⅲ. ①普通化学-高等学校-教材-法文②物理化学-高等学校-教材-法文 Ⅳ. ①O6

中国版本图书馆 CIP 数据核字 (2016) 第 009687 号

责任编辑：昌 盛 罗 吉 / 责任校对：彭 涛
责任印制：徐晓晨 / 封面设计：迷底书装

科学出版社 出版
北京东黄城根北街 16 号
邮政编码：100717
http://www.sciencep.com

北京九州迅驰传媒文化有限公司 印刷

科学出版社发行 各地新华书店经销

*

2016 年 5 月第 一 版 开本：787×1092 1/16
2016 年 5 月第一次印刷 印张：16 7/8
字数：415 000

定价：68.00 元

序

高素质的工程技术人才是保证我国从工业大国向工业强国成功转变的关键因素. 高质量地培养基础知识扎实、创新能力强、熟悉我国国情并且熟悉国际合作和竞争规则的高端工程技术人才是我国高等工科教育的核心任务. 国家长期发展规划要求突出培养创新型科技人才和大力培养经济社会发展重点领域急需的紧缺专门人才.

核电是重要的清洁能源，在中国已经进入快速发展期，掌握和创造核电核心技术是我国核电获得长期健康发展的基础. 中山大学地处我国的核电大省——广东,针对我国高素质的核电工程技术人才强烈需求,在教育部和法国相关政府部门的支持和推动下,2009年与法国民用核能工程师教学联盟共建了中山大学中法核工程与技术学院（Institut Franco-Chinois de l'Energie Nucléaire），培养能参与国际合作和竞争的核电高级工程技术人才和管理人才. 教学体系完整引进法国核能工程师培养课程体系和培养经验,其目标不仅是把学生培养成优秀的工程师,而且要把学生培养成各行业的领袖. 其教学特点表现为注重扎实的数理基础学习和全面的专业知识学习；注重实践应用和企业实习以及注重人文、法律管理、交流等综合素质的培养.

法国工程师精英培养模式起源于 18 世纪，一直在国际上享有盛誉. 中山大学中法核工程与技术学院借鉴法国的培养模式，结合中国高等教育的教学特点将 6 年的本硕连读学制划分为预科教学和工程师教学两个阶段. 预科教学阶段专注于数学、物理、化学、语言和人文课程的教学，工程师阶段专注于专业课、项目管理课的教学和以学生为主的实践和实习活动. 法国预科阶段的数学、物理等基础课的课程体系和我国相应的工科基础课的教学体系有较大的不同. 前者覆盖面更广，比如数学教材不仅包括高等数学、线性代数等基本知识，还包括拓扑学基础、代数结构基础等. 同时更注重于知识的逻辑性和解题的规范化，以利于学生深入理解后能充分保有基础创新潜力.

为更广泛地借鉴法国预科教育的优点和广泛传播这种教育模式，把探索实践过程中取得的成功经验和优质课程资源与国内外高校分享，促进我国高等教育基础学科教学的改革，我们在教育部、广东省教育厅和学校的支持下，组织出版了这套预科基础课教材，包含数学、物理和化学三门课程多个阶段的学习内容. 本教材主要适用于法国工程师教育预科阶段数学、物理、化学课程的学习. 它的编排设计富有特色，采用了逐步深入的知识体系构建方式；既可作为中法合作办学单位的专业教材，也非常适合其他相关专业作为参考教材，方便自学.

我们衷心希望，本套教材能为我国高素质工程师的教育和培养做出贡献！

中方院长　　法方院长

中山大学中法核工程与技术学院

2016 年 1 月

前言

本系列丛书出版的初衷是为中山大学中法核工程与技术学院的学生编写一套合适的教材. 中法核工程与技术学院位于中山大学珠海校区. 该学院用六年时间培养通晓中英法三种语言的核能工程师. 该培养体系的第一阶段持续三年，对应着法国大学的预科阶段，主要用法语教学，为学生打下扎实的数学、物理和化学知识基础；第二阶段为工程师阶段，学生将学习涉核的专业知识，并在以下关键领域进行深入研究：反应堆安全、设计与开发、核材料以及燃料循环.

本丛书物理化学部分分为以下几册，每册书分别介绍一个学期的物理课程，化学课程内容则独立成册.

第1册：质点力学（大一第二学期）；

第2册：电学、几何光学、两体系统的力学和刚体力学（大二第一学期）；

第3册：热力学（大二第二学期）

第4册：基础化学（大一第二学期，包括原子和溶液化学）和化学物理（大二第二学期，包括晶体学、化学动力学和热力学）

除了因中国学生的语言障碍对某些物理学科的课程进度做了调整以外，在中法核工程与技术学院讲授的科学课程内容与法国预科阶段的课程内容一致.

每册书都采用相同的教学安排：首先讲授课程，然后进行难度逐步加深的习题训练（概念性问题、知识应用练习、训练练习、深度训练练习或难题）.

和其他教材不同的是，为了让学生在学习过程中更加积极主动，本书设计了一系列问题（用符号 ✎ 表示），答案则在书中用手写体标记以强调应由学生（在课堂上）填写完成. 学生可以通过课程知识应用练习（用符号 ✍ 标记）自行检查是否已掌握新学的方程和概念,并有机会接触真实器件或解决来源于日常生活中的一些问题. 书中还有很多插图，有助学生对词汇和概念的理解，所谓"一图胜过千言".

每一章书的后面是附录，收集了法语词汇、物理专业术语，以及物理学史、物理学发展史等相关内容. 读者还可以在附录中找到和课程有关的视频链接目录.

该丛书是为预科阶段循序渐进的持续的学习过程而设计的. 譬如,曾在力学里介绍过的概念，在后续的几何光学或热力学部分会对其进一步深入讲解，习题亦如是. 为了证明一些原理（如最小作用原理）或结论（如对称性）的普遍适用性，相关习题会在物理的不同学科领域以不同形式出现.

最后值得指出的是,该丛书物理化学的内容安排是和数学的内容安排紧密联系的. 学生可以利用已学到的数学工具解决物理问题，如微分方程、偏微分方程或极限展开. 当这些内容在数学课程中没有展开阐述的时候，书中也会在附录部分对其做详细介绍，例如圆锥曲线.

得益于中法核工程与技术学院学生和老师们的意见与建议，该丛书一直在不断地改进中. 我的同事赖侃、滑伟、何广源、胡杨凡、韩东梅和康明亮博士仔细核读了该书的原稿，并作以精准的翻译. 刘洋和熊涛两位博士也对力学部分提出了中肯的意见. 最后，本书的成功出版离不开中法核工程与技术学院两位院长，王彪教授（长江特聘教授、国家杰出青年基金获得者）和 Jean-Marie BOURGEOIS-DEMERSAY先生（法国矿业团首席工程师），一直以来的鼓励与大力支持. 请允许我对以上同事及领导表示最诚挚的谢意!

Océane GEWIRTZ

法国里昂（Lyon）高等师范学校的毕业生，
通过法国会考取得教师职衔的预科阶段物理老师

Avant-propos

Cet ouvrage est à l'origine destiné aux élèves-ingénieurs de l'Institut franco-chinois de l'énergie nucléaire (IFCEN), situé sur le campus de l'université Sun Yat-sen à Zhuhai, dans la province du Guangdong en Chine du sud. Cet institut forme en six années des ingénieurs en génie atomique trilingues en chinois, français et anglais. La première partie du curriculum s'étend sur trois ans et correspond aux classes préparatoires aux grandes écoles, avec un enseignement en français de bases solides dans tous les domaines des mathématiques, de la physique et de la chimie. La deuxième partie du curriculum constitue le cycle d'ingénieur, qui permet aux élèves de se spécialiser dans le nucléaire et d'approfondir les domaines-clés que sont la sûreté, la conception et l'exploitation des centrales, les matériaux pour le nucléaire et le cycle du combustible.

La collection se décline en plusieurs volumes dont chacun représente un semestre de cours en sciences physiques, l'enseignement de la chimie étant regroupé dans un volume particulier :
- Volume 1 : mécanique du point (semestre 2) ;
- Volume 2 : électrocinétique, optique géométrique, mécanique des systèmes de deux points matériels et mécanique du solide (semestre 3) ;
- Volume 3 : thermodynamique (semestre 4) ;
- Volume 4 : chimie générale (atomistique et chimie des solutions au semestre 2) et chimie physique (cristallographie, cinétique chimique et thermochimie au semestre 4).

Les contenus scientifiques qui sont abordés à l'IFCEN correspondent au programme des classes préparatoires en France, si ce n'est que la progression diffère quelque peu en raison des difficultés langagières que présentent, pour un public chinois, certains domaines de la physique.

Chaque volume suit une progression identique : tout d'abord un exposé du cours, suivi d'exercices classés par ordre de difficulté croissante (questions de cours, exercices d'application directe, exercices d'entraînement, exercices d'approfondissement ou problèmes).

Dans le souci de rendre plus actif l'élève pendant son apprentissage, le cours suit une présentation qui diffère d'autres ouvrages : de nombreuses questions sont posées, précédées d'un ✎ ; les réponses sont indiquées en police manuscrite pour bien souligner qu'il appartient à l'élève de remplir cette partie. Les exercices d'application directe du cours, précédés d'un ✍, permettent à l'élève de vérifier qu'il maîtrise les formules et les concepts nouvellement acquis. Ils donnent aussi l'occasion d'étudier des dispositifs réels ou de résoudre des problèmes tirés de la vie quotidienne. De nombreuses illustrations facilitent l'acquisition du vocabulaire et des concepts, suivant l'adage bien connu qu'une image vaut mille mots.

À la fin de chaque chapitre, l'élève trouvera des annexes qui concernent le français et les difficultés lexicales, ainsi que l'histoire et le développement de telle ou telle branche de la physique. Le lecteur pourra aussi trouver une webographie comprenant des animations ou des films en lien avec le cours.

La collection a été conçue pour un apprentissage continu et progressif sur l'ensemble du cycle préparatoire. Par exemple, des notions sont d'abord introduites dans le cours de mécanique, pour être reprises et approfondies plus tard en optique géométrique ou en thermodynamique. Il en va de même pour les exercices, qui peuvent apparaître de façons différentes dans des domaines distincts de la physique, dans le but de démontrer l'universalité de certains principes (comme le principe de moindre action) ou de certains raisonnements (recherche des symétries).

Il faut enfin noter que la progression du cours de physique-chimie se fait en lien étroit avec celle du cours de mathématiques, également disponible dans la même collection. Les élèves pourront donc appliquer aux sciences physiques les outils mathématiques qu'ils auront assimilés préalablement, comme les équations différentielles, les équations aux dérivées partielles ou les développements limités. Lorsqu'elles ne sont pas développées en cours de mathématiques, certaines notions font l'objet d'annexes détaillées, à l'exemple des coniques.

Les volumes de cette collection sont en constante évolution, grâce aux remarques et aux suggestions des élèves et des professeurs de l'institut. J'ai plaisir à mentionner mes collègues les docteurs Lai Kan, Hua Wei, He Guangyuan, Hu Yangfan, Han Dongmei et Kang Mingliang, pour la qualité de leur traduction et la relecture minutieuse des manuscrits. Le volume de mécanique a aussi profité des commentaires avisés des docteurs Liu Yang et Xiong Tao. Enfin, la collection n'aurait pas pu voir le jour sans les encouragements et le soutien constant des deux directeurs de l'institut, le professeur Wang Biao, professeur des universités, membre du programme "Cheung Kong Scholars Program", lauréat du prix d'excellence de la fondation nationale des sciences pour les jeunes chercheurs, et M. Jean-Marie Bourgeois-Demersay, ancien élève de l'École normale supérieure de Paris, diplômé d'HEC, ingénieur général des mines. Qu'ils en soient tous ici remerciés !

Océane Gewirtz
Ancienne élève de l'École normale supérieure de Lyon, professeur en classes préparatoires,
agrégée de sciences physiques.

Table des matières

序 i
前言 iii
Avant-propos v

Première partie Cours 1

Chapitre 1 Structure électronique de l'atome 3
1.1 Rappels sur l'atome 4
1.1.1 Généralités 4
1.1.2 Le noyau atomique 4
1.1.3 Nombre d'Avogadro - Masse molaire atomique 6
1.2 Spectroscopie atomique 7
1.2.1 Spectre de l'atome d'hydrogène 8
1.2.2 Spectre d'autres atomes 9
1.2.3 Interprétation du spectre 9
1.2.4 Séries de raies de l'atome d'hydrogène 12
1.3 Modèle de Bohr -quantification de l'énergie 15
1.3.1 Modèle de Bohr 15
1.4 Le modèle quantique de l'atome 18
1.4.1 Densité de probabilité de présence 19
1.4.2 Les nombres quantiques 20
1.4.3 Nomenclature 21
1.4.4 Diagramme énergétique 22
1.5 Configuration électronique d'un atome 22
1.5.1 Principe d'exclusion de Pauli 23
1.5.2 Règle de Klechkowski 24
1.5.3 Règle de Hund 24
1.5.4 Électrons de coeur, électrons de valence 25
1.5.5 Configuration électronique des ions 26
1.5.6 Lien avec la classification périodique 27

Annexe A Structure électronique de l'atome 28
A.1 Vocabulaire 28
A.2 Histoire des sciences 29
A.3 Quelques notions de mécanique quantique 30

A.3.1 Le rayonnement du corps noir 30
A.3.2 La catastrophe ultraviolette 32
A.3.3 L'effet photoélectrique 35
A.3.4 La dualité onde-corpuscule 38
A.3.5 Le critère quantique 40
A.3.6 Les inégalités d'Heisenberg (1927) 41

Chapitre 2 Classification périodique **47**
2.1 La classification périodique 47
2.1.1 Histoire 47
2.1.2 Morphologie 48
2.1.3 Évolution des propriétés physiques 50
2.1.4 Évolution des propriétés chimiques 55

Annexe B Annexes : Classif ication périodique **59**
B.1 Classification périodique 59

Chapitre 3 Structure électronique des molécules **61**
3.1 Théorie de Lewis de la liaison covalente localisée 61
3.1.1 Schéma de Lewis des atomes 61
3.1.2 Liaison covalente 62
3.1.3 Règle de l'octet 62
3.1.4 Représentation de Lewis des molécules 63
3.1.5 Écriture d'une formule de Lewis : méthode générale 64
3.1.6 Formules plausibles 66
3.2 Molécules à liaisons délocalisées - Mésomérie 66
3.2.1 Définition-exemples 66
3.2.2 Les règles à respecter 67
3.2.3 Exemples 68
3.3 Méthode VSEPR 69
3.3.1 Mise en évidence 69
3.3.2 Théorie VSEPR 69
3.3.3 Application à la polarisation des molécules 72

Annexe C Structure électronique des molécules **74**
C.1 Tableau VSEPR 74

Chapitre 4 Chimie des solutions - Généralités **75**
4.1 Le solvant eau 75
4.1.1 La molécule d'eau 75
4.1.2 L'eau solvant 77
4.2 Loi de l'équilibre chimique 78
4.2.1 Quotient de réaction, activité chimique 78
4.2.2 Constante d'équilibre 81

4.2.3 Réactions totales, réactions nulles 82
4.2.4 Relations entre constantes d'équilibre 82

Chapitre 5 Équilibres acido-basiques **83**
5.1 Généralités 83
5.1.1 Couples acide-base 83
5.1.2 pH d'une solution 85
5.1.3 Constante d'acidité 85
5.1.4 Force d'un acide ou d'une base 86
5.1.5 Diagramme de prédominance 89
5.1.6 Prévision du sens de réaction 90
5.2 Calculs simples de pH 91
5.2.1 Monoacide fort (ou monobase forte) dans l'eau 91
5.2.2 Monoacide faible dans l'eau 93
5.3 Titrage 94
5.3.1 Titrage d'un acide fort par une base forte 94
5.3.2 Titrage d'une base forte par un acide fort 97
5.3.3 Titrage d'un acide faible par une base forte 99
5.3.4 Titrage d'une base faible par un acide fort 102

Annexe D Équilibres acido-basiques **106**
D.1 Histoire 106
D.2 Titrage 107
D.3 Conductimétrie 111
D.3.1 Principe 111
D.3.2 Dosages 112
D.4 Méthode de la réaction prépondérante 114
D.5 Verrerie du laboratoire 115

Chapitre 6 Équilibres de complexation **119**
6.1 Les complexes 119
6.1.1 Définition 119
6.1.2 Nomenclature 120
6.1.3 Constantes d'équilibre 121
6.1.4 Domaines de prédominance 122
6.2 Étude de différentes réactions 124
6.2.1 Échange du ligand 124
6.2.2 Échange du centre métallique 126
6.2.3 Titrage complexométrique 128

Chapitre 7 Équilibres de Précipitation **130**
7.1 Équilibre de précipitation 130
7.1.1 Mise en évidence expérimentale 130
7.1.2 Produit de solubilité 131

7.1.3 Diagrammes d'existence/absence de précipité 132
7.1.4 Solubilité dans l'eau pure 132
7.2 Facteurs de l'équilibre 133
7.2.1 Influence de la température 133
7.2.2 Effet d'ion commun 133
7.2.3 Influence du pH 134
7.2.4 Précipitations compétitives 135
7.2.5 Titrage par précipitation 136

Chapitre 8 Essentiel en chimie des solutions **138**
8.1 Composés classiques 142

Chapitre 9 Cinétique chimique **143**
9.1 Système fermé en réaction chimique 143
9.1.1 Le système physico-chimique 143
9.1.2 Évolution d'un système 146
9.2 Étude de la cinétique chimique 147
9.2.1 Vitesses d'une réaction dans le cas d'un réacteur fermé 147
9.2.2 Influence des concentrations 148
9.2.3 Influence de la température 150
9.3 Cinétique formelle 151
9.3.1 Un seul réactif 151
9.3.2 Plusieurs réactifs 153
9.4 Détermination expérimentale d'une cinétique 158
9.4.1 Par spectrophotométrie d'absorption 158
9.4.2 Par conductimétrie 160
9.4.3 Par titrage 161
9.4.4 Par pressiométrie 162
9.4.5 Détermination de l'ordre : bilan 164
9.5 Mécanismes réactionnels 165
9.5.1 Actes ou étapes élémentaires 165
9.5.2 Vitesse d'un acte élémentaire 165
9.5.3 Intermédiaire réactionnel 165
9.6 Étude de quelques mécanismes 166
9.6.1 En séquence ouverte ou par stades 166
9.6.2 En séquence fermée ou en chaîne 167

Annexe E Cinétique Chimique **170**
E.1 Histoire 170
E.2 Webographie 171

Chapitre 10 Cristallographie **172**
10.1 Notions de cristallographie 172
10.1.1 Différents types de cristaux 172

10.1.2 Définitions 172
10.2 Empilements de sphères rigides 173
10.2.1 Empilements compacts 173
10.2.2 Empilements non compacts 176
10.3 Existence de sites 177
10.3.1 Structure cfc 178
10.3.2 Structure hc 179
10.4 Les principaux types de cristaux 180
10.4.1 Cristal métallique 180
10.4.2 Cristal ionique 181
10.4.3 Cristal covalent 183
10.4.4 Cristal moléculaire 185

Annexe F Cristallographie **190**
F.1 Histoire 190
F.2 Webographie 191

Chapitre 11 Thermochimie **192**
11.1 Bilan thermodynamique : applications du premier principe 192
11.1.1 Énoncé 192
11.1.2 Expressions du travail 193
11.1.3 Expressions du transfert thermique 193
11.1.4 Rappels 194
11.2 Grandeurs du système 194
11.2.1 État standard 194
11.2.2 Grandeurs standard 195
11.2.3 Transferts thermiques en réacteur isobare 196
11.3 Calculs des enthalpies standard de réaction 200
11.3.1 Enthalpie standard de formation 200
11.3.2 Loi de Hess 201
11.3.3 Loi de Kirchhoff (1858) 202

Annexe G Thermochimie **206**
G.1 Histoire 206

Deuxième partie Exercices **207**

Chapitre 1 Atomistique **209**

Chapitre 2 Molécules **214**

Chapitre 3 Chimie des solutions **218**

Chapitre 4 Équilibres acido-basiques **222**

Chapitre 5 Équilibres de complexation **229**

Chapitre 6 Équilibres de précipitation **233**

Chapitre 7 Cinétique chimique **237**

7.1 Cinétique formelle 237

7.2 Mécanismes réactionnels 240

Chapitre 8 Cristallographie **244**

Chapitre 9 Thermochimie **250**

Première partie

Cours

Chapitre 1

Structure électronique de l'atome

Dans cette partie de la chimie, nous allons nous intéresser à la structure de la matière et plus particulièrement à la structure de l'atome pour essayer d'expliquer les différents comportements des éléments lors des réactions chimiques. Nous allons définir les règles fondamentales qui permettent de trouver la structure électronique des atomes. Ceci va nous permettre dans un second chapitre de faire le lien avec la classification périodique des éléments de Mendeleïev, puis enfin dans un troisième chapitre de s'intéresser à la structure des molécules.

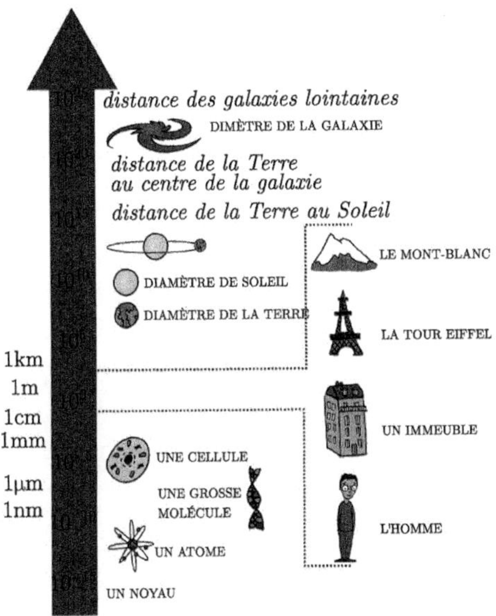

Les différents constituants de la matière aux différentes échelles

*D'après `http://www.maxicours.com/se/fiche/3/8/370083.html/2e`

1.1 Rappels sur l'atome

1.1.1 Généralités

L'atome est la "brique" fondamentale qui permet d'élaborer la structure de la matière. À chaque élément chimique correspond un type d'atome donné.

Des briques
* D'après http://images.businessweek.com

L'association d'un petit nombre d'atomes en édifices chimiques stables constitue une molécule.

Un corps pur est constitué de molécules identiques.
Un corps simple est constitué de molécules formées d'atomes identiques (H_2, O_2).
Un corps composé est constitué de molécules d'atomes différents (CO_2).

Un corps pur (simple ou composé) peut exister sous plusieurs phases : $H_2O_{(l)}$, $H_2O_{(s)}$.

1.1.2 Le noyau atomique

Ernest Rutherford a étudié le noyau atomique en 1911 en bombardant une feuille d'or par un faisceau de particules α (ions He^{2+}). Il observe que le faisceau est très peu dévié. Sur un écran fluorescent, on a un scintillement intense en face de la source : les particules ne rencontrent donc pratiquement pas de matière à la traversée de la feuille d'or. La nature est constituée essentiellement de vide. On dit que la matière a une structure lacunaire.

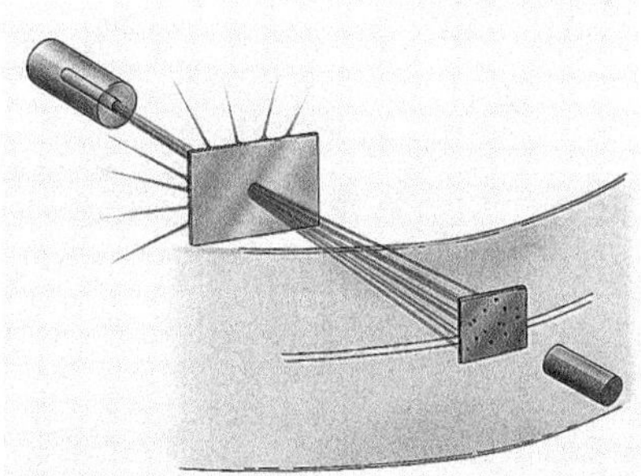

Dispositif de l'expérience de Rutherford
∗ D'après www.larousse.fr

Le rayon du noyau est de dimension très petite par rapport à celle de l'atome :

$$r_{\text{noyau}} = 10^{-15}\text{m} \ll r_{\text{atome}} = 10^{-10}\text{m}.$$

Le noyau est constitué de 2 types de **nucléons** .

✎ Donner leurs noms et la charge qu'ils portent.

On a les neutrons de charge nulle et les protons de charge $q = +e = 1.6 \times 10^{-19}$ C (coulombs).

✎ Qu'appelle-t-on nombre de masse A ?

Le nombre de masse A représente le nombre de nucléons.

✎ Qu'appelle-t-on numéro atomique Z ?

Le numéro atomique Z représente le nombre de protons.

✎ Quel est le nombre de neutrons contenus dans le noyau ?

Il est donc égal à $A - Z$.

✎ Que peut-on dire des masses des neutrons m_n et des protons m_p ?

Les masses sont sensiblement égales : $m_p \approx m_n \approx 1.6 \times 10^{-27}$ kg.

✎ Quelles sont la charge et la masse de l'électron ?

La charge de l'électron est $-e$. La masse est $m_{e^-} \simeq 10^{-30}$ kg.

On note par e cette valeur appelée charge élémentaire : c'est la plus petite charge que peut porter une particule isolée (à l'exception des quarks mais on ne parle plus de particules isolées). Toute charge électrique isolée s'exprime comme un multiple de e.

L'élément chimique E est noté ${}_{Z}^{A}E$. Il contient Z protons, Z électrons, A nucléons et A-Z neutrons.

• **Définition :** 2 noyaux d'un même élément chimique qui diffèrent par leur nombre de masse A sont des isotopes de cet élément.

✎ Donner des exemples d'isotopes :

On peut citer ${}^{12}C$ et ${}^{14}C$ ou ${}^{15}O$, ${}^{18}O$ ou bien encore ${}^{235}U$ et ${}^{238}U$.

Les isotopes d'un même élément ont un numéro atomique Z, mais comme ils n'ont pas le même nombre de masse A, ils ont un nombre de neutrons A-Z différent. Les isotopes ont des masses différentes, on peut donc séparer leurs ions au spectrographe de masse (cf chapitre de physique sur les mouvements de particules chargées dans un champ électromagnétique).

✍ Donner des exemples d'utilisation des isotopes radioactifs.

Les isotopes ont des utilisations différentes : en médecine pour l'oxygène, dans le nucléaire pour l'uranium et en histoire (archéologie) pour la datation au carbone 14.

1.1.3 Nombre d'Avogadro - Masse molaire atomique

• **Définition :** La mole est la quantité de matière d'un système contenant autant d'entités élémentaires qu'il y en a dans 12 g de ${}_{6}^{12}C$.

$$\mathcal{N}_A = 6,022045 \times 10^{23} \text{ mol}^{-1}$$

• **Définition :** La masse molaire atomique est la masse d'une mole d'atomes.

✎ Quelle est la masse approximative d'une mole de nucléons ? En déduire la masse molaire atomique (en g·mol^{-1}) d'un isotope donné en fonction du nombre de masse A.

La masse approximative d'une mole de nucléons est donnée par

$M \approx Am_n \times \mathcal{N}_a \simeq A$ g/mol.

Application : La masse molaire atomique d'un élément naturel contenant plusieurs isotopes dépend de la composition de l'élément.

✍ Déterminer la composition du chlore ($^{35}_{17}$Cl, $^{37}_{17}$Cl) sachant que M(Cl)=35,453 g·mol^{-1}.

On doit résoudre le système suivant :

$$\begin{cases} x+y = 1 \\ 35x+37y = 35,453 \end{cases}$$

soit $x = 77\%$ et $y = 23\%$.

1.2 Spectroscopie atomique

Le spectre d'une lumière polychromatique (constituée d'un ensemble de radiations de longueurs d'onde λ différentes, comme la lumière blanche) est obtenu par décomposition de cette lumière à l'aide d'un système dispersif (par exemple, le prisme) qui est un système dont l'indice n dépend de λ. On a $n(\lambda)$.

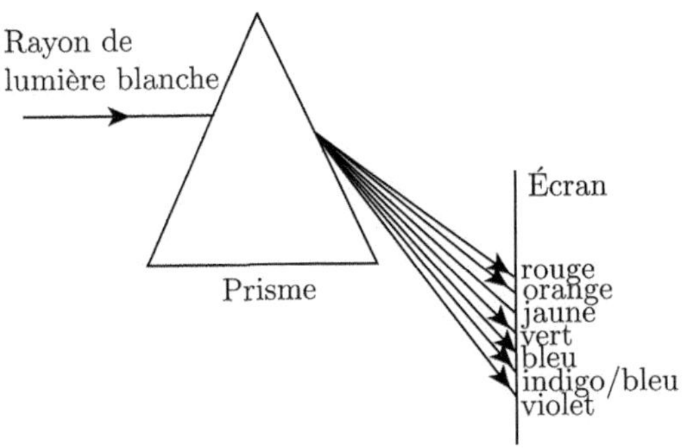

Dispersion de la lumière blanche par un prisme : n fonction de λ

* D'après www.ilephysique.net

Certaines sources émettent un spectre continu comme la lumière blanche (on voit un arc-en-ciel en sortie du prisme).

D'autres sources émettent des spectres discontinus ou spectres de raies comme les lampes à vapeur utilisées en TP (Na, Hg,⋯).

1.2.1 Spectre de l'atome d'hydrogène

Il se compose de 4 raies dans le visible et d'autres raies dans les domaines infrarouge (IR) et ultraviolet (UV).

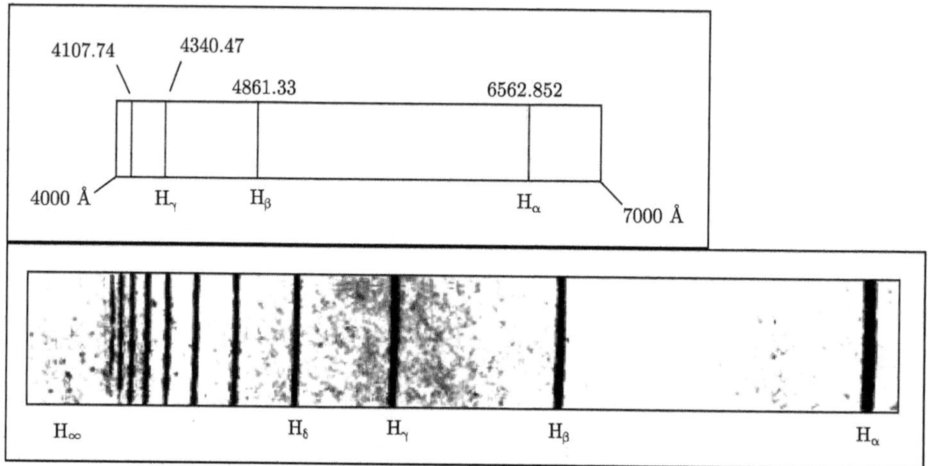

Spectre de l'atome d'hydrogène dans le visible et ensuite photographie d'un spectre plus complet

∗ D'après www.chemteam.info

En 1885, Balmer trouve de façon empirique la formule suivante où σ est appelé nombre d'onde :

$$\sigma = \frac{1}{\lambda} = R_H\left(\frac{1}{2^2} - \frac{1}{n^2}\right) \text{ où n est un entier supérieur strict à 2}$$

avec R_H la constante de Rydberg définie par $R_H = 1,09677 \times 10^7\ \text{m}^{-1}$.

Il existe d'autres séries en dehors du visible : Lyman dans l'UV, Paschen, Brackett, Pfund dans l'IR qu'on reverra plus tard dans la suite du cours. Ces familles de raies vérifient la formule de Ritz, qui est une généralisation de la formule de Balmer :

$$\sigma = \frac{1}{\lambda} = R_H\left(\frac{1}{p^2} - \frac{1}{n^2}\right) \text{ où } n>p \text{ et } R_H = 109677 \text{ cm}^{-1}.$$

1.2.2 Spectre d'autres atomes

Les ions tels que l'hélium (I) He^+, le lithium (II) Li^{2+} ont comme l'hydrogène un seul électron : ce sont des ions hydrogénoïdes. Leurs spectres sont semblables à celui de l'hydrogène et obéissent à la formule suivante :

$$\sigma = \frac{1}{\lambda} = R_Z\left(\frac{1}{p^2} - \frac{1}{n^2}\right) \text{ où } n>p \text{ et } R_Z \text{ dépend de l'élément.}$$

Expérimentalement, on observe que les raies d'un isotope sont très légèrement décalées par rapport à celles d'un autre isotope d'un même élément. Cette propriété permet d'identifier expérimentalement un atome par son spectre. Quand il y a des raies dans le visible, on utiliser alors le "test de flamme" : une flamme rose fuschia pour le lithium Li, jaune orangé pour le sodium Na et violette pour le potassium K.

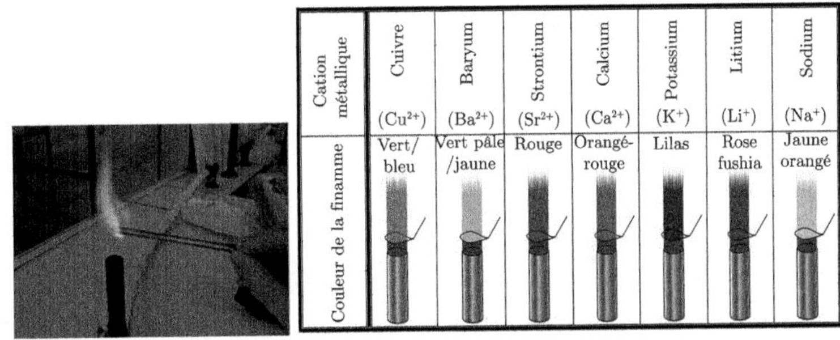

Cation métallique	Cuivre (Cu^{2+})	Baryum (Ba^{2+})	Strontium (Sr^{2+})	Calcium (Ca^{2+})	Potassium (K^+)	Litium (Li^+)	Sodium (Na^+)
Couleur de la finamme	Vert/ bleu	Vert pâle /jaune	Rouge	Orangé-rouge	Lilas	Rose fushia	Jaune orangé

Expérience du 'test de flamme' avec le sodium et résultats avec d'autres éléments

∗ D'après `http://bv.alloprof.qc.ca/s1511.aspx`

1.2.3 Interprétation du spectre

Origine de la lumière émise

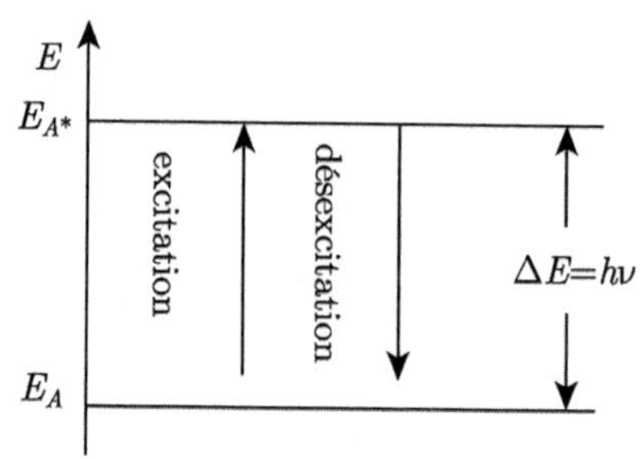

Un atome A excité par un champ électrique passe dans un niveau excité $A^\star$ d'énergie supérieure :

$$A + \text{énergie électrique} \longrightarrow A^\star$$

En se désexcitant, c'est-à-dire en allant à un niveau d'énergie inférieur, l'atome émet de la lumière :

$$A^\star \longrightarrow A + \text{énergie électrique}$$

La fréquence ν du rayonnement émis est reliée à la différence d'énergie $\Delta E = E_{A^\star} - E_A > 0$ par la relation :

$\Delta E = h\nu$ où h est la constante de Planck h=6,62 × 10^{-34} J·s .

Relations entre grandeurs caractéristiques du rayonnement

✎ Rappeler les relations qui lient la fréquence ν, la période T, la longueur d'onde λ et le nombre d'onde σ d'un rayonnement en fonction de c, vitesse de la lumière dans le vide.

On a $\lambda = cT$ ou $\sigma = \dfrac{\nu}{c}$.

Quantification de l'énergie de l'atome d'hydrogène

Comme le spectre de l'atome d'hydrogène n'est pas continu, les énergies ne peuvent pas prendre n'importe quelle valeur. Elles ne peuvent prendre que certaines valeurs : on dit que l'énergie de l'atome d'hydrogène est quantifiée .

✎ En utilisant la formule empirique de Ritz, exprimer la différence d'énergie ΔE entre les 2 niveaux d'énergie $E_{A^\star}$ et E_A en fonction de h, c, R_H, p et q.

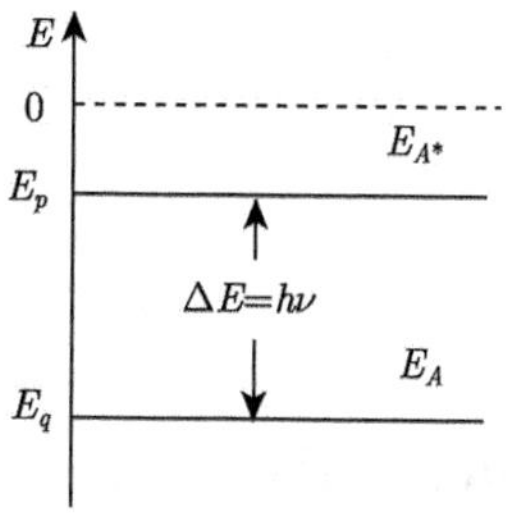

On a $\Delta E = h\nu = \frac{hc}{\lambda} = hcR_H\left(\frac{1}{p^2} - \frac{1}{q^2}\right)$.

✎ L'énergie du système lié { noyau+électron } est négative, $\Delta E = E_p - E_q > 0$ avec $E_q < E_p < 0$. Exprimer E_q et E_p en fonction de h, c, R_H, p ou q. Montrer que l'énergie E_n du niveau n, où $n \in \mathbb{N}^\star$, se met sous la forme :

$$E_n = -hcR_H\frac{1}{n^2} < 0\,.$$

On a vu dans le cours de mécanique sur les forces centrales conservatives que pour avoir un état lié, l'énergie mécanique doit être négative dans le cas des forces newtoniennes attractives (cf livre de mécanique du point). On a donc immédiatement $E_n = -hcR_H\frac{A}{n^2}$.

On appelle niveau fondamental celui qui est le plus stable énergétiquement.

✎ À quelle valeur de n est-il associé ? Donner son expression en fonction de h, c, R_H et calculer sa valeur numérique en joules.

Le niveau fondamental est donc associé à la valeur $n = 1$. Son énergie est $E_0 = -hcR_h$.

✎ Montrer qu'en électron-volts : $E_{\text{fond}} = -13{,}6$ eV <0. On rappelle que 1 eV=$1{,}6 \times 10^{-19}$ J.

✎ En déduire la relation entre E_n et E_{fond}.

On a $E_{\text{fond}} = -6{,}62 \times 10^{-34} \times 3 \times 10^8 \times 1{,}09677 \times 10^7 / (1{,}6 \times 10^{-19})$ soit $E_{\text{fond}} = -13{,}6$ eV.

On a donc $E_{\text{fond}} = -13{,}6$ eV et $E_n = \frac{E_{\text{fond}}}{n^2} < 0$.

Énergie d'ionisation de l'atome d'hydrogène

• **Définition :** C'est l'énergie minimale qu'il faut fournir à l'atome dans son niveau fondamental pour lui arracher son électron.

L'énergie minimale du système { proton + électron } correspond à une énergie cinétique nulle de l'électron et à une énergie potentielle nulle lorsque l'électron est infiniment éloigné du noyau, soit une énergie totale nulle. On a donc : $E_{\text{ion}} = 0 - E_{\text{fond}} = +13,6\text{ eV} > 0$

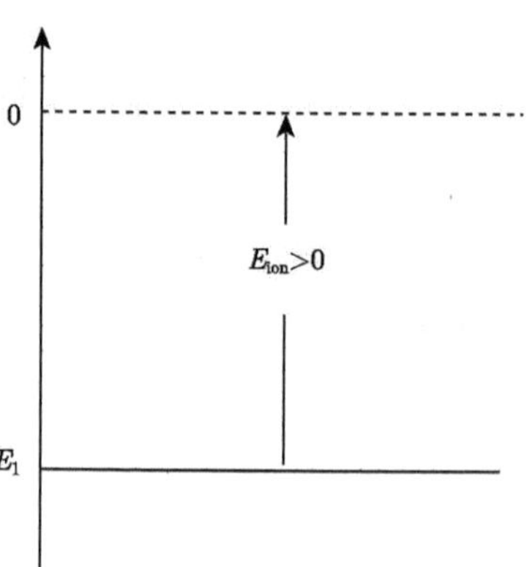

$$\boxed{E_{\text{ion}} = +13,6\text{ eV}}.$$

1.2.4 Séries de raies de l'atome d'hydrogène

Diagrammes énergétiques

✍ Quelle est, en eV, l'énergie des différents états de l'atome d'hydrogène ? Que peut-on dire de l'intervalle les séparant ?

On a le diagramme suivant :

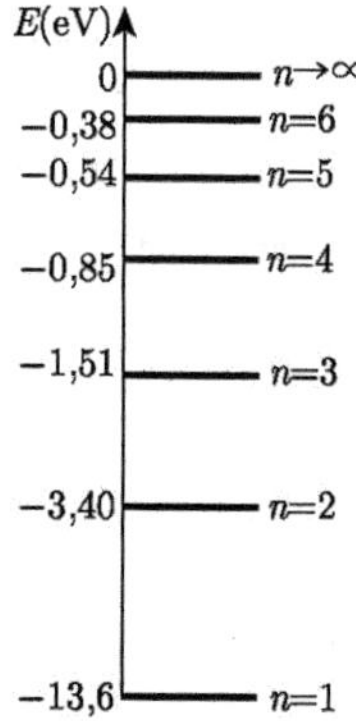

L'intervalle séparant les niveaux est de plus en plus petit.

Séries de raies

Les raies lumineuses correspondent au passage d'un niveau d'énergie supérieure à un niveau d'énergie inférieure. On regroupe les raies en séries qui correspondent à un retour sur un même niveau énergétique.

Retour au niveau $n = 1$	série de Lyman
Retour au niveau $n = 2$	série de Balmer
Retour au niveau $n = 3$	série de Paschen

✍ Dessiner sur le diagramme énergétique précédant les séries de raies. Exprimer pour chacune des séries les longueurs d'onde λ_p correspondant au retour du niveau p au niveau n $(n < p)$ de la série considérée en fonction de h, c, E_{fond} et p.

On a le diagramme suivant avec les différentes séries de raies :

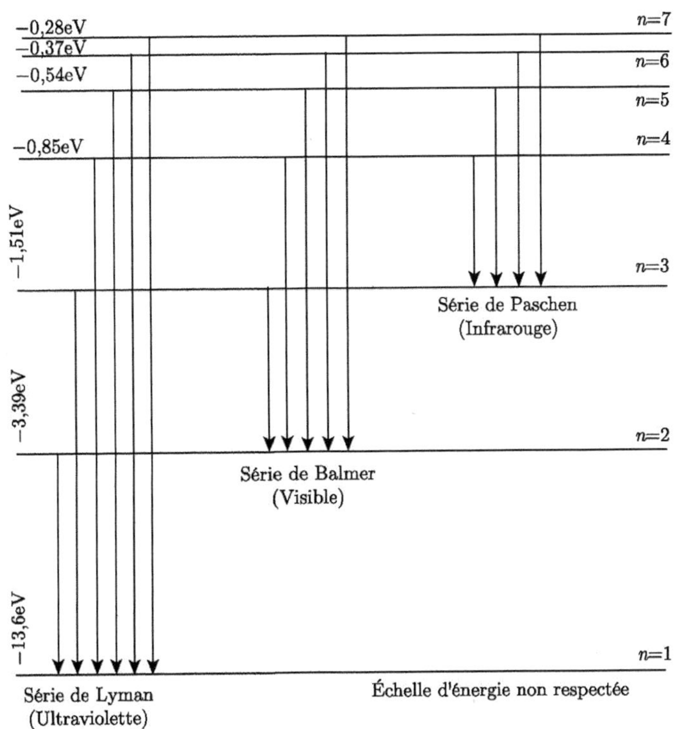

∗ D'après http ://e.m.c.2.free.fr/niveaux-energie-hydrogene-emission-absorption.htm

On a alors les formules suivantes :

$$\lambda_{p,\text{Lyman}} = \frac{hc}{E_{\text{fond}}} \frac{1}{\left(\frac{1}{p^2} - 1\right)};$$

$$\lambda_{p,\text{Balmer}} = \frac{hc}{E_{\text{fond}}} \frac{1}{\left(\frac{1}{p^2} - \frac{1}{4}\right)};$$

$$\lambda_{p,\text{Paschen}} = \frac{hc}{E_{\text{fond}}} \frac{1}{\left(\frac{1}{p^2} - \frac{1}{9}\right)}.$$

Application numérique pour la série de Balmer

On a numériquement :

$$\frac{hc}{E_{\text{fond}}} = \frac{6,62 \times 10^{-34} \times 3 \times 10^8}{(-13,6) \times 1,6 \times 10^{-19}} = -9,12 \times 10^{-8}\ \text{m}$$

$$\text{et } \lambda_3 = \frac{hc}{E_{\text{fond}}} \frac{1}{\left(\frac{1}{3^2} - \frac{1}{4}\right)} = \frac{9,12 \times 10^{-8}}{0,139} = 656\ \text{nm}.$$

On obtient alors le tableau suivant :

p	3	4	5	6	∞
λ (nm)	656	486	434	410	365

✍ Que retrouve-t-on dans la série de Balmer pour le passage des niveaux $n = 3, 4, 5, 6$ au niveau $n = 2$? À quel domaine appartiennent les autres raies de la série ? À quel domaine appartiennent les raies de la série de Lyman et celles de la série de Paschen ?

Pour la série de Balmer, on retrouve les 4 raies dans le visible. Les autres raies de la série appartiennent aux ultraviolets (UV). Les raies de la série de Lyman appartiennent aux ultraviolets (UV) et celles de la série de Paschen aux infrarouges (IR).

1.3 Modèle de Bohr -quantification de l'énergie

1.3.1 Modèle de Bohr

En 1911 a lieu la fameuse expérience de Rutherford et la découverte du noyau. L'atome est donc décrit comme constitué d'un noyau positif et d'électrons qui gravitent autour du noyau.

Or, toute particule chargée accélérée rayonne et perd donc de l'énergie[1] : l'électron devrait s'écraser sur le noyau, en perdant continuellement de l'énergie et donc, on devrait obtenir un spectre continu en longueur d'onde...il y a un problème...

C'est pourquoi Planck est amené à introduire l'hypothèse des quanta comme on a déjà vu : l'énergie est quantifiée, $E = h\nu$ avec h constante de Planck. C'est le début de la mécanique quantique.

Bohr introduit alors en 1913 le modèle planétaire de l'atome ou semi-classique de l'atome : les électrons tournent autour du noyau comme les planètes autour du Soleil, sur des orbites circulaires stables et bien définies.

Modèle de Bohr de l'atome d'hydrogène

✍ Que peut-on dire de la masse du noyau comparée à celle de l'électron ?

La masse du noyau est prédominante devant celle de l'électron :

$m_{\text{noyau}} \gg m_e$.

✍ Que peut-on dire du référentiel lié au noyau ?

Comme la masse du noyau est beaucoup plus grande que celle de l'électron, on peut considérer le noyau comme immobile. Le référentiel lié au noyau est donc galiléen.

✍ Quel est le bilan des forces appliquées à l'électron ?

1. cf cours d'électromagnétistme en année 3

L'électron est soumis au poids et à la force d'interaction électrostatique entre le noyau et l'électron. On a $\vec{F} = -\dfrac{e^2}{4\pi\varepsilon_0 r^2}\vec{e_r}$ et $\vec{P} = m\vec{g}$. Les intensités des deux forces sont les suivantes $F \approx 10^{-8}$ N et $P \approx 10^{-29}$ N.

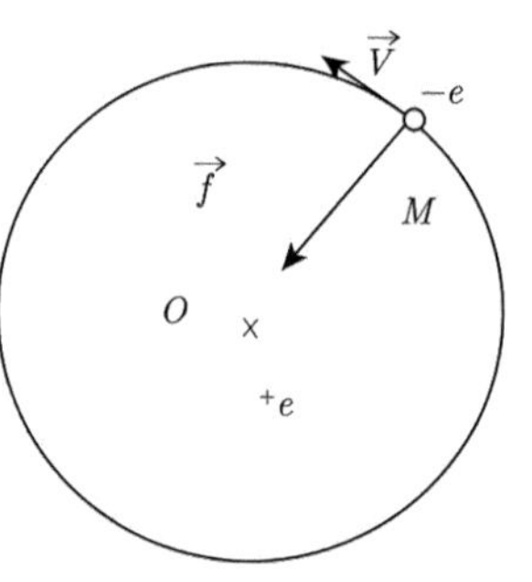

✍ **En négligeant le poids de l'électron, exprimer sa vitesse v en fonction de Z, e, ε_0, r et m.**

D'après le principe fondamental de la dynamique appliqué à l'électron, dans le référentiel du noyau supposé galiléen, on a, en projection sur $\vec{e_r}$: $-m\dfrac{v^2}{r} = -\dfrac{e^2}{4\pi\varepsilon_0 r^2}$ soit $v_H = \dfrac{e^2}{4\pi\varepsilon_0 m r}$ et pour un hydrogénoïde, $v_Z = \dfrac{Ze^2}{4\pi\varepsilon_0 m r}$.

✍ **Exprimer l'énergie cinétique E_c de l'électron.**

On a alors $E_c = \dfrac{mv^2}{2} = \dfrac{e^2}{8\pi\varepsilon_0 r}$.

✍ **En déduire alors, en justifiant son signe, l'énergie mécanique du système { proton + électron }.**

On en déduit alors $E_m = -E_c = -\dfrac{e^2}{8\pi\varepsilon_0 r}$. C'est bien négatif car on a un état lié.

Hypothèse de la quantification

Bohr a supposé la quantification du moment cinétique orbital de l'électron :

$$L = n\hbar$$

avec n nombre quantique principal et $\hbar = h/2\pi$.

✎ Rappeler la définition de $\overrightarrow{L_0}$, moment cinétique en O de l'électron.

On a $\overrightarrow{L_0} = \overrightarrow{OM} \wedge m\overrightarrow{v} = mr^2\dot{\theta}\overrightarrow{e_z}$.

✍ Exprimer sa norme en fonction de sa masse m, de sa vitesse v et de sa distance r au proton. En déduire l'expression de v en fonction de $\hbar$.

On a alors $L_0 = mvr = n\hbar$ soit $v = \dfrac{n\hbar}{mr_n}$.

Rayon des orbites de Bohr

✍ En déduire l'expression des valeurs possibles des rayons r_n. Montrer qu'ils s'expriment simplement en fonction de a_0, rayon de la première orbite pour l'hydrogène et r_1, rayon de la première orbite pour les hydrogénoïdes. Calculer a_0.

On a alors $r_n = \dfrac{n^2\hbar^2 4\pi\varepsilon_0}{me^2} = n^2 a_0$ pour l'hydrogène et
$r_n = \dfrac{n^2\hbar^2 4\pi\varepsilon_0}{mZe^2} = n^2 r_1$ pour les hydrogénoïdes.
On trouve numériquement $a_0 = 0,0529$ nm.

Quantification de l'énergie

✍ En déduire les énergies E_n possibles pour l'électron. Calculer E_1 en eV.

On a alors $E_n = \dfrac{E_1}{n^2} = -\dfrac{e^2}{8\pi\varepsilon_0 a_0 n^2}$ avec $E_1 = -13,6$ eV.

✍ En déduire l'expression de la constante de Rydberg relative à l'hydrogène R_H puis à l'hydrogénoïde Z notée R_Z puis donner le lien entre R_Z et R_H.

On a alors $E_n = \frac{hc}{\lambda} = -hc\frac{R_H}{n^2} = -\frac{e^2}{8\pi\varepsilon_0 a_0 n^2}$ soit $R_H = \frac{me^4}{16\pi\varepsilon_0^2\hbar^3 c}$ et $R_Z = \frac{mZe^4}{16\pi\varepsilon_0^2\hbar^3 c}$.

✍ Est-ce que l'approche précédente permet d'expliquer les légers décalages du spectre atomique des différents isotopes d'un même élément ?

Ceci permet d'expliquer les décalages pour les isotopes d'un même élément car ceux-ci n'ont pas la même masse et, avec ce modèle, R_Z dépend de m.

Le succès de ce modèle vient de la concordance entre les valeurs prédites théoriquement et les valeurs expérimentales.

Limites du modèle de Bohr

Cependant, ce modèle bien que simple et séduisant ne permet toujours pas d'expliquer les spectres des atomes différents de l'hydrogène ni la stabilité de l'atome. En effet, pourquoi l'électron ne rayonne-t-il pas ? Il va falloir abandonner entièrement le monde classique pour entrer dans le monde quantique (ce que va faire Bohr lui-même dans les années 1920).

1.4 Le modèle quantique de l'atome

La mécanique classique s'applique au monde macroscopique. Elle est déterministe : il est possible de déterminer à tout instant, simultanément position et vitesse d'une particule (cf les lois horaires dans le livre de mécanique du point).

La mécanique quantique qui s'applique à l'échelle atomique abandonne l'idée de localisation de l'électron sur sa trajectoire pour la remplacer par la notion de probabilité de présence. On ne raisonne plus qu'en termes de probabilités. D'après le principe d'incertitude d'Heisenberg, on ne peut plus connaître simultanément et avec certitude la position et la vitesse d'une particule.

La séparation entre le monde quantique et le monde classique est faite par le calcul de la longueur d'onde de de Broglie : $\lambda_{\text{deBroglie}} = \dfrac{h}{p}$ où p est la quantité de mouvement. Si la longueur caractéristique de l'expérience l est très supérieure à $\lambda_{\text{deBroglie}}$, alors on est dans le cadre de la mécanique classique. Sinon, on est dans le cadre de la mécanique quantique.

Par exemple, si nous prenons l'exemple d'un homme de masse $m = 70$ kg qui marche (vitesse $v \approx 4$ km/h), nous avons :

$$\lambda_{\text{deBroglie}} = \frac{h}{p} = \frac{6,62 \times 10^{-34}}{70 \times 4/3,6} \approx 10^{-35} \text{ m.}$$

La taille caractéristique de l'homme étant le mètre, il obéit aux lois de la mécanique classique.

✍ Calculer la longueur d'onde de de Broglie associée à un électron relativiste gravitant autour du noyau. Conclusion ?

En appliquant la formule précédente, on a $\lambda = \dfrac{h}{p} = \dfrac{6,52 \times 10^{-34}}{9 \times 10^{-31} \times 3 \times 10^{6}}$ soit $\lambda = 2,0 \times 10^{-10}$ m. Il obéit donc aux lois de la mécanique quantique.

Si vous voulez un peu plus d'informations sur la mécanique quantique, vous pouvez aller consulter les annexes.

1.4.1 Densité de probabilité de présence

En mécanique quantique, on définit donc la probabilité de présence d^3P de l'électron en un point M du volume $d\tau = dxdydz$:

$$d^3P = D(M,t)d\tau$$

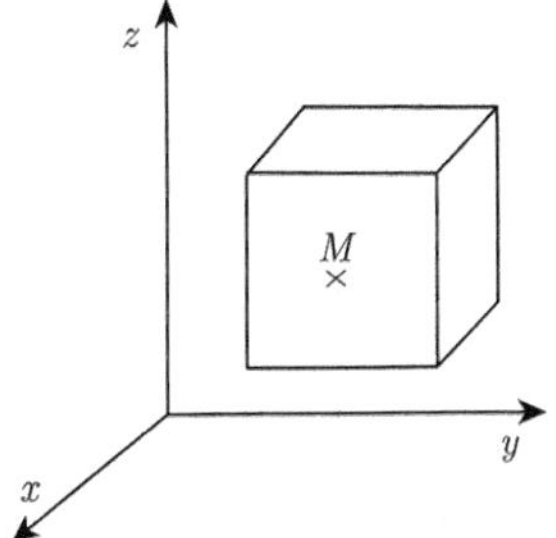

où D est la densité de probabilité de présence de l'électron dans le volume $d\tau$ entourant le point M à l'instant t.

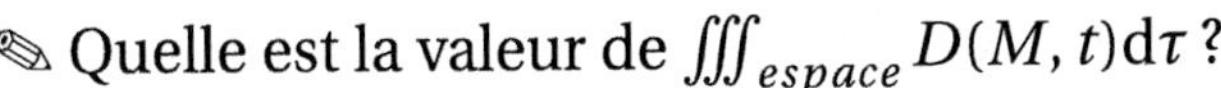

✎ Quelle est la valeur de $\iiint_{espace} D(M,t)d\tau$?

Elle est bien évidemment égale à 1 : le fait de trouver l'électron dans tout l'espace est un événement certain !

1.4.2 Les nombres quantiques

La mécanique quantique établit que l'état d'un électron d'un atome peut être décrit à l'aide de 4 nombres quantiques.

Nombre quantique principal n

C'est un entier strictement positif : $n \in \mathbb{N}^\star$.

L'énergie ne dépend que de n pour les hydrogénoïdes : $E_n = -\frac{13,6Z^2}{n^2}$ eV. Pour les autres éléments, nous allons voir que l'énergie va dépendre d'un autre nombre quantique (l).

On appelle niveau ou couche l'ensemble des électrons décrit par une même valeur de n.

valeur de n	1	2	3	4	5
couche	K	L	M	N	O

Nombre quantique secondaire l

C'est un entier qui ne peut prendre que les valeurs entre 0 et $n-1$. Les énergies des orbitales des électrons sont fixées par la donnée de n et l : $E_{n,l}$.

valeur de l	0	1	2	3	4
sous-couche	s	p	d	f	g

L'énergie d'un atome polyélectronique est la somme des énergies des différents électrons. On a donc :

$$E_{\text{atome}} = \sum_{\text{electrons}} E(n,l)$$

On a donc des niveaux d'énergie ns ($n, l = 0$), np ($n, l = 1$), nd ($n, l = 2$), nf ($n, l = 3$).

l est lié à la quantification du module du moment cinétique orbital de l'électron :

$$L_e = mrv = \sqrt{l(l+1)}\hbar$$

Nombre quantique tertiaire ou magnétique m_l

m_l est un entier relatif qui peut prendre $(2l+1)$ valeurs comprises entre $-l$ et l. Il est lié à la quantification de la projection du moment cinétique orbital L_e selon Oz : $L_{e(Oz)} = m_l\hbar$, ce qui explique l'effet Zeeman (on parle de levée de dégénérescence en présence d'un champ magnétique).

La donnée du triplet (n, l, m_l) permet de définir une orbitale atomique (OA) que l'on va représenter dans la suite du cours par un trait. ——— OA

Nombre quantique magnétique de spin ou le spin : m_s

m_s ne peut prendre que 2 valeurs $+1/2$ et $-1/2$. Ce dernier nombre permet de décrire l'état de l'électron sur une OA. On représente l'électron par une flèche sur l'OA qu'il occupe comme indiqué ci-dessous.

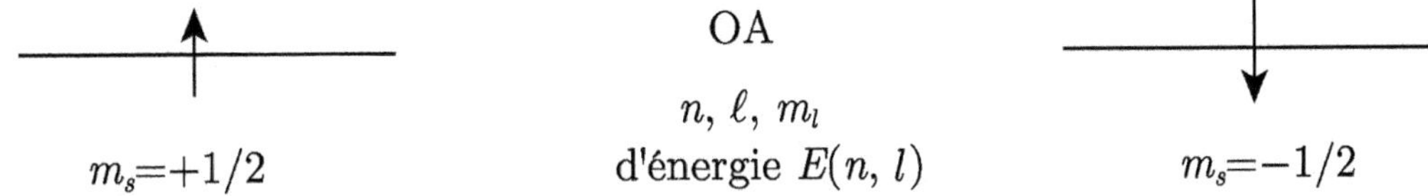

L'état d'un électron est totalement défini par la donnée de $\{n, l, m_l, m_s\}$.

1.4.3 Nomenclature

✎ Donner, pour les différentes couches K,L, M et N, les nombres quantiques possibles, le nom et le nombre d'orbitales atomiques (OA) de même énergie ainsi que le nombre total d'OA associé à chaque couche.

Couche K	n=1; l=0; m_l=0	**1s**	**1** OA
Couche L	n=2; l=0; m_l=0	**2s**	**4** OA
	n=2; l=1; m_l=−1,0,1	**2p**	
	n=3; l=0; m_l=0	**3s**	**9** OA
Couche M	n=3; l=1; m_l=−1,0,1	**3p**	
	n=3; l=2; m_l=−2,−1,0,1,2	**3d**	
Couche N	n=4		**16** OA

✎ Montrer par récurrence qu'il y a n^2 OA de nombre quantique principal n.

Initialisation : $n = 1$, il y a bien 1 OA : l'hypothèse de récurrence est vérifiée.
Hérédité : on suppose P_n vraie et on veut montrer P_{n+1}. Le nombre d'OA est obtenu par la somme suivante :

$$\sum_{l=0}^{n}(2l+1) = \sum_{l=0}^{n-1}(2l+1) + (2n+1) = n^2 + 2n + 1 = (n+1)^2$$

d'où le résultat.

1.4.4 Diagramme énergétique

Lorsque, à un même niveau d'énergie correspondent plusieurs OA, ce niveau d'énergie est dit dégénéré ou encore on a dégénérescence du niveau d'énergie.
On a le diagramme énergétique suivant :

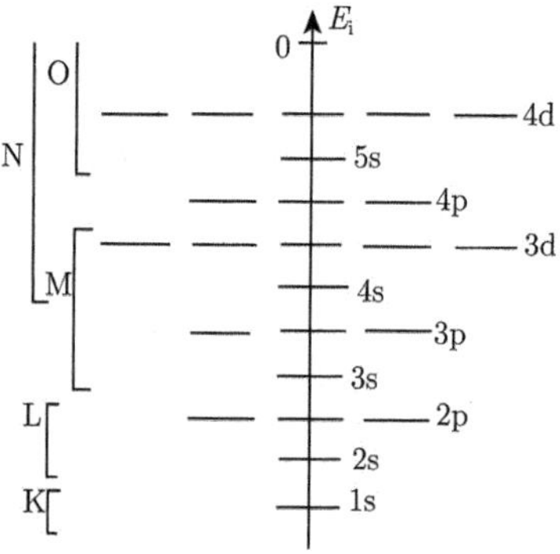

On va justifier plus tard la donnée de ce diagramme.

1.5 Configuration électronique d'un atome

On va maintenant étudier la répartition des électrons d'un atome sur les différentes OA.

1.5.1 Principe d'exclusion de Pauli

Ce principe a été énoncé en 1925 par Wolfgang Pauli.

Il est impossible que deux électrons d'un même atome possèdent 4 nombres quantiques identiques.

✎ Sur une même OA, combien peut-on placer d'électrons au maximum ? Représenter ce cas sur une OA.

Sur une même OA, on peut placer au plus deux électrons. On a alors la représentation suivante : ↿⇂.

✎ Justifier l'expression : "sur une même OA, on ne peut placer que des électrons à spins antiparallèles".

Sur une orbitale, on a le même nombre quantique principal n, le même nombre quantique secondaire l et le même nombre quantique magnétique m_l, mais le nombre magnétique de spin est différent $(m_s \neq)$.

✎ Combien peut-on placer d'électrons sur une OA ns ? Sur les OA np ?nd et nf ?
Combien peut-on placer d'électrons sur chacune des couches K,L, M et N ?

Sur une orbitale s, il y a deux électrons. Sur une orbitale p, on peut placer six électrons et sur une orbitale d, dix électrons. Pour une orbitale f, on arrive à quatorze électrons. Ceci impose que sur la couche K, il y a deux électrons, 8 pour la couche L, 18 sur la couche M et 32 sur la couche N.

Un niveau n est saturé avec $2n^2$ électrons.

1.5.2 Règle de Klechkowski

C'est une règle empirique. Dans l'état fondamental, l'énergie de l'atome est minimale, ce qui correspond à une occupation des niveaux énergétiques les plus bas.

> $E_{n,l}$ est une fonction croissante de $(n+l)$. Pour deux valeurs semblables de $(n+l)$, $E_{n,l}$ est une fonction croissante de n.

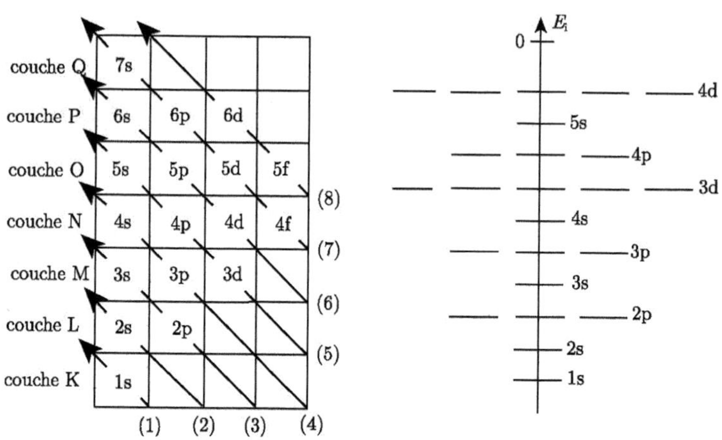

Moyen graphique pour retenir la règle de Klechkowski

∗ D'après `http://nte-serveur.univ-lyon1.fr/gerland1prof/td/Td2sv1.html`

✍ Donner la configuration électronique du carbone C dans son état fondamental ($Z = 6$). De même pour l'oxygène ($Z = 8$).

Pour le carbone, dans son état fondamental, on a $1s^2\ 2s^2\ 2p^2$.

Pour l'oxygène, dans son état fondamental, on a $1s^2\ 2s^2\ 2p^4$.

1.5.3 Règle de Hund

> Quand un niveau d'énergie est dégénéré et que le nombre d'électrons est insuffisant pour saturer le niveau, l'état de plus basse énergie est obtenu en utilisant le maximum d'OA, les spins des électrons non appariés étant parallèles.

Remarque : *des électrons non appariés = des électrons célibataires !*

Lorsqu'un élément a des électrons célibataires, on dit qu'il est paramagnétique. Lorsque tous les électrons sont appariés, on dit qu'il est diamagnétique.

Remarque : *il existe comme bien souvent des exceptions à cette règle dues à la stabilisation particulière des couches ou sous-couches totalement ou à moitié remplies.*

Exemple : *le chrome* Cr *(Z=24). On devrait avoir :* $1s^2\ 2s^2\ 2p^6\ 3s^2\ 3p^6\ 4s^2\ 3d^4$ *mais on observe* $1s^2\ 2s^2\ 2p^6\ 3s^2\ 3p^6\ 4s^1\ 3d^5$.

✍ Donner la configuration électronique "normale" de l'atome de cuivre dans son état fondamental (Z = 29). On observe une inversion. Quelle est sa nouvelle configuration ? En déduire la configuration électronique de l'ion Cu^+.

Pour le cuivre, dans son état fondamental, la configuration électronique "normale" est $1s^2\ 2s^2\ 2p^6\ 3s^2\ 3p^6\ 4s^2\ 3d^9$. Comme on observe une inversion, c'est-à-dire qu'on a : $1s^2\ 2s^2\ 2p^6\ 3s^2\ 3p^6\ 4s^1\ 3d^{10}$.

Pour l'ion cuivre (I), la configuration électronique dans l'état fondamental est alors : $1s^2\ 2s^2\ 2p^6\ 3s^2\ 3p^6\ 4s^0\ 3d^{10}$.

1.5.4 Électrons de coeur, électrons de valence

• **Définition :** Les électrons de valence sont ceux dont le nombre quantique principal n est maximal ou ceux qui appartiennent aux sous-couches en cours de remplissage.

Ce sont les électrons de valence qui sont mis en jeu dans les réactions chimiques car ils sont les plus sensibles aux perturbations extérieures, ils sont les moins liés au noyau. Les autres électrons sont appelés les électrons de cœur.

Pour simplifier l'écriture des configurations électroniques, on remplace les électrons de cœur par le symbole chimique du gaz rare qui possède ce nombre d'électrons.

Exemples : l'aluminium Al (Z=13) [Ne] $3s^2$ $2p^1$ possède 3 électrons de valence.
le fer Fe (Z=26) [Ar] $4s^2$ $3d^6$ possède 8 électrons de valence.
l'argent Ag (Z=47) [Kr] $5s^2$ $4d^9$ possède 11 électrons de valence.
l'or Au (Z=79) [Xe] $6s^2$ $4f^{14}$ $5d^9$ possède 11 électrons de valence.

Remarque : *cette distinction est très importante en chimie car on va voir dans la suite du cours que la réactivité chimique des atomes ou molécules s'explique par le nombre d'électrons de valence.*

1.5.5 Configuration électronique des ions

Pour les cations, on "enlève" des électrons : ce sont les électrons les plus éloignés du noyau qui partent en premier.

✍ Donner la configuration électronique des ions fer (II), Fe^{2+}, et des ions fer (III), Fe^{3+}.

Pour le fer, dans son état fondamental, la configuration électronique est $1s^2$ $2s^2$ $2p^6$ $3s^2$ $3p^6$ $4s^2$ $3d^6$.
Pour l'ion fer (II), la configuration électronique dans l'état fondamental est alors : $1s^2$ $2s^2$ $2p^6$ $3s^2$ $3p^6$ $4s^0$ $3d^6$ car les électrons 4*s* sont plus éloignés du noyau que les 3*d* même si elles se remplissent avant.
Pour l'ion fer (III), la configuration électronique dans l'état fondamental est alors : $1s^2$ $2s^2$ $2p^6$ $3s^2$ $3p^6$ $4s^0$ $3d^5$.

Pour les anions, on "ajoute" des électrons selon les règles de remplissage.

✍ Donner la configuration électronique des ions chlorure Cl^- (Z(Cl)=17).

Pour l'ion chlorure Cl^-, la configuration électronique dans l'état fondamental est alors : $1s^2\ 2s^2\ 2p^6\ 3s^2\ 3p^6$.

1.5.6 Lien avec la classification périodique

L'hydrogène et l'hélium occupent la même ligne de la classification périodique. Or, leurs configurations électroniques dans l'état fondamental sont $1s^1$ pour H et $1s^2$ pour He.
Une nouvelle période est utilisée pour chaque nouvelle couche n.

1ère période	n=1	$1s^2$	2 cases
2ème période	n=2	$2s^2\ 2p^6$	8 cases
3ème période	n=3	$3s^2\ 3p^6$	8 cases
4ème période	n=4	$4s^2\ 3d^{10}\ 4p^6$	18 cases

Une période débute avec le remplissage de la couche (ns) et finit avec (np).
Une même colonne contient les éléments qui ont le même nombre d'électrons de valence, ce qui conduit aux mêmes propriétés chimiques. C'est ce qu'on va voir dans le chapitre suivant.

Annexe A

Structure électronique de l'atome

A.1 Vocabulaire

Il faut connaître les mots suivants :

- une famille
- un corps simple
- un isotope
- une couche
- une période
- un corps composé
- un spectre
- une dégénérescence
- un corps pur
- une molécule
- un nucléon
- lacunaire

A.2 Histoire des sciences

Les biographies sommaires sont tirées de Wikipedia.

⋆ Niels Bohr (7 octobre 1885 à Copenhague, Danemark–18 novembre 1962) est un physicien danois. Il est surtout connu pour son apport à l'édification de la mécanique quantique, pour lequel il a reçu de nombreux honneurs. Il est notamment lauréat du prix Nobel de physique en 1922.

⋆ Sir Ernest Rutherford (30 août 1871, Nouvelle-Zélande–19 octobre 1937) est considéré comme le père de la physique nucléaire. Il a découvert les rayonnements alpha, les rayonnements bêta ; il a aussi découvert que la radioactivité s'accompagne d'une désintégration des éléments chimiques, ce qui lui a valu le prix Nobel de chimie en 1908. C'est encore lui qui a mis en évidence l'existence d'un noyau atomique, dans lequel sont réunies toute la charge positive et presque toute la masse de l'atome, et qui a réussi la toute première transmutation artificielle.
Si, pendant la première partie de sa vie, il s'est consacré exclusivement à sa recherche, il a passé la deuxième moitié de sa vie à enseigner et à diriger le laboratoire Cavendish à Cambridge, où le neutron a été découvert et où les physiciens Niels Bohr et Robert Oppenheimer sont venus se former. Son influence dans ce domaine de la physique qu'il a découvert est donc particulièrement importante.

⋆ Amedeo Avogadro, est un physicien et chimiste italien né à Turin le 9 août 1776 et mort le 9 juillet 1856.

∗ D'après wikipedia.fr

⋆ Max Planck (né le 23 avril 1858, Allemagne-mort le 4 octobre 1947) est un physicien allemand. Il est lauréat du prix Nobel de physique en 1918 pour ses travaux en théorie des quanta. Il a reçu la médaille Lorentz en 1927 et le prix Goethe en 1945.

A.3 Quelques notions de mécanique quantique

Le développement de la physique quantique date du début du $20^{\text{ème}}$ siècle. Il fait suite aux premiers développements de la physique statistique qui, à partir de modèles microscopiques, essaye de rendre compte de phénomènes macroscopiques et donc accessibles à l'expérimentateur. Comme toujours en physique, ce sont les incessants allers-retours entre théorie et expérience qui on fait évoluer les idées. Ainsi, la part de l'expérience dans le développement de la physique quantique est primordiale. Comme on va le voir sur deux expériences « historiques », c'est pour interpréter des résultats expérimentaux qu'il a fallu faire appel à des concepts totalement nouveaux.

Quiconque n'est pas choqué par la mécanique quantique ne la comprend pas, Niels Bohr.

A.3.1 Le rayonnement du corps noir

À la fin du $19^{\text{ème}}$ siècle et à la suite de l'étude des ondes électromagnétiques et des développements de la thermodynamique statistique, des expériences et travaux théoriques sur le rayonnement émis par des corps chauds sont effectués. Les ondes électromagnétiques (dont la lumière est un exemple) transportent en effet de l'énergie qu'elles peuvent céder à la matière, celle-ci pouvant alors à son tour émettre des ondes électromagnétiques. Il y a transmission de cette énergie même à travers le vide (ex : le soleil chauffe les objets terrestres à travers le vide spatial), on parle alors de rayonnement pour ce mode de transmission d'énergie. Ainsi, tous les corps rayonnent de l'énergie électromagnétique en fonction de leur température. C'est en particulier ce qui leur donne une couleur lorsqu'ils rayonnent dans le spectre des longueurs d'onde visibles. Ce type de rayonnement est relié à un rayonnement "modèle" appelé rayonnement du corps noir, le corps noir étant un corps idéal qui a la propriété d'absorber toutes les radiations (quelle que soit la fréquence). À l'équilibre thermique, ce corps émet lui aussi un rayonnement mais, à température ambiante ($T \approx 300$ K), aucune radiation ne serait émise dans le visible ce qui lui donnerait cet aspect noir.

Les faits expérimentaux

On peut réaliser un tel corps en perçant un petit trou dans une cavité dont les parois sont portées à une température T : toutes le vibrations qui pénètrent dans la cavité ne peuvent plus en sortir, le trou se comporte comme un corps noir. L'analyse physique de son rayonnement consiste alors principalement à déterminer l'énergie rayonnée par le corps noir. Pour cela, on peut étudier la puissance émise par unité de surface, on parle alors de flux surfacique Φ (ou d'exitance énergétique) exprimée en $W{\cdot}m^{-2}$. On peut aussi étudier le flux surfacique dans la bande de fréquence comprise entre ν et $\nu + d\nu$ à l'aide de l'exitance spectrale notée φ_ν tel que $d\Phi = \varphi_\nu d\nu$. Les courbes expérimentales représentant φ_ν en fonction de la fréquence ν , pour différentes valeurs de la température et pour un corps noir, possèdent les allures ci-dessous. C'est cette courbe expérimentale, proposée en 1859 par Kirchhoff, qui se trouve à l'origine des premières idées constitutives de la mécanique quantique, les approches classiques ne pouvant alors plus rendre totalement compte de la réalité expérimentale.

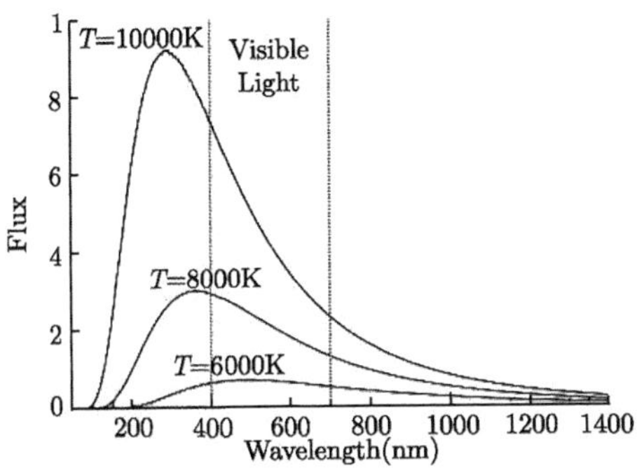

∗ D'après `http://www.astronomy.ohio-state.edu/~pogge/Ast161/Unit4/spectra.html`

Remarque : *on étudie le rayonnement indépendamment de l'objet car comme l'avaient déjà remarqué les céramistes, les objets placés dans un four deviennent rouges en même temps que les parois du four quelle que soit leur taille, leur forme et leur matériau. La loi du rayonnement est une loi universelle.*

A.3.2 La catastrophe ultraviolette

L'allure de la courbe expérimentale représentant φ_ν en fonction de la fréquence ν posa de sérieux problèmes aux physiciens de la fin du 19ème siècle jusqu'au début du 20ème siècle. En 1896, Wien proposa un modèle pour $\varphi_\nu(\nu, T)$ selon la loi

$$\varphi_\nu(\nu, T) = \alpha \nu^3 \mathrm{e}^{-\beta\nu/T}.$$

Mais des mesures complémentaires réalisées en 1900 dans l'infrarouge lointain mettaient en défaut cette formule qui semblait cependant bien convenir dans l'ultraviolet (pour les fréquences plus élevées). Rayleigh (Prix Nobel de physique en 1904) donna une interprétation thermodynamique de la dépendance de φ_ν avec la température T en utilisant les travaux de Boltzmann sur la thermodynamique statistique. Il montra alors, avec Jeans, que dans le domaine infra-rouge, on pouvait écrire

$$\varphi_\nu = \frac{2k_B}{c^2}\nu^2 T$$

où k_B est la constante de Boltzmann.

Cette loi s'accorde bien avec les expériences dans le domaine des plus faibles fréquences mais prévoit qu'en hautes fréquences $\varphi_\nu \to \infty$ quand $\nu \to \infty$, c'est ce qu'on appela la "catastrophe ultraviolette".

L'apport de Planck

Le travail de Planck a, dans un premier temps, consisté à raccorder les deux formules précédentes en une seule (il est parti de l'équation pour ensuite élaborer le modèle théorique qui permet de l'obtenir de façon naturelle). Son modèle thermodynamique du corps noir considère que, du fait des multiples réflexions du rayonnement sur les parois, des ondes stationnaires s'établissent dans la cavité. En raison des conditions aux limites, seules certaines ondes stationnaires peuvent exister dans la cavité. Planck assimile ce système à un ensemble d'oscillateurs harmoniques d'énergies quantifiées ($n\varepsilon$, avec n entier) et proportionnelles aux fréquences. Il a alors obtenu une formule satisfaisante en postulant une relation de proportionnalité entre ε et la fréquence émise ν du type

$$\varepsilon = h\nu$$

où h est depuis appelée constante de Planck ($h = 6,62 \times 10^{-34}$J·s). La formule obtenue par Planck qui correspond aux courbes expérimentales est :

$$\varphi_\nu(\nu, T) = \frac{2\pi h\nu^3}{c^2} \frac{1}{\mathrm{e}^{h\nu/(k_B T)} - 1}.$$

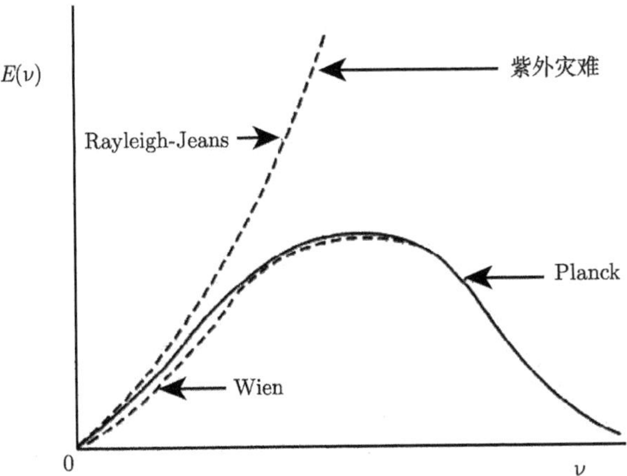

* D'après http://tieba.baidu.com/p/2747416835

* D'après wikipedia.fr

On peut noter que Planck lui-même, dans un premier temps au moins, ne croyait pas à son hypothèse du quantum d'énergie $\varepsilon = h\nu$ du rayonnement d'énergie électromagnétique du corps noir. Ce n'est qu'à la fin de sa vie qu'il admit la portée importante de cette hypothèse que d'autres études reprendront. De plus, historiquement, Planck ne croyait pas en l'existence des atomes et était ainsi un fervent ennemi de Boltzmann, mais pour arriver à ses fins dans les calculs, il a dû utiliser la formulation probabiliste de l'entropie de son rival et, comble de l'ironie, il s'est trompé en l'appliquant !

Loi de déplacement de Wien

On a choisi ici de représenter la courbe donnant φ_ν en fonction de la fréquence ν. Dans la pratique, on utilise plus souvent les longueurs d'onde pour sélectionner les rayonnements, on peut alors définir de même une fonction $\varphi_\lambda(\lambda, T)$. En remarquant que $\nu = c/\lambda$ et donc que $d\nu = -\frac{c}{\lambda^2}d\lambda$, on peut écrire le flux surfacique dΦ dans la bande de fréquence comprise entre ν et $\nu + d\nu$, donc dans la bande de longueur d'onde comprise entre $\lambda - |d\lambda|$ et λ (si ν augmente, λ diminue !) sous les formes

$$d\Phi = \varphi_\lambda |d\lambda| = \varphi_\nu d\nu \text{ avec alors } \varphi_\lambda = \frac{\nu^2}{c}\varphi_\nu$$

d'où l'expression

$$\boxed{\varphi_{\lambda,T} = \frac{2\pi h\nu^5}{c^3}\frac{1}{e^{h\nu/(k_B T)} - 1} = \frac{2\pi hc^2}{\lambda^5}\frac{1}{e^{hc/(k_B T\lambda)} - 1}}\,.$$

Les courbes représentant φ_λ en fonction de λ pour différentes températures ont la même allure que celles présentées en début d'annexe pour φ_ν. Par une résolution numérique, on pourrait montrer qu'elles présentent toutes un maximum, à la température T, pour une longueur d'onde λ_m vérifiant $\lambda_m T = 2898$ μm·K, comme le montre le graphe ci-après.

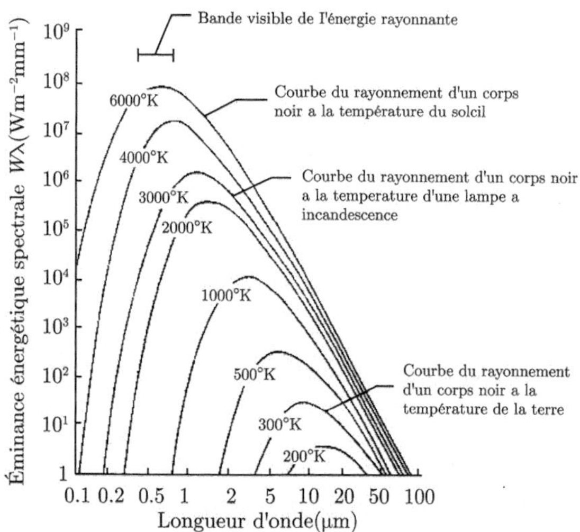

* D'après http://www.fao.org/docrep/003/t0355f/T0355F02.htm

C'est cette loi appelée, loi du déplacement de Wien, qui explique par exemple qu'un corps noir n'émet, à la température ordinaire, que des radiations infrarouges. Quand on le chauffe, la couleur du rayonnement passe du rouge au jaune orangé puis au blanc (qui comporte plus de radiations bleues et violettes donc de longueurs d'onde plus petites).

Remarque : *c'est cette loi qui permet aux astrophysiciens de déterminer les températures de surface des étoiles ou des planètes. Ainsi, contrairement au vocable usuel de la peinture, une étoile bleue est "plus chaude" qu'une étoile rouge.*

Loi de Stefan

On vient de voir sur l'exemple précédent du corps noir chauffé que son émission n'est pas monochromatique. Pour obtenir le flux surfacique F (ou émittance) émis par le corps, il faut sommer les termes $\varphi_\lambda d\lambda$ sur toutes les longueurs d'onde possibles. En effectuant ce calcul, on trouve que :

$$\Phi = \sigma T^4 \text{ avec } \sigma = \frac{2\pi^5 k_B^4}{15c^2h^3} = 5,67 \times 10^{-8}\ \text{W·m}^{-2}\text{·K}^{-4}.$$

C'est cette loi qu'on appelle Loi de Stefan. On peut au passage remarquer qu'en fait 98% de la puissance est rayonnée dans la bande de longueur d'onde $[0,5\lambda_m, 8\lambda_m]$.

A.3.3 L'effet photoélectrique

Une deuxième expérience historique a été très utile pour valider l'hypothèse de Planck. Il s'agit de l'effet photoélectrique découvert par Hertz en 1896 mais interprété par Einstein en 1905 qui généralise l'hypothèse de Planck.

Les faits expérimentaux

Tout d'abord, Hertz a remarqué qu'un métal (en l'occurrence du zinc) pouvait émettre des charges négatives (électrons) lorsqu'il était éclairé par des radiations ultraviolettes. Ceci ne se produisait pas pour des radiations infrarouges. Pour étudier quantitativement cet effet, on peut utiliser le montage ci-contre. Sous l'action d'un rayonnement, des électrons peuvent être arrachés de la cathode (K). Ceux-ci sont attirés par l'anode portée au potentiel variable V, cathode et anode étant placées dans une ampoule à vide.

On peut alors mesurer l'intensité du courant i qui s'établit à l'aide de l'ampèremètre (A). On constate alors que :
- l'émission d'électrons ne se produit que si la fréquence ν du rayonnement est supérieure à une fréquence seuil ν_0 caractéristique du métal, elle est instantanée ;
- l'énergie cinétique des électrons émis peut être mesurée à l'aide de la valeur de $V_0 < 0$ de V qui annule le courant. On constate que cette énergie cinétique est indépendante du flux lumineux mais qu'elle augmente avec ν pour $\nu > \nu_0$.

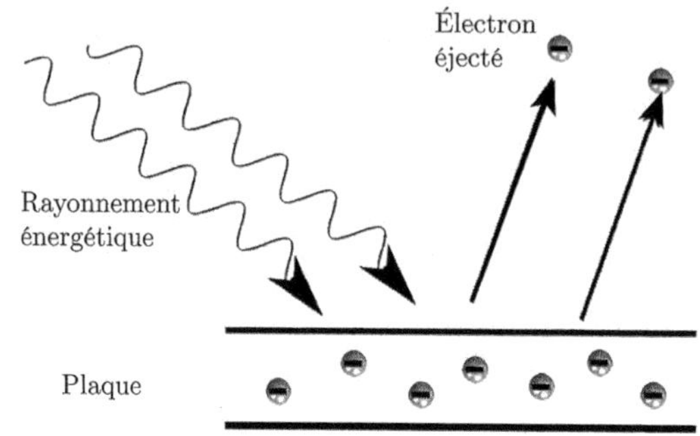

∗ D'après `wikimedia.org`

Ces observations sont en contradiction avec la théorie classique de l'électromagnétisme pour laquelle l'énergie transportée par le rayonnement incident est proportionnelle au carré de son amplitude et indépendante de la fréquence.

L'interprétation d'Einstein

C'est alors qu'Einstein utilise l'idée émise par Planck en attribuant une réalité au quantum d'énergie $h\nu$. Pour expliquer les observations ci-dessus, il imagine que cette énergie élémentaire $h\nu$ est celle de grains de lumière qu'il appelle photons, associés à l'onde électromagnétique de fréquence ν . Selon lui, ces photons en arrivant sur le métal y céderaient cette énergie $h\nu$ qui serait alors fournie à un électron. Si elle est suffisante, cette énergie permet à l'électron de vaincre les forces qui le retiennent au métal (de sortir d'un puits de potentiel en fait) et d'acquérir alors une énergie cinétique E_c selon la formule d'Einstein :

$$h\nu = W_0 + E_c$$

où W_0 est le travail d'extraction et E_c l'énergie cinétique des électrons à la sortie du métal.

Avec ce modèle, Einstein expliquait la présence d'un seuil ν_0 tel que $W_0 = h\nu_0$, en-deçà de cette fréquence le photon n'a pas assez d'énergie pour extraire l'électron du métal ; par contre pour $\nu > \nu_0$, le surplus d'énergie $h(\nu - \nu_0)$ est converti en énergie cinétique ce qui explique bien que celle-ci augmente avec la fréquence de l'onde. L'idée était nouvelle car avec une théorie classique W_0 devrait dépendre des caractéristiques du métal, de l'électron et des constantes fondamentales de l'électromagnétisme classique pour qui, rappelons-le, l'énergie associée à une onde ne dépend pas de la fréquence.

Par sa théorie, Einstein a renforcé l'idée que Planck avait pressentie avec la discontinuité des échanges d'énergie au niveau du rayonnement électromagnétique, Einstein lui associe un support matériel : le photon dont l'énergie s'écrit $h\nu$. La constante h apparait alors comme une nouvelle constante fondamentale de la physique qui relie des concepts physiques jusqu'alors étrangers : l'énergie et la fréquence. C'est la constante fondamentale qui caractérise la théorie quantique.

L'explication par Einstein a été fournie en 1905, annus mirabilis de la physique avec la publication de ses trois articles (relativité, mouvement brownien et effet photoélectrique). La relation trouvée par Einstein n'a été confortée expérimentalement qu'en 1914–1915 par Robert Millikan, qui avait passé dix ans de travail méticuleux pour infirmer la relation d'Einstein...L'idée des quanta de lumière n'a pas été bien reçue et elle a très peu de partisans au début (Paul Ehrenfest, Max Von Laue et Johannes Stark sont des exceptions). Malgré la puissance de cette théorie, elle est si déconcertante pour les gens nourris de théorie classique des ondes que son acceptation est très lente. Lorsque Planck recommanda Einstein pour être membre de l'Académie des Sciences prussiennes en 1913, il s'est senti obligé de l'excuser parce qu'il "a pu parfois viser à côté avec certaines de ses spéculations, comme, par exemple, dans son hypothèse de la théorie des quanta." Einstein a reçu le prix Nobel en 1921 pour "ses apports à la physique théorique et surtout sa découverte de la loi de l'effet photoélectrique."

Fréquence ou pulsation

En fait, en physique quantique, on préfère souvent utiliser $\hbar = \dfrac{h}{2\pi} = 1{,}05 \times 10^{-34}$ J·s à la place de h. En fait on peut remarquer que l'hypothèse de Planck peut s'écrire

$$\varepsilon = h\nu = \hbar\omega$$

avec ω la pulsation et $\nu = \dfrac{\omega}{2\pi}$. Cela est dû au fait que très souvent (et notamment en analyse dimensionnelle), l'utilisation de ω est préférée à celle de la fréquence ν. En effet, ω est une mesure plus naturelle du taux d'évolution de la phase d'un phénomène périodique sinusoïdal.

À ce sujet, on peut remarquer que h et $\hbar$ ont pour dimension commune $M{\cdot}L^2{\cdot}T^{-1}$, c'est celle d'un moment cinétique ou moment angulaire. Plus généralement, on dénomme par « action » toute grandeur dont la dimension est celle de $\hbar$.

A.3.4 La dualité onde-corpuscule

La lumière : onde ou corpuscule ?

L'effet photoélectrique et son interprétation par Einstein apportaient une vision nouvelle de la lumière. Jusqu'alors et à l'aide des expériences d'interférences et de diffraction, son aspect ondulatoire était admis. Ainsi on savait associer à une onde électromagnétique se propageant dans le vide, une pulsation ω et un vecteur d'onde $\vec{k}$ orienté selon la direction de propagation et tel que $k = \dfrac{2\pi}{\lambda} = \dfrac{\omega}{c}$ avec λ la longueur d'onde associée et c la vitesse de la lumière dans le vide.

L'introduction par Einstein de l'aspect corpusculaire de la lumière donnait une énergie $E = h\nu = \hbar\omega$ à ces photons se déplaçant à la vitesse c (dans le vide). De plus, la relativité restreinte qui considérait des particules se déplaçant à des vitesses proches de la lumière avait déjà permis d'établir une loi entre l'énergie et la quantité de mouvement p d'une particule sans masse comme le photon : $E = pc$. On peut donc définir aussi la quantité de mouvement du photon

$$p = \frac{E}{c} = \frac{h\nu}{c} = \frac{\hbar\omega}{c} = \hbar k$$

soit vectoriellement $\overrightarrow{p} = \hbar\overrightarrow{k}$.

Ainsi sur l'exemple du photon, il était possible de disposer de deux grandeurs corpusculaires, l'énergie et la quantité de mouvement, associées à l'onde lumineuse dans le vide. La lumière se propage d'un endroit à un autre comme une onde (cf diffraction et interférences) et lorsque la lumière interagit avec la matière, dans les processus d'absorption et d'émission, elle se comporte comme un courant de particules : c'est la schizophrénie de la lumière (et de façon plus générale, de la matière).

Généralisation par Louis de Broglie

L'idée qu'eut Louis de Broglie, le prince physicien, en 1923 fut de généraliser ce double aspect corpusculaire et ondulatoire à toute particule.

∗ D'après wikipedia.fr

Ainsi, à toute particule, de quantité de mouvement $\overrightarrow{p}$ et d'énergie E, on doit associer une onde monochromatique plane de vecteur d'onde $\overrightarrow{k}$ et pulsation ω tels que :

$$\overrightarrow{p} = \hbar\overrightarrow{k} \text{ et } E = \hbar\omega.$$

On obtient alors la relation de de Broglie reliant la norme de la quantité de mouvement d'une particule et la longueur d'onde de l'onde associée :

$$p = \frac{h}{\lambda}.$$

Cette idée originale a été suggérée à de Broglie par les réflexions d'Einstein sur le photon et par une analogie avec l'optique. En effet, à cette époque la théorie des ondes électromagnétiques (issue des équations de Maxwell) expliquait tous les phénomènes optiques et avait englobé l'optique géométrique comme une approximation de cette théorie dans le cas où les dimensions caractéristiques des milieux traversés par la lumière étaient grandes devant la longueur d'onde (approximation fondamentale de l'optique géométrique, cf. cours de 2ème année). De Broglie a alors l'idée de procéder de même avec la mécanique. Pour lui, la mécanique classique (newtonienne) serait une approximation d'une théorie plus élaborée : la mécanique ondulatoire (ou mécanique quantique). Pour élaborer cette théorie, il fallait donc associer une onde à toute particule en mouvement, c'est ce que font les relations présentées dans ce paragraphe. Cette théorie fut confortée expérimentalement avec la diffraction des électrons, qui donne, comme on peut le voir sur la figure ci-après la même figure de diffraction qu'avec des photons :

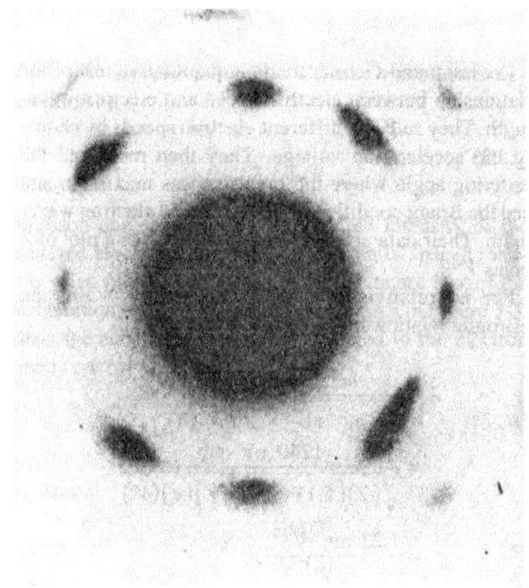

* D'après `http://quantummechanics.ucsd.edu/ph130a/130_notes/node65.html`

A.3.5 Le critère quantique

Ainsi, par analogie avec les théories d'optique ondulatoire et géométrique, on peut donc se satisfaire d'une approche de mécanique classique sans avoir recours à une théorie quantique si les dimensions caractéristiques du système étudié sont grandes devant la longueur associée par la relation de de Broglie. Ainsi, pour une particule de masse m se déplaçant à la vitesse $\overrightarrow{v}$ dans un milieu de dimension caractéristique d, la mécanique classique suffit si $d \gg \lambda$, soit avec les relations de de Broglie

$$d \gg \frac{h}{p} \text{ ou encore } mvd \gg \hbar.$$

On peut alors remarquer que le produit mvd représente une grandeur du type action comme précédemment. On peut donc dire qu'un système peut être bien décrit par la physique classique si son action reste très supérieure à h (ou $\hbar$), dans le cas contraire il faudra prendre en compte les phénomènes quantiques dans une description utilisant la mécanique ondulatoire.

Pour savoir si la théorie quantique est nécessaire à l'étude d'une situation physique, il faut donc calculer les grandeurs physique du type « action » du phénomène étudié. Par exemple, une montre mécanique classique possède une action caractéristique A qui peut être calculée selon une loi $A = md^2\tau^{-1}$ avec d = 1 mm, taille caractéristique du mécanisme, m = 1 g, masse des pièces du mécanisme et τ = 1 seconde, soit $A = 10^{-11}$ J·s qui est très supérieur à h. L'horloger n'a donc pas besoin d'être un expert en physique quantique, par contre, pour étudier un atome d'hydrogène dont l'énergie d'ionisation est E = 13,6 eV= 2×10^{-18} J et dont le spectre d'émission est caractérisé par des raies dont les longueurs d'onde sont supérieures à 0,1 μm (soit des pulsations inférieures à $\omega = 2 \times 10^{16}$ rad·s^{-1}), on calcule une action $A = \frac{E}{\omega}$ de l'ordre de $\hbar$. Il faudra donc faire appel à la physique quantique pour comprendre le fonctionnement de l'atome d'hydrogène. On retiendra donc la règle simple : Action de l'ordre de $\hbar$= nécessité de la physique quantique .

On comprend alors bien que pour comprendre l'organisation de la matière à de très petites échelles (d très petit), il va être difficile de se contenter d'une approche classique, l'action de tels systèmes ne pouvant alors pas toujours rester très grande devant $\hbar$.

A.3.6 Les inégalités d'Heisenberg (1927)

Trains d'onde et largeur spectrale

On a déjà vu, en étudiant les interférences lumineuses, que le rayonnement émis par une source lumineuse monochromatique de fréquence ν_0 est, en fait, constitué d'une succession de trains d'ondes, c'est-à-dire de sinusoïdes tronquées de fréquences ν_0 mais de durée limitée τ . On a vu qu'alors, à l'aidede la transformée de Fourier, le signal s'enrichit en fréquence, sa largeur spectrale autour de ν_0 n'est pas nulle mais vaut $\Delta\nu$ tel que $\Delta\nu \cdot \tau \approx 1$. En fait, pour obtenir une onde rigoureusement monochromatique à la fréquence f_0, il faudrait qu'elle soit émise pendant une durée infinie ce qui n'est jamais réalisé. Le « démarrage » et l'« arrêt » de la sinusoïde l'enrichissent en fréquence.

Moins rigoureusement, on peut retrouver ce résultat en considérant qu'en-dehors de la durée τ, il y a une modification notable de la sinusoïde pure de fréquence ν. On peut l'expliquer simplement pour le phénomène des battements obtenus en sommant deux sinusoïdes de même amplitude mais de fréquences légèrement différentes séparées de $\Delta\nu$:

$$s(t) = s_0 \cos(2\pi\nu t) + s_0 \cos(2\pi(\nu+\Delta\nu)t) \quad \text{soit} \quad s(t) = 2s_0 \cos(\pi\Delta\nu t)\cos(2\pi\nu t).$$

On remarque que le signal obtenu est de fréquence ν mais avec une amplitude modulée par un facteur qui fait intervenir le déphasage temporel entre les deux fréquences. Au bout d'un temps de l'ordre de $1/\Delta\nu$ la somme des deux signaux sinusoïdaux voit donc son amplitude chuter car ce déphasage est devenu non négligeable (ou plus exactement son cosinus ici), par contre sur un temps τ' beaucoup plus court on observe un signal quasi-sinusoïdal de fréquence ν . La richesse spectrale (de largeur $1/\Delta\nu$) ne se fait donc sentir sur le signal qu'au bout d'un temps t de l'ordre de $1/\Delta\nu$.

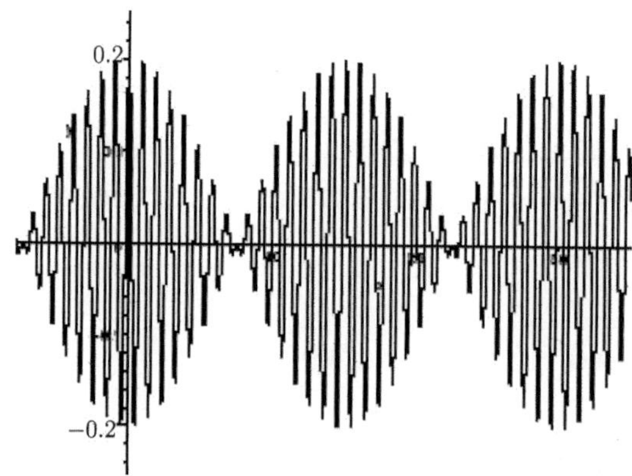

On peut raisonner de même pour un signal constitué d'un sinusoïde de fréquence ν mais seulement entre les instants $t = 0$ et $t = \tau$. On interprète la nullité de la fonction en dehors de cette « fenêtre » de temps par la présence des fréquences de la bande $[\nu, \nu+\Delta\nu]$. Au delà de $t = \tau$, les différents déphasages entre les différentes composantes de fréquences comprises entre ν et $\nu + \Delta\nu$ prennent des valeurs comprises entre 0 et $\Delta\varphi = \Delta\nu \cdot \tau$.

Dès que cette valeur devient significative par rapport à 2π, c'est-à-dire environ pour $t > 1/(\Delta\nu)$, la somme de ces sinusoïdes de fréquences voisines est considérablement modifiée. On pourrait en expliquer l'annulation pour $t > \tau$ en regardant de près les amplitudes (pas toutes égales!) des signaux des différentes fréquences de la bande $[\nu, \nu + \Delta\nu]$, c'est justement l'objet de l'analyse de Fourier! On retiendra donc ici que la largeur spectrale $\Delta\nu$ d'un train d'onde de longueur temporelle τ vérifie la relation :

$$\boxed{\Delta\nu \cdot \tau \approx 1}.$$

Énergie et temps

On vient de voir qu'un phénomène ondulatoire classique ne peut pas être caractérisé par une fréquence unique mais par un spectre dont la largeur est reliée à la durée du phénomène. En conséquence, à l'aide de la relation de Planck-Einstein, $E = h\nu = \hbar\omega$, on en déduit qu'un système physique quantique ne saurait être caractérisé par une valeur unique de son énergie E mais par un spectre d'énergie de largeur $\Delta E = h\Delta\nu = \hbar\Delta\omega$. En vertu de ce qu'on vient de montrer au paragraphe précédent, on obtient l'inégalité d'Heisenberg temporelle

$$\Delta E \cdot \Delta t \approx 1$$

qui relie l'extension spectrale en énergie d'un système quantique à sa durée d'évolution caractéristique.

Ainsi, en physique quantique, il est impossible de représenter l'énergie d'un phénomène par un nombre unique bien déterminé à tout instant. Pour un système qui évolue dans le temps avec une durée caractéristique limitée Δt, son énergie n'est pas parfaitement déterminée.

Quantité de mouvement et espace

Dans une onde se propageant du type $f(\omega t - kx)$, on peut appliquer des raisonnements identiques à ceux du A.3.4. au couple (k, x) à la place du couple (ω, t). Ainsi, en remarquant que $\omega = 2\pi\nu$, on obtient une inégalité du type

$\Delta k \cdot \Delta x \approx 2\pi$ analogue à $2\pi\Delta\nu \cdot \Delta t \approx 2\pi$ En remarquant que $k = \frac{\hbar}{p}$, on obtient

$$\boxed{\Delta p \cdot \Delta x \approx h}.$$

Ainsi pour un système quantique d'extension spatiale finie, il n'est pas possible de connaître précisément les composantes de sa quantité de mouvement : en mécanique quantique, on ne peut connaître simultanément vitesse et position d'un mobile à un instant t donné.

Heisenberg a reçu le prix Nobel de physique en 1932 pour sa découverte du principe d'incertitude (pour les germanistes, *Unbestimmtheitsprinzip*). Tandis que la théorie newtonienne affiche un déterminisme total, la mécanique quantique laisse heureusement une place à la chance.
Un des paradoxes de la mécanique quantique est que, malgré l'incertitude associée, les résultats expérimentaux ont des précisions impressionnantes (à 10^{-10} près).

∗ D'après `wikipedia.fr`

Équation de Schrödinger

En 1657, Pierre de Fermat a émis l'idée que la lumière, pour se propager d'un endroit à un autre, suivait le trajet qui prend le moins de temps. Ce succès de l'optique géométrique a suscité une grande émulation pour faire de même en mécanique : retrouver les lois de la mécanique de Newton à l'aide d'un formalisme analogue. Cela a été fait grâce au *principe de moindre action* introduit par Maupertuis en 1747 de façon confuse puis de manière rigoureuse par Hamilton dans les années 1850 : les mêmes équations pouvaient s'appliquer aux particules et à la lumière. Or, la lumière peut aussi se comporter comme une onde... Peut-on donc dire que la mécanique newtonienne est une approximation d'une certaine mécanique ondulatoire encore inconnue ? C'est Schrödinger qui apporta la réponse en moins de dix jours ! (il est allé passer juste avant Noël 1925 des vacances dans les Alpes suisses en laissant sa femme à la maison et en partant avec une ancienne petite amie et la thèse de de Broglie, il est revenu dix jours plus tard avec l'équation et il a obtenu le prix Nobel en 1933) :

$$\frac{1}{2m}(-i\hbar)^2 \nabla^2 \Psi + U\Psi = i\hbar\frac{\partial \Psi}{\partial t}.$$

Cette équation a totalement été inventée par Schrödinger et apparaît comme un postulat et pose la base de la *Mécanique Ondulatoire.* Ψ est appelée fonction d'onde, U représente l'énergie potentielle du système, ∇^2 est l'opérateur laplacien $(\frac{\partial^2}{\partial x^2}+\frac{\partial^2}{\partial y^2}+\frac{\partial^2}{\partial z^2})$. Ψ est complexe : elle n'est donc pas directement mesurable. Ψ s'interprète comme la probabilité de trouver une particule en un point donné de l'espace : on peut connaître uniquement la distribution de probabilité mais on ne peut savoir où est exactement la particule (à rapprocher des statistiques usuelles comme la durée de vie qui est connue mais on ne peut la connaître pour une personne précisément). C'est elle qu'on retrouve en chimie pour l'électron.

Interprétations et controverses

La physique quantique présente des caractères inhabituels dont l'interprétation a été longuement discutée. Cette réflexion a donné lieu à des controverses dont certaines durent encore... D'après les relations de Heisenberg, il faut admettre que la position, la vitesse, l'énergie ne sont pas des grandeurs que "possède" une particule mais simplement le résultat de mesures, i.e. d'interactions entre la particule et des appareils; la perturbation apportée par chaque mesure au système étudié ne peut pas être négligée à l'échelle des particules (cf le fameux problème du chat de Schrödinger).

En mécanique quantique, on ne peut faire des prédictions qu'en termes de probabilité : en physique classique, ceci est attribué à une méconnaissance partielle de certaines grandeurs (cf calcul d'incertitude en TP) ; en physique quantique, il s'agit d'une nécessité intrinsèque, même si on suppose parfaitement connu tous les paramètres du système. Toutefois, les équations de la mécanique quantique sont parfaitement déterministes (si Ψ est connue à t, elle est aussi connue à $t+\mathrm{d}t$). Cet aspect probabiliste a choqué certains physiciens qui ont cherché des *variables cachées.*

En 1935, Einstein, Podolsky et Rosen proposent l'expérience suivante : un système de spin nul se décompose en deux particules qui partent dans des directions opposées. Comme le spin total doit être conservé, les deux particules ont des spins de sens contraire mais chacun des spins reste indéterminé. Si on mesure alors le spin d'une des particules, on peut alors connaître celui de l'autre. Or, la seconde particule, éloignée, n'a pas pu être perturbée par la mesure...il manque donc quelque chose à la théorie quantique, une variable cachée. Des expériences de ce type ont été réalisées entre 1972 et 1982 par Alain Aspect (institut d'optique d'Orsay) : il n'y a pas de variable cachée. Cependant, la prédiction correcte est obtenue en supposant que les deux particules, issues d'une même source, restent liées : c'est la non-séparabilité ou intrication, qui n'est toujours pas totalement comprise...(les particules même distantes de 15 km ressentent exactement quand a lieu la mesure...).

L'influence de la mesure est aussi un sujet abondant en mécanique quantique. Les processus de mesure sont macroscopiques et obéissent normalement à la physique classique. Or, le système mesuré et l'appareil de mesure ayant interagi obéissent au principe de non-séparabilité. On ne mesure pas une grandeur du système mais du { système + appareil de mesure }, ce qui change tout. Ce résultat est appelé "réduction du paquet d'ondes". L'interprétation de cette réduction du paquet d'ondes est sujet à controverses : pour certains, la réduction a lieu quand l'expérimentateur prend conscience du résultat de la mesure, pour d'autres, il y a une famille infinie d'univers parallèles, chaque mesure envoyant les systèmes physiques sur une des branches de cette famille...

Je pense que je peux dire sans grande crainte de me tromper que personne ne comprend la mécanique quantique.
Richard P. Feynman, Nature de la Loi Physique ,1967.

Des simulations sur internet :
- `http://www.colorado.edu/physics/2000/index.pl`
- `phet.colorado.edu/web-pages/simulations-base.html`

Chapitre 2

Classification périodique

2.1 La classification périodique

2.1.1 Histoire

Au dix-neuvième siècle, le nombre d'éléments connus augmentaient considérablement et les chimistes ont éprouvé le besoin de les classer.
Il y eut les triades de Döbereiner en 1817 avec des éléments comme le chlore, le brome et l'iode (en 1850, les chimistes étaient parvenus à identifier une vingtaine de triades), en 1862, il y a eu la loi des octaves de Chancourtois et Newlands (qui provoqua la risée de leurs confrères), en 1869, le chimiste allemand Meyer a découvert la périodicité du volume atomique et l'a illustrée au moyen d'une courbe : les éléments semblables occupent des positions semblables sur la courbe en dents de scie.
Le tableau périodique de Mendeleïev en 1869 classait les 63 éléments connus par masse atomique croissante en sept lignes et huit colonnes mais ce classement posait certains problèmes car il y avait des anomalies et le problème des gaz rares découverts par Ramsay en 1895 et qui n'avaient pas de place dans le tableau (on leur rajoutera après une colonne). Certaines cases du tableau proposé par Mendeleïev étaient vides et le mérite du chimiste a été de prédire l'existence et les propriétés des éléments manquants comme le gallium (Ga), qui a été découvert plus tard. En 1913, Moseley propose un classement par nombres entiers croissants que Rutherford appelle en 1920 numéro atomique : les anomalies se trouvèrent ainsi expliquées.
Le tableau périodique tel qu'on le connaît est dû à Seaborg, chimiste améri-

cain qui proposa cette version en 1945.

2.1.2 Morphologie

Il existe 92 éléments naturels de l'hydrogène à l'uranium et une vingtaine d'éléments artificiels. La classification périodique actuelle se présente sous la forme d'un tableau de 7 lignes ou périodes et de 18 colonnes qui portent le nom de famille.

Les éléments sont rangés de gauche à droite par ordre croissant de numéro atomique.

Analyse par familles

Les sept périodes correspondent au remplissage des couches de $n = 1$ à $n = 7$ selon la règle de Klechkowski. Chacune commence donc par le remplissage d'une sous-couche ns (et finit par le remplissage de la sous-couche np).

⋆ Première période ($n = 1$) : le remplissage de l'OA 1s conduit à 2 éléments $_1H$ et $_2He$.

⋆ Deuxième période ($n = 2$) : le remplissage des OA 2s 2p conduit à 8 éléments de $_3Li$ à $_{10}Ne$. Ces éléments ont tous une configuration de cœur schématisée par $1s^2$ ou [He].

⋆ Troisième période ($n = 3$) : le remplissage des OA 3s 3p conduit à 8 éléments de $_{11}Na$ à $_{18}Ar$. Ces éléments ont tous une configuration de cœur schématisée par [Ne].

⋆ Quatrième période ($n = 4$) : ces éléments ont tous une configuration de cœur schématisée par [Ar].

D'après la règle de Klechkowski, l'OA 4s est remplie avant l'OA 3d.

On a donc 2 éléments $_{19}K$ et $_{20}Ca$ puis pour la première série de transition, 10 éléments de $_{21}Sc$ à $_{30}Zn$. Enfin, le remplissage de l'OA 4p introduit 6 éléments de $_{31}Ga$ à $_{36}Kr$.

Les éléments de transition sont tels que leur configuration électronique fondamentale comporte une sous-couche d ou f incomplète.

⋆ Cinquième période ($n = 5$) : ces éléments ont tous une configuration de cœur schématisée par [Kr].

On retrouve la même situation qu'à la quatrième période avec 18 éléments de $_{37}Rb$ à $_{54}Xe$. Le remplissage de l'OA 4d constitue la deuxième série de transition.

★ Sixième transition (n = 6) : ces éléments ont tous une configuration de cœur schématisée par [Xe].

Le remplissage de l'OA 4f est suivi de celui des OA 5d et 6p.

Au total, il y a 32 éléments. Le lanthane a pour configuration [Xe] $6s^2$ $5d^1$, exception à la règle de Klechkowski. Les lanthanides correspondent au remplissage de la couche $4f$.

★ Septième période (n = 7) : ces éléments ont tous une configuration de cœur schématisée par [Rn].

Le remplissage de l'OA 7s est suivi de celui des OA 5f et 6d.

Les actinides correspondent à la couche $5f$.

Les éléments de Z>92 qui sont appelés transuraniens sont radioactifs.

✍ Donner la configuration électronique de l'atome $_{114}$Uq, découvert en 1999, dans son état fondamental.

La configuration, dans son état fondamental, est [Rn] $7s^2$ $5f^{14}$ $6d^{10}$ $7p^2$.

Mémorisation de quelques éléments de la classification

✍ Donner les noms des éléments ci-dessous.

Li lithium		Be		B		C		N		O		F		Ne
Na sodium		Mg		Al		Si		P		S		Cl		Ar
K	a	Sc	Ti	V	Cr	Mn	Fe	Co	Ni	Cu	Zn	Ga	Ge	As
										Se		Br		Kr

Li lithium	Be béryllium	B bore	C carbone	N azote	O oxygène	F fluor	Ne néon
Na sodium	Mg magnésium	Al aluminium	Si silicium	P phosphore	S soufre	Cl chlore	Ar argon
K potassium	Sc scandium	V vanadium	Mn manganèse	Ni nickel		Ga gallium	As arsenic
Ca calcium		Cr chrome	Co cobalt	Zn zinc		Ge germanium	
Ti titane		Fe fer	Cu cuivre	Se sélénium		Br brome	Kr krypton

Analyse par colonnes

Les colonnes du tableau regroupent les éléments ayant la même configuration électronique externe (ou de valence) : la première colonne constitue la

famille des alcalins, la deuxième colonne est la famille des alcalino-terreux, la dix-septième colonne est celle des halogènes et la dix-huitième est celle des gaz nobles ou rares.
Pour les autres familles, elles portent le nom du premier élément de la colonne : famille du carbone, de l'azote...

Les alcalins et les halogènes

Alcalins	Halogènes
Éléments de la première colonne (sauf H)	Éléments de la dix-septième colonne
lithium	chlore
sodium	fluor
potassium	iode
francium	brome

On étudiera plus tard en TP les différentes propriétés chimiques et physiques des différentes familles plus en détail.

Analyse par blocs

Les colonnes 1 et 2 constituent le bloc *s* (à l'exception de H et He qui sont des cas particuliers), les colonnes 3 à 12 qui regroupent les métaux de transition constituent le bloc *d* et les colonnes 13 à 18 le bloc *p*.
Il y a aussi le bloc f qui apparaît à partir de la troisième série des éléments de transition. Il comprend 2 familles les lanthanides et actinides appelés terres rares.

2.1.3 Évolution des propriétés physiques

Énergie d'ionisation

L'énergie de première ionisation EI_1 correspond à l'énergie qu'il faut fournir à l'atome gazeux pour lui arracher un électron.

Elle correspond à la réaction suivante qui est une réaction endothermique (EI_1 est positive)

$$A_{(g)} \longrightarrow A^+_{(g)} + e^-_{(g)}.$$

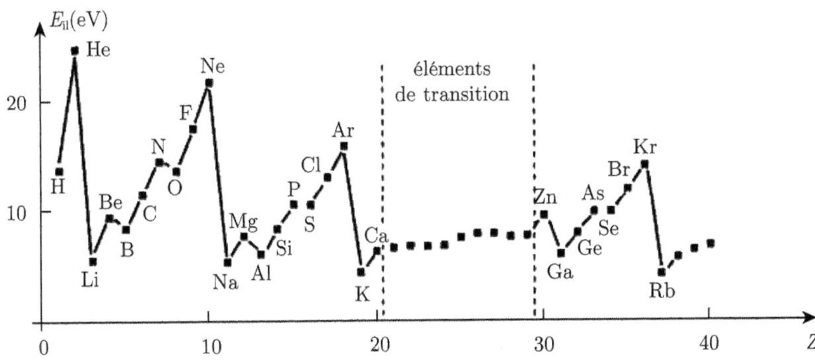

Évolution de l'énergie d'ionisation pour les cinq premières périodes

Dans le cas de l'hydrogène, elle est égale à 13,6 eV. Pour les autres, c'est en première approximation l'opposé de l'énergie de la plus haute orbitale occupée dans l'état fondamental : c'est le théorème de Koopmans.

✍ **Comment évolue EI_1 dans la classification ? Sans tenir compte des 2 anomalies à signaler, justifier son évolution.**

L'énergie d'ionisation augmente sur une période. Pour une même famille, l'énergie d'ionisation diminue quand le numéro atomique augmente. Il y a deux anomalies : le béryllium et le magnésium. Sur une ligne, comme Z augmente de gauche à droite, EI_1 augmente : les électrons sont de plus en plus fortement liés au noyau car Ze augmente et r diminue (cf suite du cours, c'est la contraction des orbitales de Slater). Sur une colonne, le volume de l'atome diminue de bas en haut donc EI_1 augmente de bas en haut.

✍ **Représenter l'évolution de EI_1 par une flèche sur le schéma ci-dessous.**

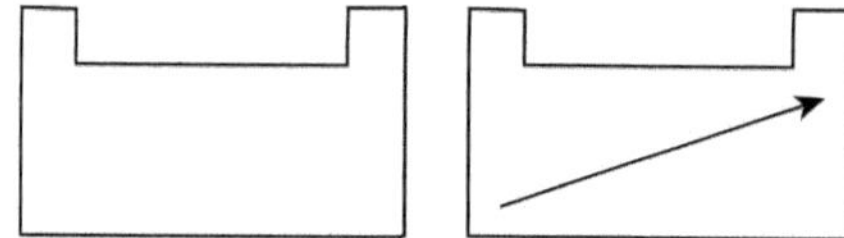

L'énergie de première ionisation augmente de gauche à droite dans une période et de bas en haut dans une colonne.

Il existe aussi des ionisations successives pour lesquelles on peut définir à chaque fois une énergie de seconde ionisation, troisième ionisation...

Affinité électronique

L'affinité électronique E_{ae} est l'énergie mise en jeu lors de l'arrachement d'un électron à un anion. On définit également l'énergie de premier attachement électronique A_1 relative au processus inverse.

$$A^-_{(g)} \longrightarrow A_{(g)} + e^-_{(g)}, \qquad E_{ae} = -A_1.$$

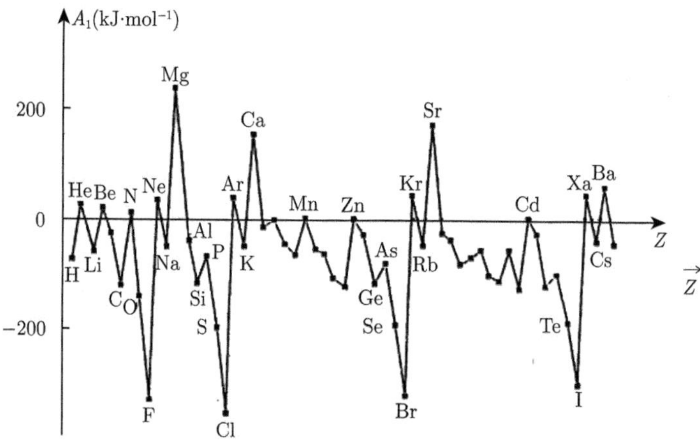

Évolution de l'attachement électronique A_1 pour les 6 premières périodes

La réaction peut être endothermique ou exothermique. A_1 est le plus souvent négative, c'est pourquoi on préfère raisonner sur l'affinité électronique qui est l'opposé.

La périodicité est moins évidente que pour l'énergie d'ionisation mais on peut cependant noter la tendance suivante :

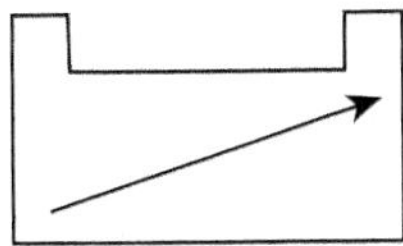

L'affinité électronique augmente de la gauche vers la droite de la classification périodique.
C'est la même tendance que pour l'énergie d'ionisation EI_1.

Électronégativité

C'est une grandeur χ sans dimension qui traduit la capacité d'un élément d'attirer à lui le doublet d'électrons d'une liaison.

C'est un outil de choix pour étudier la polarité des molécules et donc leur réactivité. Plusieurs échelles ont été proposées, nous en évoquerons seulement trois.

a. Échelle de Mulliken

Cette échelle est basée sur l'idée que, souvent, les molécules sont constituées d'un atome A de forte énergie d'ionisation et d'un atome B de forte affinité électronique. L'électronégativité χ est alors définie comme la moyenne arithmétique de ces deux énergies

$$\chi_M = k\frac{EI_1 + E_{ae}}{2} \text{ avec } k = 0,317\text{eV}^{-1}.$$

Plus EI_1 est grand, plus l'atome a tendance à garder son électron.
Plus E_{ae} est grand, plus l'atome a tendance à gagner un électron supplémentaire.

b. Échelle d'Allred-Rochow

C'est une fonction affine du champ électrique exercé par le noyau de l'atome A sur l'électron de l'atome B à une distance R_C égale au rayon covalent de l'atome

$$\chi_{AR} = 3,59 \cdot 10^3 \frac{Z^*}{R_C^2} + 0,744$$

avec R_C en pm.

c. Échelle de Pauling

Pauling a constaté que l'énergie de dissociation d'une liaison $A-B$ est en général supérieure à la moyenne géométrique de celles des liaisons $A-A$ et $B-B$. Il eut alors l'idée d'attribuer cette différence à l'écart entre contribution ionique et covalente. Il définit alors χ à partir de ces énergies de liaison et calibre son échelle afin d'avoir 4,0 pour le fluor et 2,5 pour le carbone :

$$\chi_P(A) - \chi_P(B) = 1,04 \cdot 10^{-2}(D_{AB} - \sqrt{D_{AA}D_{BB}})$$

où D_{AA}, D_{BB} et D_{AB} sont exprimées en kJ/mol.

H 2,21							He 3
Li 0,84	Be 1,4	B 1,93	C 2,48	N 2,33	O 3,17	F 3,9	Ne
Na 0,74	Mg 1,17	Al 1,64	Si 2,25	P 1,84	S 2,28	Cl 2,95	Ar

Valeurs des électronégativités suivant Mulliken des éléments des 3 premières périodes

✍ Où sont situés les éléments les plus électronégatifs ? Les plus électropositifs ?

Les éléments les plus électronégatifs sont situés dans la XVIIème colonne. Les plus électropositifs sont dans les colonnes I et II.

✍ Où sont situés les éléments les plus oxydants ? Les éléments les plus réducteurs ?

Le lithium et le sodium sont de très bons réducteurs tandis que le fluor, le chlore et l'oxygène sont de très bons oxydants. On rappelle l'écriture d'une réaction redox : $Ox + ne^- = Red$.

L'électronégativité augmente de gauche à droite et de bas en haut de la classification.

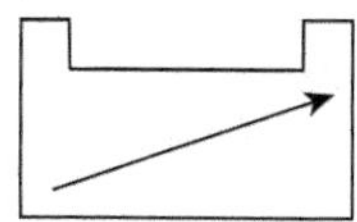

Rayon atomique

On peut définir le rayon d'une orbitale atomique comme la distance la plus probable de l'électron au noyau.

Slater propose la formule suivante :

$$\rho = \frac{n^{*2}}{Z^*} a_0$$

avec $a_0 = 52,9$ pm.

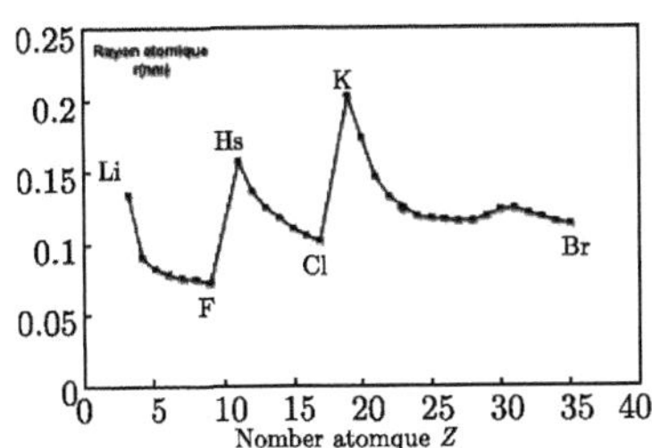

Le rayon atomique diminue de gauche à droite (augmentation de Z^*) et de bas en haut de la classification (croissance de n^*).

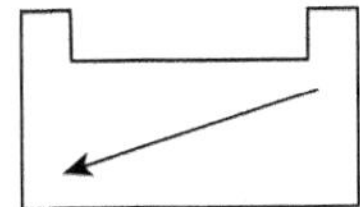

Remarque : on définit aussi un rayon ionique (plus petite distance entre l'anion et le cation d'un cristal ionique) ; le rayon de Van der Waals qui est égal à la moitié de la distance minimale d'approche de deux atomes identiques appartenant à deux molécules différentes ; le rayon métallique comme étant égal à la demi-distance entre deux atomes plus proches voisins dans le cristal.

2.1.4 Évolution des propriétés chimiques

État physique des corps purs. Caractère métallique

La très grande majorité des corps simples du tableau périodique sont des métaux (état standard : 25° C et 1 bar).

Un métal est défini par ses propriétés optiques (pouvoir réflecteur, éclat), électriques et mécaniques et chimiques (caractère réducteur, au moins un oxyde basique en solution aqueuse).
Pour les éléments d'une même période, plus le numéro atomique augmente, plus les propriétés métalliques diminuent. Pour les éléments d'une même famille, plus le numéro atomique augmente, plus les propriétés métalliques augmentent.
Ceci est à rapprocher du fait que les électrons externes sont de moins en moins liés au noyau quand Z augmente : ils se délocalisent alors sur l'ensemble du cristal métallique (notion de "mer d'électrons"), ce qui permet la conduction électrique.

Les métaux de transition sont des métaux, réducteurs, durs et cassants. En solution aqueuse, ils peuvent engendrer plusieurs cations dont les solutions aqueuses sont colorées (Fe^{2+}, Fe^{3+}, Cu^{2}).

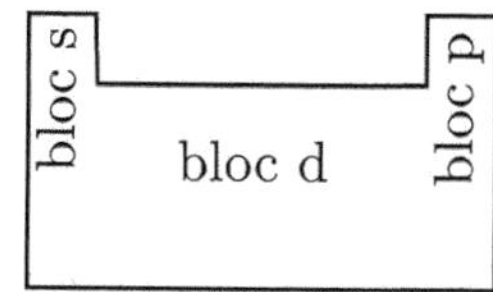

Dans le bloc p, on constate que le caractère métallique augmente quand on descend dans le tableau.

✍ Colorier, sur le tableau ci-dessus, les éléments métalliques en foncé et les semi-conducteurs en clair.

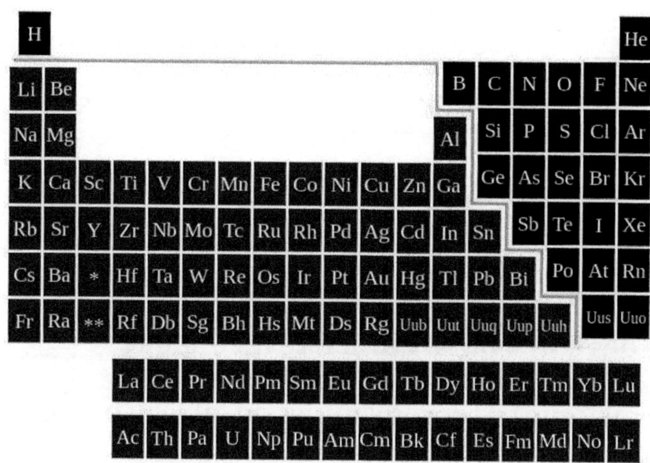

Les autres corps simples se partagent en solide covalent (comme le bore ou le carbone) ou moléculaire (diiode...) ; en liquide (dibrome) ou en gaz (diazote, dioxygène ou néon).

Liaison ionique ou covalente

La nature des liaisons qu'engagent les éléments change lorsqu'on se déplace de la gauche vers la droite du tableau : du caractère ionique au caractère covalent (NaCl à H_2O).

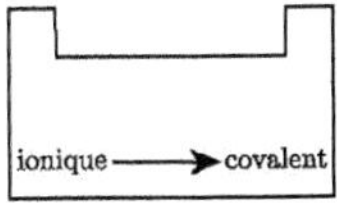

Caractère acide ou basique des oxydes

Tous les éléments (à l'exception, bien sûr, des gaz nobles) forment des édifices polyatomiques avec l'oxygène. On les classe en fonction du caractère acide ou basique dans l'eau.
Les oxydes des métaux alcalins et alcalino-terreux sont basiques (O^{2-} étant alors une base forte).
Les oxydes des métaux de transition et de la colonne 13 donnent en général des hydroxydes amphotères :

$$ZnO + 2H^+ = Zn^{2+} + H_2O$$

$$ZnO + 2HO^- + H_2O = Zn(OH)_4^{2-}$$

Lorsqu'il existe plusieurs oxydes, celui où l'élément est au nombre d'oxydation le plus élevé est le plus acide.
CrO basique, Cr_2O_3 amphotère et CrO_3 acide.
Les oxydes des non métaux (covalents) sont neutres s'ils sont insolubles dans l'eau (CO par exemple), acides s'ils sont solubles dans l'eau ($CO_{2(aq)}$).

On évolue de la gauche vers la droite de la classification périodique du caractère basique au caractère acide des oxydes.

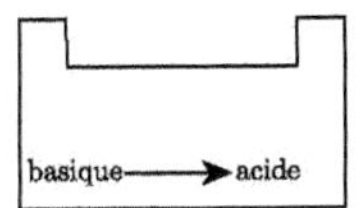

Caractère oxydo-réducteur

On a $Ox + ne^- = Red$.

L'oxydant capte les électrons : le pouvoir oxydant augmente donc de la gauche vers la droite sur une même période et de bas en haut pour une même famille.

> Les métaux alcalins et alcalino-terreux sont donc très réducteurs ; les métaux de transition de la colonne 13 et du bas de la colonne 14 sont réducteurs ; le haut de la colonne 15 et la colonne 16 sont oxydants ; le dioxygène et les dihalogènes sont, eux, très oxydants.

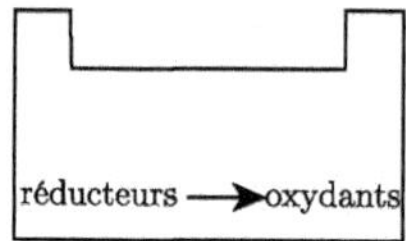

Annexe B

Annexes : Classification périodique

B.1 Classification périodique

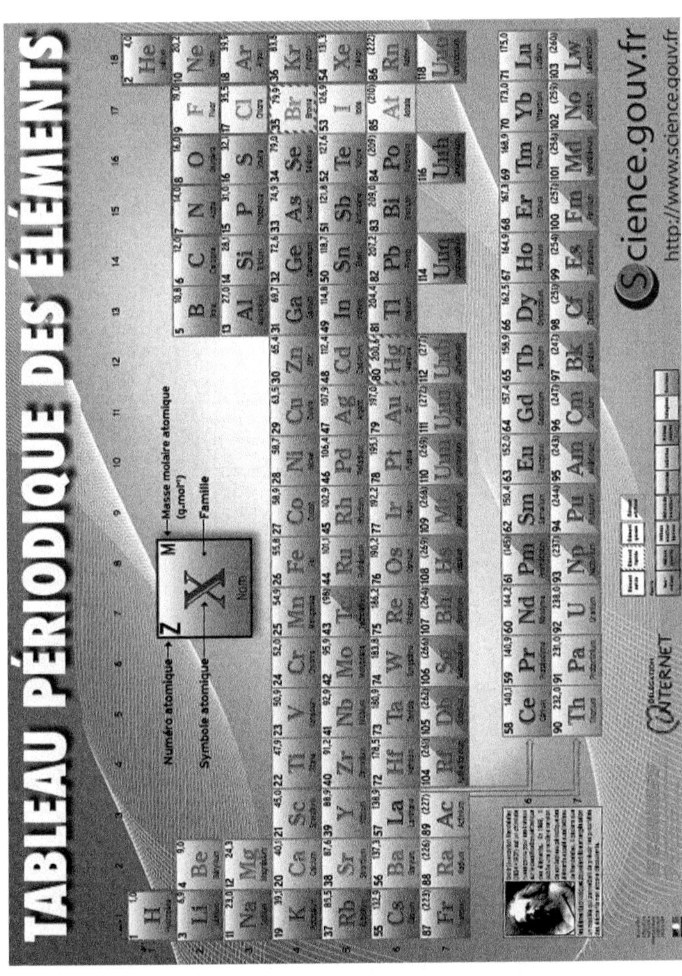

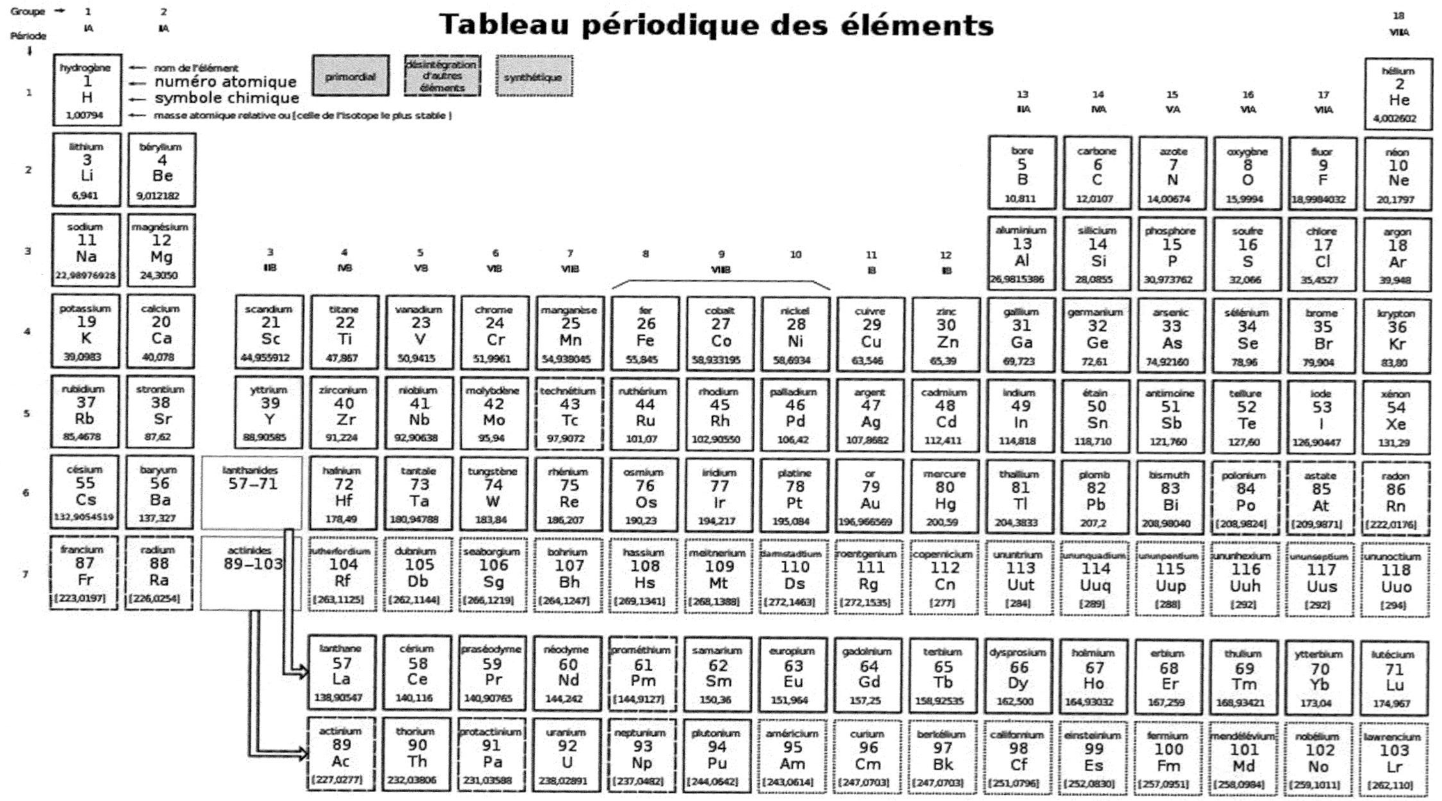

Tableau périodique des éléments
Groupe →
Période ↓
nom de l'élément
numéro atomique
symbole chimique
masse atomique relative ou [celle de l'isotope le plus stable]
primordial
désintégration d'autres éléments
synthétique
1 IA
2 IIA
3 IIIB
4 IVB
5 VB
6 VIB
7 VIIB
8
9 VIIIB
10
11 IB
12 IIB
13 IIIA
14 IVA
15 VA
16 VIA
17 VIIA
18 VIIIA
hydrogène 1 H 1,00794
hélium 2 He 4,002602
lithium 3 Li 6,941
béryllium 4 Be 9,012182
bore 5 B 10,811
carbone 6 C 12,0107
azote 7 N 14,00674
oxygène 8 O 15,9994
fluor 9 F 18,9984032
néon 10 Ne 20,1797
sodium 11 Na 22,98976928
magnésium 12 Mg 24,3050
aluminium 13 Al 26,9815386
silicium 14 Si 28,0855
phosphore 15 P 30,973762
soufre 16 S 32,066
chlore 17 Cl 35,4527
argon 18 Ar 39,948
potassium 19 K 39,0983
calcium 20 Ca 40,078
scandium 21 Sc 44,955912
titane 22 Ti 47,867
vanadium 23 V 50,9415
chrome 24 Cr 51,9961
manganèse 25 Mn 54,938045
fer 26 Fe 55,845
cobalt 27 Co 58,933195
nickel 28 Ni 58,6934
cuivre 29 Cu 63,546
zinc 30 Zn 65,39
gallium 31 Ga 69,723
germanium 32 Ge 72,61
arsenic 33 As 74,92160
sélénium 34 Se 78,96
brome 35 Br 79,904
krypton 36 Kr 83,80
rubidium 37 Rb 85,4678
strontium 38 Sr 87,62
yttrium 39 Y 88,90585
zirconium 40 Zr 91,224
niobium 41 Nb 92,90638
molybdène 42 Mo 95,94
technétium 43 Tc 97,9072
ruthénium 44 Ru 101,07
rhodium 45 Rh 102,90550
palladium 46 Pd 106,42
argent 47 Ag 107,8682
cadmium 48 Cd 112,411
indium 49 In 114,818
étain 50 Sn 118,710
antimoine 51 Sb 121,760
tellure 52 Te 127,60
iode 53 I 126,90447
xénon 54 Xe 131,29
césium 55 Cs 132,9054519
baryum 56 Ba 137,327
lanthanides 57–71
hafnium 72 Hf 178,49
tantale 73 Ta 180,94788
tungstène 74 W 183,84
rhénium 75 Re 186,207
osmium 76 Os 190,23
iridium 77 Ir 194,217
platine 78 Pt 195,084
or 79 Au 196,966569
mercure 80 Hg 200,59
thallium 81 Tl 204,3833
plomb 82 Pb 207,2
bismuth 83 Bi 208,98040
polonium 84 Po [208,9824]
astate 85 At [209,9871]
radon 86 Rn [222,0176]
francium 87 Fr [223,0197]
radium 88 Ra [226,0254]
actinides 89–103
rutherfordium 104 Rf [263,1125]
dubnium 105 Db [262,1144]
seaborgium 106 Sg [266,1219]
bohrium 107 Bh [264,1247]
hassium 108 Hs [269,1341]
meitnerium 109 Mt [268,1388]
darmstadtium 110 Ds [272,1463]
roentgenium 111 Rg [272,1535]
copernicium 112 Cn [277]
ununtrium 113 Uut [284]
ununquadium 114 Uuq [289]
ununpentium 115 Uup [288]
ununhexium 116 Uuh [292]
ununseptium 117 Uus [292]
ununoctium 118 Uuo [294]
lanthane 57 La 138,90547
cérium 58 Ce 140,116
praséodyme 59 Pr 140,90765
néodyme 60 Nd 144,242
prométhium 61 Pm [144,9127]
samarium 62 Sm 150,36
europium 63 Eu 151,964
gadolinium 64 Gd 157,25
terbium 65 Tb 158,92535
dysprosium 66 Dy 162,500
holmium 67 Ho 164,93032
erbium 68 Er 167,259
thulium 69 Tm 168,93421
ytterbium 70 Yb 173,04
lutécium 71 Lu 174,967
actinium 89 Ac [227,0277]
thorium 90 Th 232,03806
protactinium 91 Pa 231,03588
uranium 92 U 238,02891
neptunium 93 Np [237,0482]
plutonium 94 Pu [244,0642]
américium 95 Am [243,0614]
curium 96 Cm [247,0703]
berkélium 97 Bk [247,0703]
californium 98 Cf [251,0796]
einsteinium 99 Es [252,0830]
fermium 100 Fm [257,0951]
mendélévium 101 Md [258,0984]
nobélium 102 No [259,1011]
lawrencium 103 Lr [262,110]

Chapitre 3

Structure électronique des molécules

3.1 Théorie de Lewis de la liaison covalente localisée

3.1.1 Schéma de Lewis des atomes

L'étude de la classification périodique a mis en évidence l'existence de familles d'éléments (alcalins, halogènes...) qui ont en commun des propriétés voisines dues à une même configuration électronique externe. On classe les électrons en 2 catégories : électrons de cœur et électrons de valence.

✍ Rappeler leur définition et dire quels sont ceux qui vont participer à l'élaboration des molécules.

Les électrons de coeur sont ceux qui sont les plus liés au noyau et les électrons de valence sont les électrons qui vont participer aux liaisons chimiques. Par définition, ce sont les électrons de n maximum ou ceux qui appartiennent aux sous-couches en cours de remplissage.

✎ Comment représente-t-on un électron célibataire de la couche externe ? Comment représente-t-on un doublet d'électrons appariés dans une même OA ?

électron célibataire •　　　　doublet d'électrons –.

✍ Donner les configurations électroniques des atomes d'oxygène, de carbone, de magnésium. Dénombrer les électrons de valence et donner les représentations de Lewis de ces atomes.

On a les configurations suivantes $_6C$ $1s^2$ $2s^2$ $2p^2$

$_8O$ $1s^2$ $2s^2$ $2p^4$ $_{12}Mg$ $1s^2$ $2s^2$ $2p^6$ $3s^2$

Pour les représentations de Lewis, on a les schémas suivants :

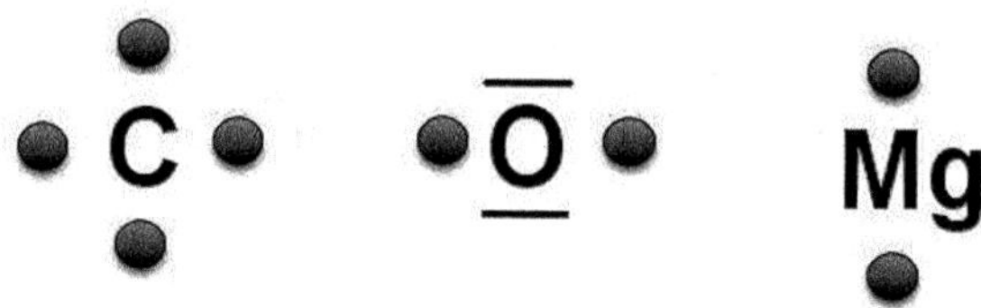

3.1.2 Liaison covalente

C'est la mise en commun de 2 électrons de valence. Les atomes qui s'associent pour former la molécule fournissent chacun un électron, la liaison est localisée entre les deux atomes : on a une paire électronique liante.
A+ B → A-B

On a, par exemple : $H^{\bullet} + H^{\bullet} \rightarrow$ H-H.

3.1.3 Règle de l'octet

Cette mise en commun d'électrons se fait de telle sorte que chaque atome soit entouré de 8 électrons périphériques. En effet, lors de la formation de molécules, les atomes tendent à acquérir la configuration électronique du gaz rare le plus proche soit par perte ou par gain d'électrons, soit en partageant une ou plusieurs paires d'électrons.

✍ Quelle est la configuration électronique des gaz rares ? Donner le nombre d'électrons de valence. Pourquoi ce nom d'octet ?

La configuration électronique des gaz rares est ns^2 np^6 soit 8 électrons de valence, c'est le nombre maximal d'électrons et ceci explique le nom d'octet (le préfixe oct-pour 8).

3.1.4 Représentation de Lewis des molécules

On a donc, pour chaque molécule, en représentation de Lewis des doublets liants, localisés entre 2 atomes et des doublets non liants, localisés sur un seul atome.

✍ Donner la représentation de Lewis de l'ammoniac NH_3 et de l'eau H_2O.

On a les représentations de Lewis suivantes H−$\underline{\overline{O}}$−H et H—$\overline{N}$—H (avec H lié sous N).

L'atome d'hydrogène constitue un cas particulier car sa couche de valence est saturée à 2 électrons : on parle de la règle du duet.

La règle de l'octet est bien vérifiée pour les atomes C, N, O et F qui appartiennent à la partie droite de la 2ème période.

✍ Donner la représentation de Lewis de l'acide fluorhydrique HF et du méthane CH_4.

On a les représentations de Lewis suivantes H−$\underline{\overline{F}}$| et H—C—H (avec H au-dessus et H au-dessous de C).

Pour les atomes Li, Be et B du début de la 2ème période, la règle de l'octet n'est que rarement vérifiée ; le nombre 8 apparaît plutôt comme un nombre maximal d'électrons sur la couche de valence.

✍ Donner la représentation de Lewis de l'hydrure de lithium LiH, de l'hydrure de béryllium BeH_2, du borane BH_3 et du chlorure d'aluminium $AlCl_3$ (3ème période pour Al).

On a les représentations de Lewis suivantes H−Li□ (□ au-dessus et au-dessous de Li) et H−Be−H (□ au-dessus et au-dessous de Be)

$\begin{array}{c} |\overline{Cl}| \\ | \\ \square Al - \overline{Cl}| \\ | \\ |\underline{Cl}| \end{array}$

et

On introduit □ symbole des lacunes électroniques.

La règle de l'octet est assez bien vérifiée pour les atomes S, Cl, P et Si qui appartiennent à la partie droite de la 3ème période.

✍ Donner la représentation de Lewis de l'acide chlorhydrique HCl, du sulfure d'hydrogène H_2S,de l'hydrure de phosphore PH_3 et du silane SiH_4.

On a les représentations de Lewis suivantes $H - \overline{\underline{Cl}}|$ et $H - \overline{\underline{S}} - H$,

$\begin{array}{c} H \\ | \\ H - Si - H \\ | \\ H \end{array}$, $\begin{array}{c} H \\ | \\ H - \underline{P} - H \end{array}$.

Il existe aussi des exceptions à partir de la troisième période où les électrons de la sous-couche d participe aux liaisons : on parle alors d' hypervalence.

✍ Donner la représentation de Lewis du pentachlorure de phosphore PCl_5, de l'hexafluorure de soufre SF_6.

On a les représentations de Lewis suivantes :

PCl_5 : P lié à cinq $|\overline{\underline{Cl}}|$; SF_6 : S lié à six $|\overline{\underline{F}}|$.

3.1.5 Écriture d'une formule de Lewis : méthode générale

L'écriture de la formule de Lewis d'un édifice polyatomique (molécule ou ion) peut devenir un exercice difficile si l'édifice possède plus de 2 atomes ou s'il existe des liaisons multiples.

On peut alors utiliser la méthode suivante qui donne une formule de Lewis qui respecte la règle de l'octet :

- Calculer le nombre total d'électrons de valence apportés par chaque atome : α si atome, α+charge si anion et α-charge si cation ;
- Calculer le nombre d'électrons nécessaire pour que chaque atome satisfasse la règle de l'octet (ou du duet) : β
- En déduire le nombre de doublets liants : $N_{dl} = \dfrac{\beta - \alpha}{2}$
- L'enchaînement des atomes est donné ou sinon mettre l'atome le moins électronégatif au cœur de l'édifice moléculaire. Distribuer les paires liantes entre les atomes liés. Il peut y avoir plusieurs arrangements de liaisons simples ou multiples.
- Compléter la formule en distribuant les doublets non liants, pour que chaque atome soit entouré en tout de quatre tirets (afin de vérifier la règle de l'octet).
- Calculer les charges formelles. Vérifier que leur somme est bien égale à la charge globale de l'espèce étudiée.

La charge formelle est déterminée en comparant le nombre d'électrons de valence de l'atome isolé au nombre d'électrons entourant l'atome lié. Le nombre d'électrons entourant l'atome lié est déterminé de façon arbitraire en donnant la moitié des électrons des liaisons covalentes et tous les électrons des doublets non liants.

Exemple : l'ion nitrite NO_2^-

	$^{-}\vert\overline{\underline{O}}-$	$\overline{N}=$	$\overline{\underline{O}}$
électrons de valence	6	5	6
électrons autour	7	5	6

Attention, les charges formelles doivent être le plus possible en accord avec l'électronégativité. Ici, l'azote est moins électronégatif que l'oxygène donc il est normal que la charge "-" (un électron en trop) soit sur l'oxygène.

✍ Donner les représentations de Lewis qui respectent la règle de l'octet des molécules suivantes : acide hypochloreux HOCl (O atome central), phosgène $COCl_2$, ion chromate CrO_4^{2-} , ion dichromate $Cr_2O_7^{2-}$, ion chlorate (ClO_3^-).

On a les représentations de Lewis suivantes : $H-\overline{\underline{O}}-\overline{\underline{Cl}}|$,

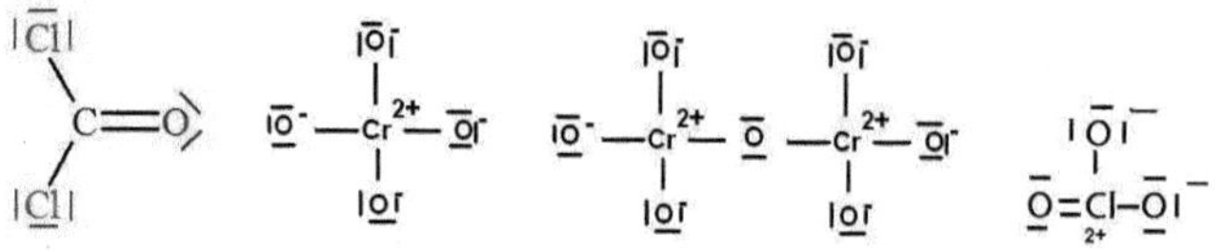

|C̄l| \ C=O / |C̄l| ; |Ō|⁻ — Cr²⁺ — Ō|⁻ (avec |Ō|⁻ en haut et en bas) ; |Ō⁻ — Cr²⁺ — Ō — Cr²⁺ — Ō|⁻ ; |Ō|⁻ / Ō=Cl²⁺–Ō|⁻

On va voir après qu'en fait |Ō⁻—Cl(=O)=Ō est la forme majoritaire.

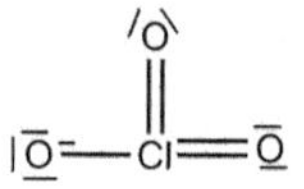

3.1.6 Formules plausibles

On peut avec la méthode précédente trouver plusieurs formules de Lewis pour une même molécule.

✍ Donner plusieurs formules de Lewis pour l'ion nitrite NO_2^- et pour l'ion dichromate.

On a les représentations de Lewis suivantes pour l'ion nitrite :
$\left[^{-}|\overline{\underline{O}} - \overline{N} = \overline{\underline{O}} \longleftrightarrow \overline{\underline{O}} = \overline{N} - \overline{\underline{O}}|^{-} \right]$.

La formule de Lewis la plus plausible est celle qui porte le moins de charges formelles, puis ensuite celles où les charges formelles respectent l'électronégativité : charge négative sur l'atome le plus électronégatif et charge positive sur l'atome le moins électronégatif.

3.2 Molécules à liaisons délocalisées - Mésomérie

3.2.1 Définition-exemples

Prenons le cas des ions nitrate NO_3^-. On a $N_{dl} = \frac{1}{2}(4 \times 8 - 3 \times 6 - 5 - 1) = 4$.
On a donc les formules suivantes :

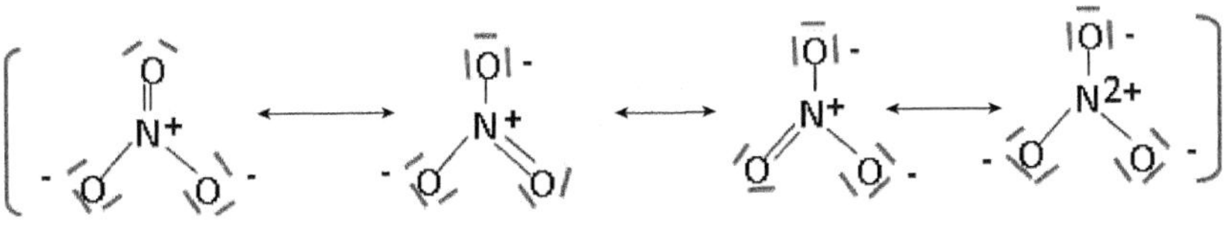

Expérimentalement, dans le cas des ions nitrate NO_3^-, on trouve que les 3 liaisons N-O ont la même longueur : elles sont équivalentes. La quatrième formule est donc minoritaire.

On parle alors de formes mésomères.

La structure réelle de cet ion est une moyenne de ces formules : on parle d'hybride de résonance.

Remarque : *plus il y a de formes mésomères, plus la molécule est stable.*

Remarque : *la théorie générale de la mésomèrie est hors programme : elle fait intervenir les diagrammes d'orbitales moléculaires et le recouvrement des différents types d'orbitales.*

3.2.2 Les règles à respecter

Il arrive que dans le cas de formes mésomères différentes, certaines soient plus proches de la réalité. On dit qu'elles sont plus représentatives ou plus probables ou qu'elles ont plus de poids.

On peut les identifier grâce à un certain nombre de règles :

- Règle n°1 : Si la molécule comporte les atomes C, N, O ou F, les formes mésomères où ces atomes respectent la règle de l'octet sont, de loin, les plus représentatives.
- Règle n°2 : Parmi ces formes mésomères, les plus représentatives sont celles où il y a le moins de charges formelles ($\sum |c_f|$ minimale).
- Règle n°3 : S'il en reste encore plusieurs à départager, la plus représentative est celle qui attribue une charge négative à l'atome le plus électronégatif et une charge positive à l'atome le moins électronégatif.
- Si la molécule ne comporte pas d'atomes C,N, O ou F, on utilise directement la règle n°2.

3.2.3 Exemples

✍ Donner les formes mésomères des édifices suivants : monoxyde de carbone CO, dioxyde de soufre SO_2, ion sulfate SO_4^{2-}, l'ion chlorate ClO_3^- et ion carbonate CO_3^{2-}. Préciser, dans chaque cas, la forme la plus probable.

On a les formes mésomères suivantes :

$[\ominus|C\equiv O|\oplus \longleftrightarrow |C=\overline{O}|\ ]$. La forme majoritaire est la première car les 2 éléments respectent la règle de l'octet.

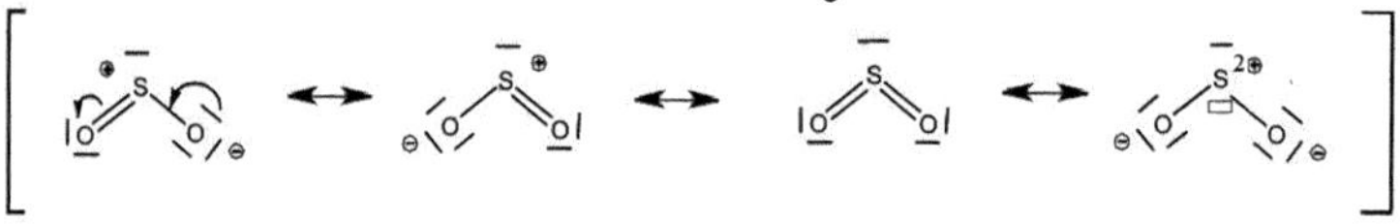

. C'est la troisième forme qui est majoritaire (le moins de charges formelles).

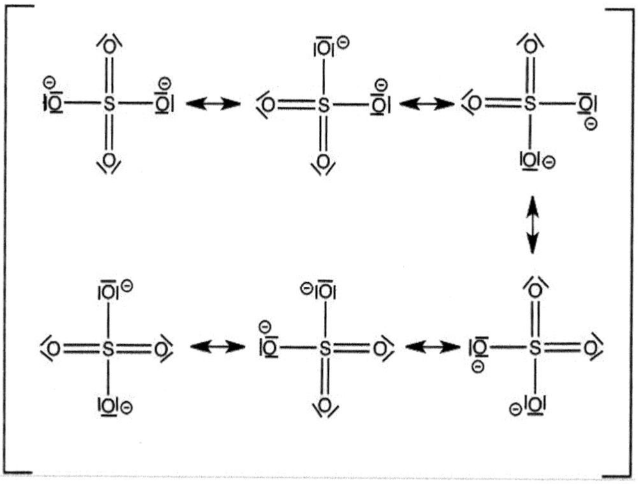

Ces six formes sont équivalentes.

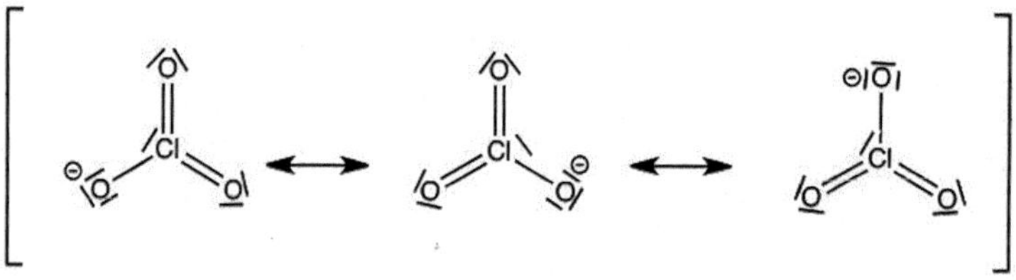

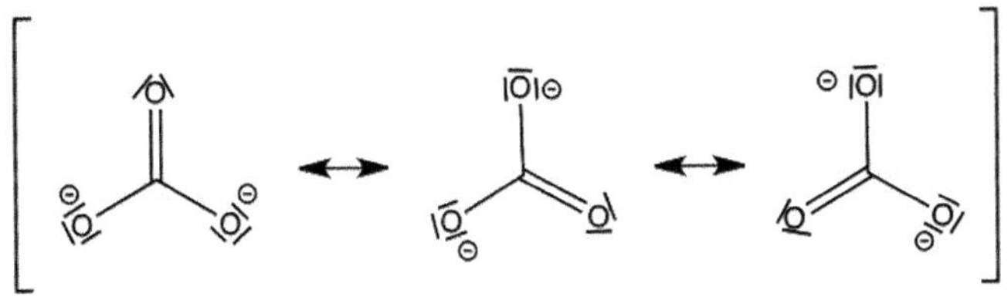

Les trois formes sont équivalentes.

3.3 Méthode VSEPR

3.3.1 Mise en évidence

On peut déterminer expérimentalement la géométrie des molécules ou ions : par exemple, la molécule de NH_3 est pyramidale à base triangulaire, celle de BH_3 est plane, formant un triangle équilatéral.

Pourquoi ces différences ? Gillespie en 1957 a proposé une théorie pour expliquer la différence de géométrie des édifices polyatomiques en rapport avec les formules de Lewis.

3.3.2 Théorie VSEPR

Principe de la méthode

Cette théorie dont l'acronyme anglais signifie Valence Shell Electron Pair Repulsion (en chinois, 价层电子对互斥理论).

L'atome central A de la molécule est entouré de : n atomes X identiques ou différents et de p doublets non liants notés E. La formule de la molécule ou de l'ion s'écrit alors AX_nE_p .

La géométrie de la molécule est telle qu'elle minimise les répulsions électrostatiques entre doublets de valence liants ou non liants en les éloignant au maximum les uns des autres.

La disposition spatiale de l'édifice polyatomique est telle que l'énergie potentielle électrostatique du système est minimale.

Les différentes géométries

Pour des raisons de symétrie, les doublets liants notés - ou non liants notés ⟹ forment des figures géométriques régulières inscrites soit dans un cercle pour les espèces planes soit dans une sphère pour les autres.

• $n+p=2$	AX_2E_0	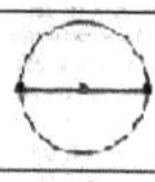	géométrie	**linéaire**
• $n+p=3$	AX_3E_0	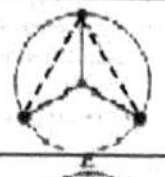	géométrie **triangulaire**	forme **triangle équilatéral**
	AX_2E_1			forme **coudée**

• $n+p=4$ Géométrle	AX_4E_0  Forme: **tétraèdre**	AX_3E_3  Forme: **pyramlde déformée**	AX_2E_2  Forme: **coudée**
• $n+p=5$	AX_5E_0  Forme: **bipyramide à base triangulaire**	• $n+p=6$	AX_5E_0 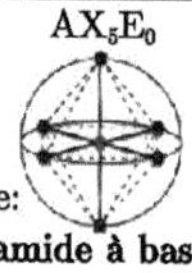 Forme: **bipyramide à base carrée**

Exemples

$n+p=2$	AX_2 :CO_2			
$n+p=3$	AX_3 : BF_3	AX_2E : SO_2		
$n+p=4$	AX_4 : CH_4	AX_3E : NH_3	AX_2E_2 : H_2O	AXE_3 : ClO^-
$n+p=5$	AX_5 : PCl_5			
$n+p=6$	AX_6 : SF_6			

✍ Donner la géométrie des édifices polyatomiques suivants : HClO, $COCl_2$, NO_2^-, $Cr_2O_7^{2-}$, ClO_3^-, CO, SO_2,NO_3, CO_3^{2-}, $S_2O_3^{2-}$.

On a les géométries suivantes :

HOCl de type AX_2E_2, $COCl_2$ de type AX_3, NO_2 de type AX_2E_1, $Cr_2O_7^{2-}$ de type AX_4 pour Cr et AX_2E_2 pour l'oxygène central, ClO_3^- de type

AX_3E, CO de type AX, SO_2 de type AX_2E_2, NO_3 de type AX_3, CO_3^{2-} de type AX_3, $S_2O_3^{2-}$ de type AX_4.

Déformation des structures

⋆ Influence du nombre de doublets non liants

Un doublet non liant occupe plus de place qu'un doublet liant : les angles de liaisons sont plus petits.

Expérimentalement, pour la série des AX_4, on a :

CH_4	NH_3	H_2O
109,5°	107,3°	104,5°

✍ Donner les représentations de Lewis de ces molécules et vérifier la règle précédente.

Pour le méthane, c'est AX_4, pour l'ammoniac, c'est AX_3 et pour l'eau, c'est AX_2E_2. On vérifie bien que les angles sont de plus en plus petits.

⋆ Influence de l'électronégativité de l'atome central

Dans la série AX_3E, on obtient des angles valenciels qui dépendent de l'électronégativité $\chi(A)$ de l'atome central A.

NH_3	PH_3	AsH_3	SbH_3
107,3°	93,3°	91,8°	91,3°
χ(N)=3	χ(P)=2,2	χ(As)=2	χ(Sb)=1,9

Plus l'atome central est électronégatif, plus il attire vers lui les doublets de liaison A-H, plus la répulsion entre les doublets est grande au niveau de A, plus l'angle valenciel est grand.

⋆ Influence de l'électronégativité du ligand X

C'est l'effet inverse du précédent : plus le ligand est électronégatif, plus il attire vers lui les doublets de liaison A-X, moins la répulsion entre les doublets est forte au niveau de A, plus l'angle valenciel est petit.

PCl_3	PBr_3	PI_3
100,3°	101,5°	102°
χ(Cl)=3	χ(Br)=2,8	χ(I)=2,5

3.3.3 Application à la polarisation des molécules

Définition

Polarisation d'une liaison

Lorsque les atomes A et B qui participent à une liaison ont des électronégativités différentes, le doublet électronique est attiré par l'atome le plus électronégatif.
Tout se passe comme s'il y avait un transfert électronique de B (qui prend la charge $q_B = +\delta e$) vers A (qui prend la charge $q_A = -\delta e$) si $\chi(\text{A})>\chi(\text{B})$.

On dit que la liaison prend un caractère ionique partiel ($\delta \in]0,1[$).
$\delta = 0$: liaison purement covalente ;
$\delta = 1$: liaison purement ionique.

Moment dipolaire

La séparation de charge engendre un moment dipolaire qui sera revu plus tard en physique en électrostatique.

Ce moment est de vecteur $\vec{p}$ toujours dirigé de la charge - vers la charge + : $\vec{p} = +\delta e\overrightarrow{AB}$.

Il s'exprime en debye : $1D = \frac{1}{3} \times 10^{-29}\text{C·m}$.

Remarque : *en physique, on verra la formule $\vec{p} = q\overrightarrow{NP}$ où N est pour négatif et P pour positif, q est la valeur absolue de la charge portée par chaque élément.*

Ordre de grandeur

La mesure du moment dipolaire de l'acide chlorhydrique HCl donne p=1,7 D pour une distance $d_{H-Cl} = 127,4$ pm.

✍ Calculer le pourcentage ionique δ de la liaison. Représenter $\vec{p}$ pour HCl. Quel est-il pour H_2 ? O_2 ?

On a $\delta e = 4,45 \times 10^{-20}$ C soit $\delta = 0,28$. Pour HCl, $\vec{p}$ est orienté du chlore vers l'hydrogène. Le moment dipolaire est nul pour le dioxygène et le dihydrogène.

Polarisation moléculaire

Dans le cas d'une molécule AX_nE_p, les n liaisons A-X sont polarisées si $\chi(A) \neq \chi(X)$, le moment dipolaire est la somme des moments dipolaires de chacune des liaisons : $\vec{p} = \sum \vec{p}_i$.

La molécule est polaire si $\vec{p} \neq \vec{0}$ et apolaire sinon.

✍ Dire si les molécules suivantes sont polaires ou apolaires. Justifier par la géométrie et la représentation, de chacun des $\vec{p}_i$: CO_2, CO_3^{2-}, NH_3, CO.

Le dioxyde de carbone est une molécule linéaire, le moment dipolaire est nul.

Pour CO_3^{2-}, c'est apolaire par raison géométrique (triangle équilatéral, toutes les liaisons sont équivalentes).

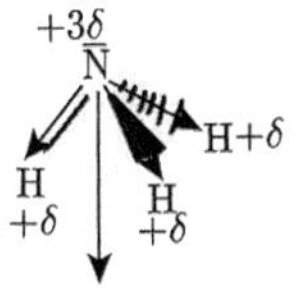

+3δ
N
H+δ
H +δ
H +δ

Pour l'ammoniac, c'est polaire.

∗ D'après www.ilephysique.net

Pour le monoxyde de carbone, c'est aussi polaire, dans le sens contraire de l'électronégativité : le carbone est moins et l'oxygène est plus !

✍ Dans le cas de l'eau, on a $p(H_2O)$=1,86 D et d_{H-O}=96 pm, $\widehat{HOH} = 104,5°$. Calculer le pourcentage ionique δ de la liaison O-H.

On a $p = 2p_1 \cos(\alpha/2)$ soit $p_1 = 1,52$ D. Or, comme $\overrightarrow{p_1} = \delta e \overrightarrow{NP}$, on a $\delta = \dfrac{p_1}{e d_{H-O}} = 0,329$ soit $\delta = 0,33$.

Annexe C

Structure électronique des molécules

C.1 Tableau VSEPR

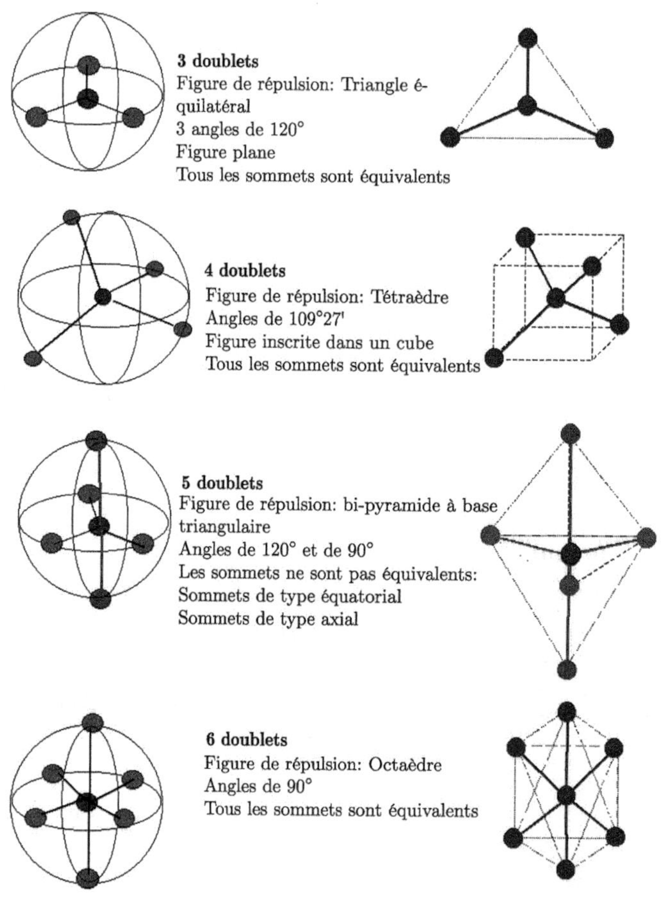

∗ D'après `chimie-briere.com`

Chapitre 4

Chimie des solutions - Généralités

Dans cette partie de la chimie, nous allons étudier les différents types de réactions chimiques en solution aqueuse : réactions acido-basiques, de complexation, de précipitation et d'oxydoréduction. En effet, une grande partie des réactions chimiques de la vie quotidienne ont lieu en milieu aqueux. Dans ce premier chapitre, nous allons décrire le solvant eau, définir les différentes réactions de transfert et donner les lois de l'équilibre chimique.

4.1 Le solvant eau

4.1.1 La molécule d'eau

✎ Rappeler la formule chimique de la molécule d'eau. Quelle est sa géométrie ?

L'eau a pour formule H_2O*, de formule* H-$\overline{\underline{O}}$-H *de type* AX_2E_2*, de type coudée.*

La molécule d'eau a donc la géométrie suivante :

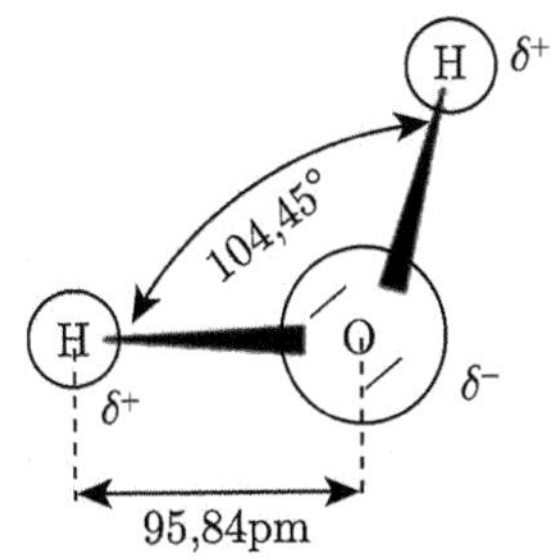

Sur le schéma précédent, δ^+ et δ^- représentent des charges partielles ($0 < \delta < 1$). En effet, quand une liaison covalente relie 2 atomes d'électronégativité différente (cf chapitre précédent), il apparaît une charge partielle négative $-\delta e$ sur l'atome le plus électronégatif (ici O) et une charge partielle $+\delta e$ sur l'atome le moins électronégatif (ici H). La liaison est dite polarisée et la liaison possède un moment dipolaire représenté par un vecteur dirigé suivant l'axe (OH) orienté de O vers H et de norme $\mu_{OH} = \delta e d_{OH}$. Le moment dipolaire s'exprime en C.m ou en debye (1 D= $1/3 \times 10^{-29}$ C·m).
Le moment dipolaire d'un édifice moléculaire ou ionique est égal à la somme vectorielle des moments dipolaires de liaison.

Comme la molécule d'eau est coudée et non linéaire, elle possède un moment dipolaire non nul : $\mu = 1,85$ D.
C'est une valeur élevée : l'eau va pouvoir dissoudre certains composés.

L'existence de liaisons O-H polarisées va permettre la formation de liaisons hydrogènes intermoléculaires (ce sont des interactions de typer dipôle permanent-dipôle induit qui mettent en jeu des énergies de l'ordre de 25 kJ/mol. Les liaisons covalentes ont des énergies de liaison de l'ordre de 100 à 400 kJ/mol.) La présence de ces liaisons hydrogènes va expliquer les particularités de l'eau : température de fusion, chaleur latente de fusion élevées.

L'eau liquide a une permittivité relative ε_r élevée : $\varepsilon_r = 80,1$ à 20°C. Cette constante qui intervient dans la force de Coulomb (vue dans le livre de mécanique du point) veut dire que l'interaction électrostatique est 80 fois plus faible dans l'eau que celle dans le vide : les ions sont donc moins liés dans l'eau. L'eau va pouvoir séparer, dissocier les paires d'ions plus facilement.

Le pouvoir ionisant du solvant est proportionnel au moment dipolaire et le pouvoir dissociant croît avec ε_r.

solvant	μ (D)	ε_r
benzène	0	2,3
éther	1,15	4,4
éthanol	1,70	24,3
eau	1,85	80,0
acétone	2,90	20,7

4.1.2 L'eau solvant

Une solution aqueuse est une solution obtenue en dissolvant dans de l'eau liquide (le solvant) diverses substances chimiques (les solutés).

On peut distinguer deux cas lors de la mise en solution :
- la solvatation (ou hydratation dans le cas de l'eau) : association diverse entre le soluté et les molécules du solvant ;
- la solvolyse (ou hydrolyse dans le cas de l'eau) : la rupture de la liaison polarisable et la formation de nouvelles entités chimiques.

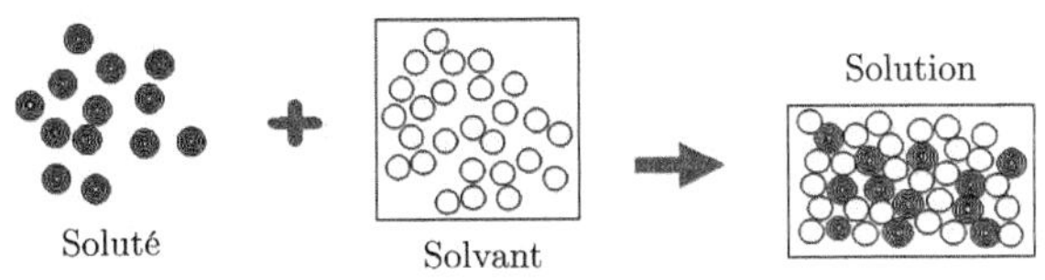

* D'après www.prevor.com www.chemi-master.de

Dissolution du cristal ionique XY en trois étapes : dislocation, hydratation (ou solvatation) et dispersion

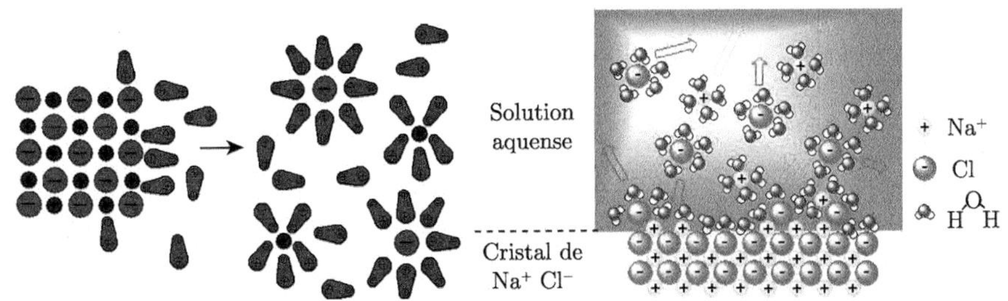

* D'après http://www.ostralo.net/3_animations/swf/dissolution.swf

L'eau est un solvant ionisant : l'eau a un fort moment dipolaire, elle crée donc un champ électrique suffisant pour ioniser les molécules très polarisables. HCl $\longrightarrow$ $(H^+, Cl^-)_{(aq)}$. C'est la création de la paire d'ions.

L'eau est un solvant dispersant : comme la permittivité relative ε_r est importante, il y a une faible interaction électrostatique entre les ions : les ions peuvent donc être plus facilement séparés dans la solution et solvatés.

L'eau est un solvant protique : elle possède un hydrogène mobile sous forme de proton. On a alors l'existence de liaisons hydrogènes.

L'eau est un solvant ionisant, dispersant et solvatant.

Un électrolyte est une solution qui permet le passage d'un courant électrique grâce aux mouvements des ions qu'elle contient.
On parle d' électrolyte fort pour une substance ionique dont la dissolution se traduit par un passage total en solution sous forme d'ions solvatés. On parle d' électrolyte faible si la mise en solution conduit à un équilibre ionique entre espèces ioniques solvatées et composés non dissociés.

L'eau pure conduit le courant : il y a existence d'ions suivant l' équilibre d'autoprotolyse de l'eau :
$2\,H_2O_{(l)} = H_3O^+_{(aq)} + HO^-_{(aq)}$.

4.2 Loi de l'équilibre chimique

En solution aqueuse, différentes particules peuvent être échangées :
- des protons : ce sont les équilibres acido-basiques ;
- des cations ou des anions : ce sont les réactions de complexation ou précipitation ;
- des électrons : ce sont les réactions d'oxydo-réduction.

On va voir comment étudier ces différents cas avec une seule méthode.

4.2.1 Quotient de réaction, activité chimique

Le quotient de réaction noté Q_r est une grandeur qui caractérise un système chimique à un instant t donné et nous permet de connaître l'évolution du système chimique. Pour exprimer Q, on a besoin de ce qu'on appelle les activités chimiques.

• **Définition :** Activité chimique : c'est une grandeur intensive sans dimension.

Pour le solvant, on a $a(H_2O) = 1$.

Pour un soluté, on a $a_i = \dfrac{c_i}{C^\circ}$ où C° est la concentration standard, égale à 1 mol/L.
Pour un solide ou un un liquide pur, on a $a_i = 1$.

Pour un gaz, on a $a_i = \dfrac{P_i}{P°}$ où P_i est la pression partielle de A_i dans le mélange gazeux, $P°$ la pression standard égale à 1 bar=10^5 Pa.

✎ La pression partielle du constituant i est la pression du système fictif où le constituant serait tout seul. D'après la loi des gaz parfaits, que vaut P_i en fonction de n_i, T et V ?

D'après la loi des gaz parfaits, on a $P_i = \dfrac{n_i RT}{V} = \dfrac{n_i}{n}P = x_i P$.

Soit la réaction chimique, "réactifs = produits" suivante :

$$5Fe^{2+}_{(aq)} + 8H_3O^+_{(aq)} + MnO^-_{4(aq)} = Mn^{2+}_{(aq)} + 5Fe^{3+}_{(aq)} + 12H_2O_{(l)}.$$

✎ Donner l'expression du quotient de réaction Q_r en fonction des activités puis en fonction des concentrations.

On a $Q_r = \dfrac{a(Mn^{2+})\,a(Fe^{3+})^5\,a(H_2O)^{12}}{a(MnO_4^-)\,a(H_3O^+)^8\,a(Fe^{2+})^5}$ soit $Q_r = \dfrac{[Mn^{2+}][Fe^{3+}]^5 C^{\circ 8}}{[MnO_4^-][H_3O^+]^8[Fe^{2+}]^5}$.

Les coefficients qui apparaissent devant les produits ou les réactifs dans cette équation-bilan s'appellent les coefficients stœchiométriques.
Pour les déterminer, on utilise deux lois : la loi de conservation de la matière et la loi de conservation de la charge.

Pour connaître la composition d'un système chimique à tout instant t, on introduit comme outil le tableau d'avancement et comme nouvelle grandeur ξ, l'avancement de la réaction en moles.

✎ Remplir les tableaux d'avancement suivants :

	αA	+	βB	=	γC	+	δD
$t=0$	n_{A0}		n_{B0}		n_{C0}		n_{D0}
t							

	$\sum_i \nu_i A_i$	$=0$
$t=0$	n_{i0}	
t		

On a alors :

	αA	+	βB	=	γC	+	δD
$t=0$	n_{A0}		n_{B0}		n_{C0}		n_{D0}
t	$n_{A0}-\alpha\xi$		$n_{B0}-\beta\xi$		$n_{C0}+\gamma\xi$		$n_{D0}+\delta\xi$

et en introduisant les coefficients stoechiométriques algébriques :

	$\sum_i \nu_i A_i$	$=0$
$t=0$	n_{i0}	
t	$n_{i0}+\nu_i\xi$	

Si $\xi > 0$, la réaction a évolué dans le sens direct.
Si $\xi < 0$, la réaction a avancé dans le sens indirect.
Lorsque le système cesse[1] d'évoluer, il atteint son état final caractérisé par l'avancement final ξ_f. Si l'avancement final ξ_f est inférieur à l'avancement $\xi_{\max}$ qui correspond à la disparition du réactif limitant, l'état final correspond à un état d'équilibre chimique où coexistent toutes les espèces : cet état d'équilibre est caractérisé par $Q_{r,eq}$.

Vocabulaire et notation : *on peut dresser[2] des tableaux d'avancement molaire (en moles et avec ξ l'avancement) ou des tableaux d'avancement volumique (en concentration et avec x l'avancement volumique). Ces 2 tableaux sont équivalents si on travaille à volume V constant mais attention ce n'est pas toujours le cas en chimie! Pensez aux réactions de titrage (le volume V de la solution varie au cours du temps).*

Le quotient de réaction Q dépend a priori de la température T, de la pression P et de ξ, l'avancement de la réaction en moles. Si la température et la pression sont fixées, alors $Q = f(\xi)$.

On note de façon générale l'équation chimique comme $\sum_i \nu_i A_i = 0$ où ν_i est le coefficient stœchiométrique algébrique (positif si A_i est un produit, négatif sinon).

Alors, le quotient de réaction s'exprime comme :

$$Q = \Pi_i a(A_i)^{\nu_i}.$$

⚠ Q_r est fonction de l'écriture de l'équation-bilan ! ! Si on multiplie par 2 tous les coefficients stœchiométriques, alors on $Q_{r2} = Q_r^2$.

Remarque : *le quotient de réaction n'est pas une constante...pour une même réaction à température T fixée, le quotient de réaction évolue avec le temps (car il dépend de l'avancement).*

1. Arrête
2. Faire

4.2.2 Constante d'équilibre

• **Définition :** En 1867, Guldberg et Waage ont proposé la loi suivante : lorsque l'équilibre chimique est atteint (c'est-à-dire composition uniforme et invariante dans chaque phase) et si tous les constituants de la réaction sont présents, le quotient de réaction à l'équilibre $Q_{r,eq}$ prend une valeur appelée constante d'équilibre thermodynamique K° qui ne dépend que de la température T. On a

$$Q_{r,eq} = K^\circ(T) = \Pi_i a(A_i)^{\nu_i}_{(eq)}.$$

C'est la loi d'action de masse.

On admet pour l'instant les résultats suivants qui seront démontrés dans le cours de thermochimie au semestre suivant (Chapitre 11). Le quotient de réaction Q_r tend vers $K^\circ(T)$.

La réaction chimique peut s'écrire : $\mathrm{A} \underset{2}{\overset{1}{\rightleftarrows}} \mathrm{B}$.

On note le quotient de réaction initial $Q_{r,i}$.
Si $Q_{r,i}$ est inférieur à la constante d'équilibre $K^\circ(T)$, le système évolue dans le sens 1 ou dans le sens direct.
Si $Q_{r,i}$ est supérieur à la constante d'équilibre $K^\circ(T)$, le système évolue dans le sens 2 ou dans le sens indirect.
Si $Q_{r,i}$ est égal à la constante d'équilibre $K^\circ(T)$, l'état initial est un état d'équilibre du système : il n'y a pas d'évolution.

✎ Sur un axe gradué en Q, placez la constante d'équilibre $K^\circ(T)$ et faites apparaître les différents cas ci-dessus.

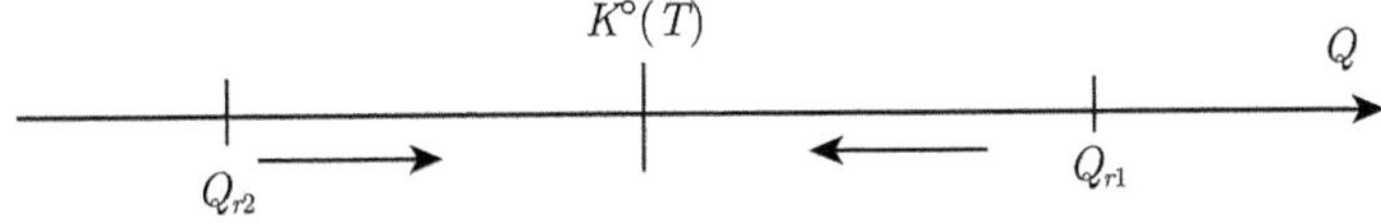

Remarque : *on dit "si tous les constituants de la réaction sont présents", pourquoi ? En phase aqueuse, cette phrase n'a pas d'utilité car elle est toujours vérifiée.Par contre, en phase solide, on peut avoir ce qu'on appelle la rupture d'équilibre. Prenons l'exemple du chlorure d'argent* $AgCl_{(s)}$, *de constante d'équilibre* $K^\circ = 10^{-10}$. *Si on introduit* 10^{-6} mol *de solide dans 1 litre d'eau,*

Q est inférieur à K° : on va avoir évolution dans le sens 1 mais la réaction s'arrête faute de[1] *réactif, l'état final n'est pas un état d'équilibre (cf chapitre 7 de chimie).*

4.2.3 Réactions totales, réactions nulles

Une réaction peut être considérée comme totale ou quantitative si $\xi_F = \xi_{max}$, soit K° de l'ordre de 10^5.
Une réaction peut être considérée comme nulle si, à l'équilibre, l'avancement est sensiblement égal à 0 : $\xi_f = 0$ mol, soit K° très faible ou si l'état initial est déjà un état d'équilibre.

4.2.4 Relations entre constantes d'équilibre

Souvent, pour traduire la réalité chimique d'un système, on va devoir faire des combinaisons linéaires d'équation-bilans. On a les relations suivantes :
- (1)+(2) =(3) : $K_3^\circ = K_1^\circ \times K_2^\circ$;
- (1)-(2)=(3) : $K_3^\circ = \dfrac{K_1^\circ}{K_2^\circ}$;
- (1)×n=(3) : $K_3^\circ = (K_1^\circ)^n$.

Diverses réactions en solution aqueuse : D=A+X

D (donneur)	A (accepteur)	X (particule)	Domaine
acide	base	proton H^+	acido-basicité
complexe	cation métallique	ligand L	complexation
précipité	cation métallique	anion	précipitation
réducteur	oxydant	électron	oxydo-réduction

1. Par manque de

Chapitre 5

Équilibres acido-basiques

Dans ce chapitre, nous allons étudier de façon quantitative l'échange de proton H^+ et on va introduire les outils qui vont permettre de prévoir et de déterminer l'état d'équilibre d'une solution aqueuse.

On se place toujours dans les conditions "standard" : $P° = 1$ bar, $T = 298$ K et on considère que toutes les réactions ont lieu instantanément (on néglige l'aspect cinétique qui sera étudié au prochain semestre).

5.1 Généralités

5.1.1 Couples acide-base

Théorie de Brönsted (1923)

• **Définition :** Un acide est une espèce chimique susceptible de donner un proton H^+.
Une base est une espèce chimique susceptible de capter un proton H^+.

Ces 2 définitions font apparaître la notion de couple acide/base :

$$AH = A^- + H^+ (\text{ par exemple } CH_3COOH/CH_3COO^-).$$

$$BH^+ = B + H^+ (\text{ par exemple } NH_4^+/NH_3).$$

L'acide et la base sont dits conjugués, ils forment un couple acido-basique noté (AH/A^-) ou (BH^+/B).

✎ Compléter les couples proposés ci-dessous et donner le nom de l'espèce manquante.

$(CH_3CO_2H/......)$	$(....../NH_3)$
acide acétique/	....../ammoniaque
$(CO_2+H_2O/......)$	$(Fe^{2+}+H_2O/......)$
acide carbonique/	ion fer II /......

On obtient alors le tableau suivant :

(CH_3CO_2H/CH_3COO^-)	(NH_4^+/NH_3)
acide acétique/ acétate	ammonium/ammoniaque
(CO_2+H_2O/HCO_3^-)	$(Fe^{2+}+H_2O/\ Fe(OH)^+)$
acide carbonique/ hydrogénocarbonate	ion fer II /hydroxofer II

Remarque : H^+ *n'existe pas dans l'eau : il est immédiatement capté par l'eau pour donner l'ion oxonium* H_3O^+.

Il existe des polyacides ou des polybases : $H_2SO_4/HSO_4^-/SO_4^{2-}$, $H_3PO_4/H_2PO_4^-/HPO_4^{2-}/PO_4^{3-}$.

Une espèce qui est l'acide d'un couple et la base d'un autre couple est un ampholyte ou une espèce amphotère .

✎ Donner des exemples d'espèces amphotères.

On a bien évidemment l'eau mais aussi les ions hydrogénocarbonates HCO_3^-, les ions hydrogénophosphates HPO_4^{2-}...

Il existe différentes théories et donc des définitions différentes des couples acide/base. Par exemple, dans la théorie de Lewis, un acide est une espèce chimique avec une lacune électronique et une base est un espèce chimique qui possède un doublet non liant.

Couples de l'eau

L'eau est caractérisé par 2 couples acide-bases. C'est une espèce amphotère : $H_2O_{(l)}/HO^-_{(aq)}$ et $H_3O^+_{(aq)}/H_2O_{(l)}$.

La réaction d'autoprotolyse de l'eau est une réaction acido-basique :

$H_2O_{(l)}$	+	$H_2O_{(l)}$	=	$HO^-_{(aq)}$	+	$H_3O^+_{(aq)}$
acide 1		base 2		base 1		acide 2

Cet équilibre est caractérisé par la constante K_e , appelée produit ionique de l'eau .

✎ Donner l'expression de K_e en fonction des concentrations des ions.

On a $K_e = \dfrac{[HO^-]_{eq}[H_3O^+]_{eq}}{C^{\circ 2}}$.

À 25°C, $K_e = 1,0 \times 10^{-14}$. On définit $pK_e = -\log K_e = 14,0$.

5.1.2 pH d'une solution

Sörensen (1909) a défini le pH d'une solution comme :

$$\text{pH} = -\log\left(\frac{[H_3O^+]}{C^\circ}\right) = -\log[H_3O^+]$$

si la concentration en ions oxonium est en mol/L !

Remarque : *pH veut dire potentiel hydrogène, il est mesuré par potentiométrie avec dans un pH-mètre, un pont de Wheatstone...*

Pour l'eau pure, on a pH=$-\log(\sqrt{K_e}) = 7,0$ à 25°C.

Si pH<7, le milieu est acide . Si pH>7, le milieu est basique .

5.1.3 Constante d'acidité

H^+ n'existe pas en solution : il est échangé entre 2 couples, c'est une particule d'échange, on a donc toujours une réaction entre 2 couples acido-basiques.

$$\text{acide 1} + \text{base 2} = \text{base 1} + \text{acide 2}$$

caractérisée par la constante d'équilibre : $K^\circ = Q_{r,eq} = \dfrac{[\text{acide2}]_{eq}[\text{base1}]_{eq}}{[\text{acide1}]_{eq}[\text{base2}]_{eq}}$.

Pour déterminer K°, on va classer les couples acido-basiques suivant leur force , c'est-à-dire leur capacité à échanger des protons. Ce classement est fait par rapport aux couples de l'eau grâce à la constante d'acidité K_a , définie par la réaction suivante :

$$AH_{(aq)} + H_2O_{(l)} = A^-_{(aq)} + H_3O^+_{(aq)}.$$

✎ Exprimer K_a constante d'équilibre de cette réaction en fonction des activités puis des concentrations molaires.

On a $K_a = \dfrac{a(H_3O^+)\,a(A^-)}{a(H_2O)\,a(AH)} = \dfrac{[H_3O^+][A^-]}{[AH]\,C^\circ}$.

On définit le $pK_a = -\log K_a$.

De même, on a :

$$A^-_{(aq)} + H_2O_{(l)} = AH_{(aq)} + HO^-_{(aq)}.$$

Cette réaction définit K_b constante de basicité.

✎ Exprimer K_b constante d'équilibre de cette réaction en fonction des activités puis des concentrations molaires.

On a $K_b = \dfrac{a(HO^-)\,a(AH)}{a(H_2O)\,a(A^-)} = \dfrac{[HO^-][AH]}{C^\circ[A^-]}$.

✎ Quel est le lien entre pK_a et pK_b ?

Comme on a $K_e = K_a \times K_b$, alors, on a $pK_a + pK_b = pK_e$.

5.1.4 Force d'un acide ou d'une base

• **Définition :** Un acide est d'autant plus fort qu'il cède facilement son proton H^+. On parle d'acide fort quand on a une réaction d'hydrolyse totale.
$AH_{(aq)} + H_2O_{(l)} \longrightarrow A^-_{(aq)} + H_3O^+_{(aq)}$.

Exemples : l'acide chlorhydrique HCl, l'acide nitrique HNO_3 sont des acides forts.

• **Définition :** Une base est dite forte si l'hydrolyse conduit à une protonation totale :
$A^-_{(aq)} + H_2O_{(l)} \longrightarrow AH_{(aq)} + HO^-_{(aq)}$.

Exemples : l'amidure NH_2^-, les alcoolates RO^- sont des bases fortes.

L'ion oxonium H_3O^+ est l'acide le plus fort qui peut exister dans l'eau.
L'ion hydroxyde HO^- est la base la plus forte qui peut exister dans l'eau.

Ceci est dû au nivellement du solvant ou l'effet nivelant du solvant : les couples acido-basiques du solvant définissent les bases ou acides les plus forts pouvant exister en solution.

Un acide est d'autant plus fort que la constante d'acidité K_a est élevée soit pK_a faible.
Une base est d'autant plus forte que la constante d'acidité K_a est faible soit pK_a élevé.

✎ Que peut-on dire du pK_a d'un acide fort ? De celui d'une base forte ?

Le pK_a d'un acide fort est négatif, le pK_a d'une base forte est supérieur à 14.

Remarque : *ce classement est obtenu expérimentalement en faisant les différentes réactions acido-basiques : dans le solvant eau, on classe les couples de pK_a compris entre 0 et 14. Ensuite, on change de solvant pour classer les acides forts entre eux ou les bases fortes entre elles.*

On distingue plusieurs cas suivant la force de l'acide et de la base :

✎ Remplir le tableau suivant :

AH ne réagit pas avec l'eau. A^-	AH est un acide indifférent dans l'eau. A^- est
AH et A^- ont des réactions limitées avec l'eau, ces 2 espèces étant en équilibre en solution.	AH est un acide faible dans l'eau et sa base conjuguée A^- est
AH réagit totalement avec l'eau. A^-	AH est un acide fort dans l'eau. A^- est

On a alors :

AH ne réagit pas avec l'eau. A$^-$ réagit totalement avec l'eau.	AH est un acide indifférent dans l'eau. A$^-$ est une base forte dans l'eau.
AH et A$^-$ ont des réactions limitées avec l'eau, ces 2 espèces étant en équilibre en solution.	AH est un acide faible dans l'eau et sa base conjuguée A$^-$ est aussi une base faible dans l'eau
AH réagit totalement avec l'eau. A$^-$ ne réagit pas avec l'eau.	AH est un acide fort dans l'eau. A$^-$ est est une base indifférente dans l'eau.

✎ Que vaut par définition, la constante d'acidité K_a du couple (H_3O^+/H_2O) ? Que vaut celle du couple (H_2O/HO^-) ?

Par définition, $K_a(H_3O^+/H_2O) = 1$ et donc $K_a(H_2O/HO^-) = 14,0$.

Ceci nous permet de construire une échelle (verticale) de pK_a :

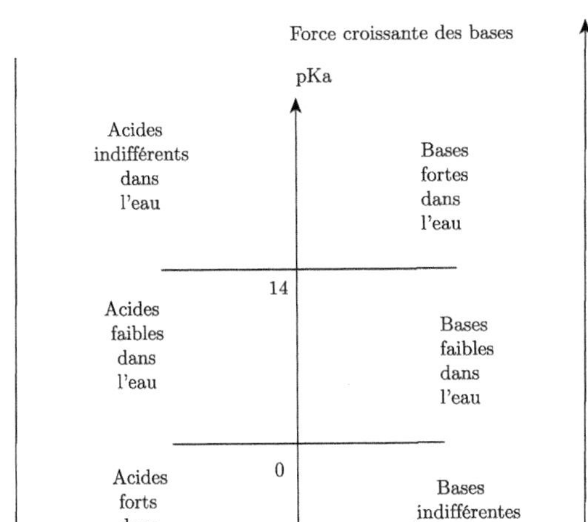

✎ Sur le diagramme ci-dessus, classer les couples suivants : (HCl/Cl^-), ($CH_3CO_2H/CH_3CO_2^-$) de pK_a = 4,8, (NH_4^+/NH_3), de pK_a=9,2 et ($C_2H_5OH/C_2H_5O^-$), de pK_a = 15,9.

Ils sont donnés par force croissante des bases : HCl est un acide fort, puis, ensuite un acide faible (les acides carboxyliques), une base faible (l'ammoniaque) et une base forte (les alcoolates).

Pour différencier les acides forts entre eux (ou les bases fortes), il faut utiliser un autre solvant que l'eau. Grâce au solvant eau, on peut classer expérimentalement des couples acido-basiques dont les pK_a sont compris entre 0 et 14.

5.1.5 Diagramme de prédominance

Tout couple acido-basique est caractérisé par son K_a.

✎ Rappeler la définition de la constante d'acidité K_a. En déduire la relation entre le pH et le pK_a.

On a $K_a = \frac{[A^-][H_3O^+]}{[AH]C^\circ}$ soit $\mathrm{pH} = \mathrm{p}K_a + \log\frac{[AH]}{[A^-]}$.

✎ Quelle est la valeur du pH quand [AH] = [A^-] ?

On a alors $pH = pK_a$.

✎ Quelle forme prédomine pour $pH<pK_a$?

Pour $pH < pK_a$, la forme prédominante est la forme acide.

✎ Quelle forme prédomine pour $pH>pK_a$? Résumer les résultats sur le diagramme suivant.

Pour $pH > pK_a$, la forme prédominante est la forme basique.

acide base

pH

pK_a

Remarque : *Vocabulaire. On parle de* prédominance *ou d'espèce prédominante quand on a une simple relation de supériorité :* $[base] > [acide]$. *On parle d'* espèce majoritaire *quand on a, au moins, un facteur 10 :* $[base] > 10[acide]$.

Application aux indicateurs colorés

Il s'agit de couples acido-basiques notés HIn/In^- où la forme acide HIn et la forme basique In^- sont de couleurs différentes.

✎ Représenter sur un diagramme en pH les zones de majorité des espèces.

On a le diagramme de prédominance suivant :

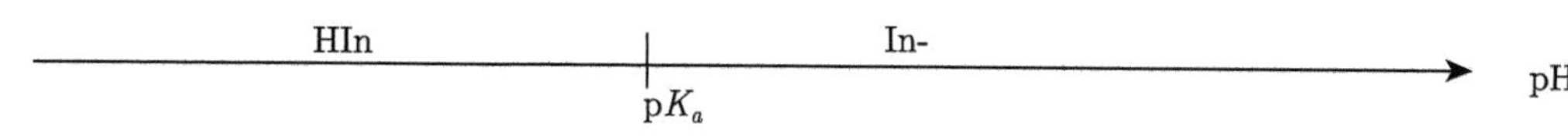

5.1.6 Prévision du sens de réaction

On a déjà vu que toute réaction acido-basique met en jeu 2 couples acido-basiques suivant la réaction :

$$\text{acide 1} + \text{base 2} = \text{acide 2} + \text{base 1}$$

✎ Exprimer la constante de cet équilibre en fonction de K_{a1} et K_{a2}.

On a $K = \frac{K_{a1}}{K_{a2}}$.

La réaction a lieu entre l'acide le plus fort et la base la plus forte présents en solution suivant la règle du γ (gamma).

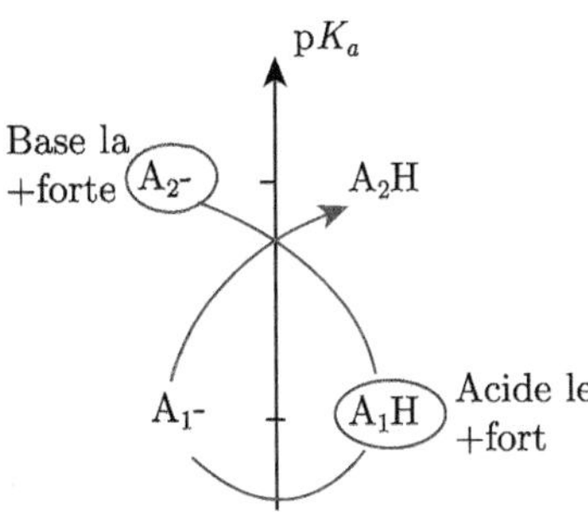

∗ D'après www.reviz.fr

Si K° est supérieure à 10^4, la réaction est considérée comme totale.
Si $K^\circ < 10^{-4}$, la réaction est considérée comme nulle.

5.2 Calculs simples de pH

5.2.1 Monoacide fort (ou monobase forte) dans l'eau

On introduit à la concentration C_0 du chlorure d'hydrogène. Celui-ci est totalement dissocié dans l'eau sous forme $H_3O^+_{(aq)}$ et $Cl^-_{(aq)}$.

✍ Dresser le tableau d'avancement volumique et en déduire le pH d'une solution à la concentration $C_0 = 0.1$ mol/L. À quel résultat absurde conduit le résultat précédent pour des solutions très diluées, par exemple à 10^{-8} mol/L ? Quel phénomène, négligé jusqu'ici, faut-il considérer ?

On a le tableau d'avancement suivant :

	HCl	+	$H_2O_{(l)}$	=	$H_3O^+_{(aq)}$	+	$Cl^-_{(aq)}$
EI	C_0		/		0		0
EF	$C_0 - x$		/		x		x

Comme c'est un acide fort, on a $x_{max} = C_0$ et on a donc $pH = -\log C_0 = 1,0$.

Si on applique le même raisonnement avec une solution très diluée, on a alors

$pH = -\log C_0 = 8$: la solution est alors basique, c'est absurde ! Il faut, dans ce cas, considérer l'autoprotolyse de l'eau. On a alors $K_e = x(C_0 + x)$ soit $x + 9,5 \times 10^{-8}$ mol/L soit $pH = 6,98$.

✍ La soude (hydroxyde de sodium) est une base forte entièrement dissociée dans l'eau. Dresser le tableau d'avancement volumique et en déduire le pH d'une solution de soude à 0,1 mol/L. Que se passe-t-il pour des solutions très diluées ?

On a le tableau d'avancement suivant :

	$NaOH$	+	$H_2O_{(l)}$	=	$Na^+_{(aq)}$	+	$HO^-_{(aq)}$	+	$H_2O_{(l)}$
EI	C_0		/		0		0		/
EF	$C_0 - x = \varepsilon$		/		C_0		C_0		/

Comme c'est une base forte, on a $x_{max} = C_0$ et on a donc $pH = pK_e - pOH = 14.0 - \log C_0 = 13,0$.

Si on applique le même raisonnement avec une solution très diluée, la solution est alors acide, c'est absurde ! Il faut, dans ce cas, considérer l'autoprotolyse de l'eau. On a alors $K_e = x(C_0 + x)$ soit si on prend $C_0 = 10^{-8}$ mol/L, $pH = 7,2$.

5.2.2 Monoacide faible dans l'eau

✍ Un acide faible de concentration C_0 et de constante d'acidité K_a est partiellement dissocié dans l'eau. Remplir le tableau d'avancement volumique. On note x l'avancement volumique. Quelle est l'équation que x doit vérifier ? À quelles conditions sur x puis sur le pH peut-on se ramener à une équation plus simple en x ? Montrer qu'alors le pH d'une solution d'acide faible se met sous la forme $\mathrm{pH}=\frac{1}{2}(\mathrm{p}K_a - \log C_0)$ si $\mathrm{pH} < pK_a - 1$. Calculer le pH d'une solution d'acide acétique de $\mathrm{p}K_a = 4,8$ à 0,1 mol/L.

On a le tableau d'avancement suivant :

	AH	$+$	$H_2O_{(l)}$	$=$	$A^-_{(aq)}$	$+$	$H_3O^+_{(aq)}$
EI	C_0		/		0		0
EF	$C_0 - x$		/		x		x

On a $K_a = \dfrac{x^2}{(C_0 - x)C°}$ soit $x = \sqrt{K_a C_0}$ donc $\mathrm{pH} = \frac{1}{2}(\mathrm{p}K_a - \log C_0)$ si l'acide prédomine nettement sur la base : $[AH] > 10[A^-]$ soit si $\mathrm{pH} < \mathrm{p}K_a - 1$.

Numériquement, on a $\mathrm{pH} = 2,9$ qui est bien inférieur à 3,8.

On introduit maintenant **α, le coefficient de dissociation** de l'acide faible : $\alpha = x/C_0$.

✎ Exprimer K_a en fonction de α. Que se passe-t-il pour $\alpha \ll 1$?

On a maintenant $K_a = \dfrac{\alpha^2}{(1-\alpha)} C_0$. Si $\alpha \ll 1$, alors on a $K_a = \alpha^2 C_0$.

On a la **loi de dilution d'Ostwald** : plus un acide faible est dilué, plus il est dissocié (c'est-à-dire plus il se comporte comme un acide fort).

Remarque : *si $\alpha \approx 1$, on doit résoudre une équation du second degré.*

✍ Calculer le pH d'une solution d'ammoniac NH_3 à la concentration $C_0 = 0,1$ mol/L, de $\mathrm{p}K_a = 9,2$. Quelle est la formule vérifiée pour une base faible dans le cas d'une base faiblement dissociée dans l'eau ?

On a maintenant $K_b = \dfrac{x^2}{C_0}$ soit $\mathrm{p}x = \frac{1}{2}(\mathrm{p}K_b + \mathrm{p}C_0)$ soit

$\mathrm{pOH} = \frac{1}{2}(\mathrm{p}K_b - \log C_0)$. Numériquement, on obtient $\mathrm{pH} = 11,1$.

5.3 Titrage

5.3.1 Titrage d'un acide fort par une base forte

Bilan d'avancement de réaction

On dose une solution d'acide chlorhydrique HCl (V_A, C_A) entièrement dissocié dans l'eau par de la soude NaOH (V_B, $C_B = 0,10$ mol·L^{-1}) entièrement dissociée dans l'eau.

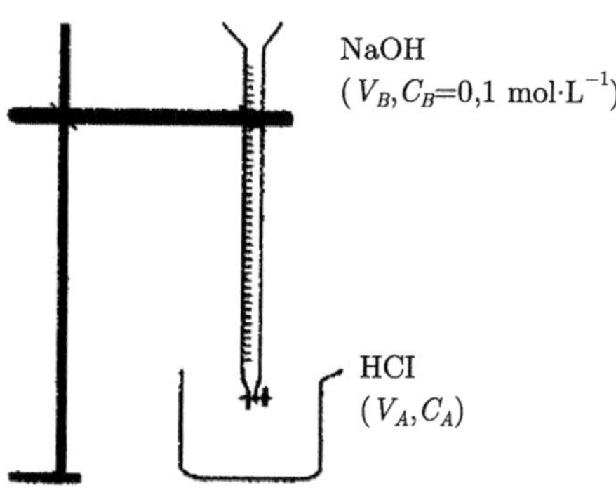

✍ Écrire l'équation-bilan de la réaction de neutralisation de HO^- par H_3O^+ et calculer la constante d'équilibre K. La réaction est-elle quantitative ?

On a la réaction suivante : $HO^-_{(aq)} + H_3O^+_{(aq)} = 2H_2O_{(l)}$ de constante $K = K_e^{-1} = 10^{14}$. Cette réaction est bien totale.

✍ Rappeler la définition de l'équivalence E, exprimer le volume V_{BE} de base versé à l'équivalence en fonction de V_A, C_B et C_A. Quel est le réactif en excès avant et après l'équivalence ?

À l'équivalence, les réactifs sont introduits dans les proportions stoechiométriques. On a alors $n_{\mathrm{HO^-,introduits}} = n_{\mathrm{H_3O^+,versés}}$ soit

$C_B V_{BE} = C_A V_A$. Avant l'équivalence, les ions oxonium sont en excès. Après l'équivalence, ce sont les ions hydroxyde.

✍ Compléter le tableau d'avancement en distinguant 3 états finaux suivant que $V_B < V_{BE}$; $V_B = V_{BE}$; $V_B > V_{BE}$.

		$HO^-_{(aq)}$	+ $H_3O^+_{(aq)}$	= $2\,H_2O_{(l)}$
EI				/
EF	$V_B < V_{BE}$			/
	$V_B = V_{BE}$			/
	$V_B > V_{BE}$			/

On a le tableau d'avancement suivant :

		$HO^-_{(aq)}$	+ $H_3O^+_{(aq)}$	= $2\,H_2O_{(l)}$
EI		$C_B V_B$	$C_A V_A$	/
EF	$V_B < V_{BE}$	ε	$C_A V_A - C_B V_B$	/
	$V_B = V_{BE}$	ε	ε	/
	$V_B > V_{BE}$	$C_B(V_B - V_{BE})$	ε	/

Suivi pH-métrique

✍ Pour chacun des états finaux correspondant à : $V_B = 0$, $V_B < V_{BE}$; $V_B = V_{BE}$; $V_B > V_{BE}$ et $V_B \to \infty$, donner la nature de la solution obtenue, la formule permettant le calcul du pH et la valeur numérique de celui-ci pour $V_A = 10$ mL et $C_A = C_B = 0,1$ mol·L^{-1} . Résumer les résultats sous forme de tableau.

On a le tableau suivant :

	Nature de la solution	Formule donnant le pH	Valeur numérique
$V_B = 0$	acide fort C_A	$pH = -\log C_A$	1
$V_B < V_{BE}$	acide fort $C = \dfrac{C_A V_A - C_B V_B}{V_A + V_B}$	$pH = -\log C$	
$V_B = V_{BE}$	eau pure		7
$V_B > V_{BE}$	base forte $C' = \dfrac{C_B V_B - C_A V_A}{V_A + V_B}$	$pOH = -\log C'$	
$V_B \infty$	base forte C_B	$pOH = -\log C_B$	13

Suivi conductimétrique :

La conductivité d'une solution permet de suivre un titrage mettant en jeu des espèces ioniques (cf annexe pour plus de détails). On a la loi de Kohlrausch : $\sigma = \sum_i \lambda_i C_i$ où λ_i est la conductivité molaire ionique et C_i la concentration molaire.

✍ Faire le bilan des ions présents dans la solution. Exprimer dans les 2 cas $V_B < V_{BE}$ et $V_B > V_{BE}$ la conductivité σ de la solution. Montrer que les points expérimentaux s'alignent sur des droites $Y = \sigma(V_A + V_B)$ en fonction de $X = V_B$. Exprimer les pentes en fonction des λ_i et préciser leur signe sachant que les ions les plus conducteurs sont les ions HO^- et H_3O^+. Tracer en concordance les graphes $pH = f(V_B)$ et $\sigma = f(V_B)$.

On a les ions sodium, hydroxyde, oxonium et chlorure. D'après la loi de Kohlrausch, on a

$\sigma = \lambda_{Na^+}[Na^+] + \lambda_{Cl^-}[Cl^-] + \lambda_{HO^-}[HO^-] + \lambda_{H_3O^+}[H_3O^+]$.

Pour $V_B < V_{BE}$, il n' y a pas d'ions hydroxydes. On a donc :

$$\sigma = \lambda_{Na^+}\frac{C_B V_B}{V_A+V_B} + \lambda_{Cl^-}\frac{C_A V_A}{V_A+V_B} + \lambda_{H_3O^+}\frac{C_A V_A - C_B V_B}{V_A+V_B}$$ soit

$\sigma \times (V_A+V_B) = (\lambda_{Na^+} - \lambda_{H_3O^+})C_B V_B + (\lambda_{Cl^-} + \lambda_{H_3O^+})C_A V_A$ de la forme $AX+B$ avec A négatif.

Pour $V_B > V_{BE}$, on a :

$$\sigma = \lambda_{Na^+}\frac{C_B V_B}{V_A+V_B} + \lambda_{Cl^-}\frac{C_A V_A}{V_A+V_B} + \lambda_{HO^-}\frac{C_B V_B - C_A V_A}{V_A+V_B}$$ soit

$\sigma \times (V_A+V_B) = (\lambda_{Na^+} + \lambda_{HO^-})C_B V_B + (\lambda_{Cl^-} - \lambda_{HO^-})C_A V_A$ de la forme $A'X+B$ avec A' positif. On a donc rupture de pente à l'équivalence.

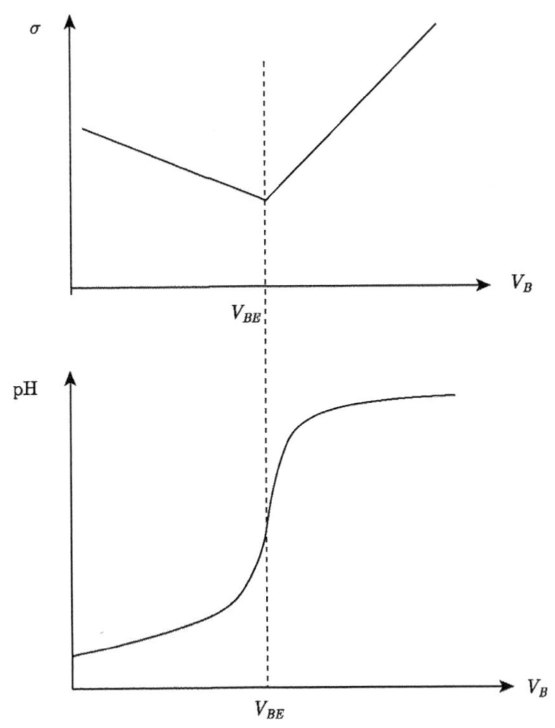

5.3.2 Titrage d'une base forte par un acide fort

Bilan d'avancement de réaction

On dose une solution de soude NaOH (V_B, C_B) entièrement dissociée dans l'eau par de l'acide chlorhydrique HCl ($V_A, C_A = 0,1$ mol·L^{-1}) entièrement dissocié dans l'eau. La réaction de neutralisation est quantitative, d'où le tableau d'avancement volumique suivant :

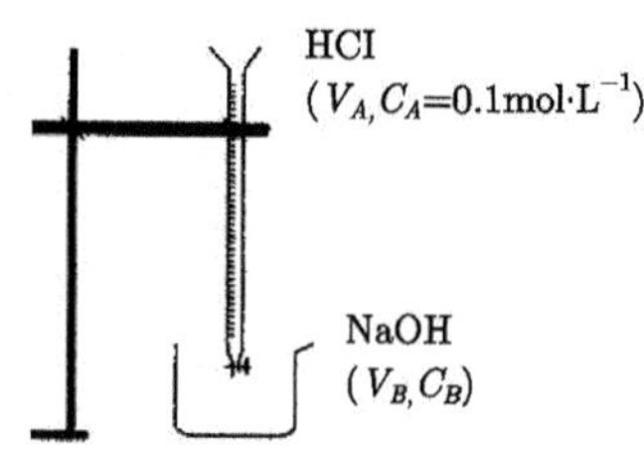

		$HO^-_{(aq)}$	+	$H_3O^+_{(aq)}$	=	$2\,H_2O_{(l)}$
EI		C_BV_B		C_AV_A		/
EF	$V_A < V_{AE}$	$C_BV_B - C_AV_A$		ε		
	$V_A = V_{AE}$	ε		ε		
	$V_A > V_{AE}$	ε		$C_AV_A - C_AV_{AE}$		

Suivi pH-métrique :

	Nature de la solution	Formule donnant le pH	Valeur numérique
$V_A = 0$	base forte de concentration C_B	pOH=$-\log C_B$	pH=13
$V_A < V_{AE}$	base forte de concentration $(C_BV_B - C_AV_A)/(V_A+V_B)$	pOH=$-\log(C_BV_B - C_AV_A)/(V_A+V_B)$	
$V_A = V_{AE}$	eau pure		pH=7
$V_A > V_{AE}$	acide fort de concentration $(C_AV_A - C_BV_B)/(V_A+V_B)$	pH=$-\log(C_AV_A - C_BV_B)/(V_A+V_B)$	
$V_A\infty$	acide fort de concentration C_A	pH=$-\log C_A$	pH=1

Suivi conductimétrique :

D'après la loi de Kohlrausch, on a
$\sigma = \sum_i \lambda_i C_i = \lambda_{H_3O^+}[H_3O^+] + \lambda_{Na^+}[Na^+] + \lambda_{HO^-}[HO^-] + \lambda_{Cl^-}[Cl^-]$.

$V_A < V_{AE}$

$\sigma = \lambda_{Na^+}[Na^+] + \lambda_{HO^-}[HO^-] + \lambda_{Cl^-}[Cl^-]$

$\sigma(V_A + V_B) = \lambda_{Na^+} C_B V_B + \lambda_{HO^-}(C_B V_B - C_A V_A) + \lambda_{Cl^-} C_A V_A$

$\sigma(V_A + V_B) = (\lambda_{Cl^-} + \lambda_{HO^-}) C_A V_A + (\lambda_{Na^+} + \lambda_{HO^-}) C_B V_B$

$\Rightarrow$ $Y = \sigma(V_A + V_B)$ $\quad X = V_A$ droite de pente $(\lambda_{Cl^-} - \lambda_{HO^-}) C_A < 0$

$V_A < V_{AE}$

$\sigma = \lambda_{Na^+}[Na^+] + \lambda_{H_3O^+}[H_3O^+] + \lambda_{Cl^-}[Cl^-]$

$\sigma(V_A + V_B) = \lambda_{Na^+} C_B V_B + \lambda_{H_3O^+}(C_A V_A - C_B V_B) + \lambda_{Cl^-} C_A V_A$

$\sigma(V_A + V_B) = (\lambda_{Cl^-} + \lambda_{H_3O^+}) C_A V_A + (\lambda_{Na^+} - \lambda_{H_3O^+}) C_B V_B$

$\Rightarrow$ $Y = \sigma(V_A + V_B)$ $\quad X = V_A$ droite de pente $(\lambda_{Cl^-} + \lambda_{H_3O^+}) C_A > 0$

5.3.3 Titrage d'un acide faible par une base forte

On dose une solution d'acide acétique CH_3CO_2H ($pK_a = 4,8$, $V_A = 10$ mL, $C_A = 0,1$ mol/L) par de la soude NaOH ($V_B, C_B = 0,1$ mol/L).

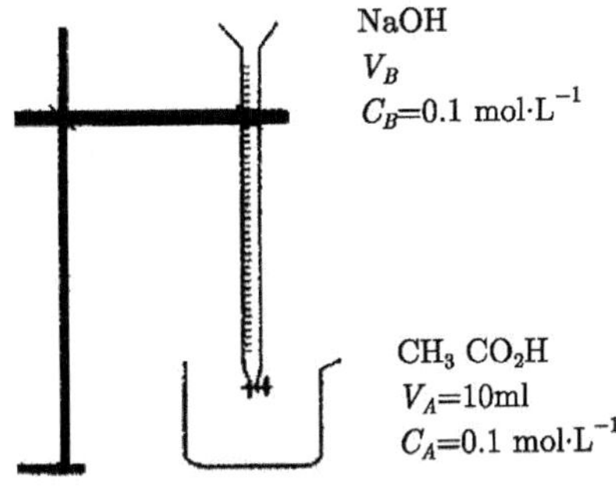

✎ Écrire la réaction de titrage. Calculer sa constante d'équilibre. Est-ce cohérent ?

On a $CH_3CO_2H_{(aq)} + HO^-_{(aq)} = CH_3CO^-_{2(aq)} + H_2O_{(l)}$ de constante d'équilibre $K = \dfrac{K_a}{K_e} = 10^{9,2} \gg 10^4$: la réaction est bien quantitative.

✎ Définir l'équivalence. Que vaut V_{BE} ? Compléter le tableau d'avancement suivant.

		$CH_3CO_2H_{(aq)}$	+ $HO^-_{(aq)}$	= $CH_3CO^-_{2(aq)}$	+ $H_2O_{(l)}$
EI					/
EF	$V_B < V_{BE}$				/
	$V_B = V_{BE}$				/
	$V_B > V_{BE}$				/

À l'équivalence, les réactifs sont introduits dans les proportions stoechiométriques, on a donc $V_{be} = \frac{C_a V_a}{C_b} = 10$ mL.

On a le tableau suivant :

		$CH_3CO_2H_{(aq)}$	+ $HO^-_{(aq)}$	= $CH_3CO^-_{2(aq)}$	+ $H_2O_{(l)}$
EI		$C_A V_A$	$C_B V_B$	0	/
EF	$V_B < V_{BE}$	$C_A V_A - C_B V_B$	ε	$C_B V_B$	/
	$V_B = V_{BE}$	ε	ε	$C_B V_{BE}$	/
	$V_B > V_{BE}$	ε	$C_B V_B - C_A V_A$	$C_B V_{BE}$	/

Suivi pH-métrique :

	Nature de la solution	Formule donnant le pH	Valeur numérique
$V_B = 0$	acide faible C_A	$pH = \frac{1}{2}(pK_a - \log C_a)$	2,9
$V_B < V_{BE}$	tampon		
$V_B = V_{BE}/2$	tampon équimolaire	$pH = pK_a$	4,8
$V_B = V_{BE}$	base faible $C_E = \frac{C_B V_{BE}}{V_A + V_{BE}}$	$pOH = \frac{1}{2}(pK_B - \log C_E)$	8,7
$V_B > V_{BE}$	mélange base forte/base faible		
$V_B \infty$	base forte C_B	$pOH = -\log C_B$	13

Vocabulaire : on parle de solution tampon pour une solution dont le pH ne varie pas malgré l'addition en petites quantités d'un acide, d'une base ou d'une dilution. Une solution tampon est composée d'un acide faible et de sa base conjuguée ou d'une base faible et de son acide conjugué. Le pouvoir tampon est maximal quand on a [AH] = [A$^-$], on a alors pH=pK_a.

Suivi conductimétrique :

D'après la loi de Kohlrausch, on a
$\sigma = \sum_i \lambda_i C_i = \lambda_{HO^-}[HO^-] + \lambda_{Na^+}[Na^+] + \lambda_{CH_3CO_2^-}[CH_3CO_2^-]$.

✎ Avant l'équivalence, montrer que $\sigma(V_A + V_B) = A * V_B$ avec A à exprimer en fonction des conductivités molaires ioniques et de C_B.

Avant l'équivalence, on a les ions sodium et les ions éthanoate.

D'après la loi de Kohlrausch, on a :

$\sigma = \lambda_{CH_3CO_2^-}[CH_3CO_2^-] + \lambda_{Na^+}[Na^+]$ d'où $\sigma(V_A + v_B) = \lambda_{CH_3CO_2^-} C_B V_B + \lambda_{Na^+} C_B V_B$, qui est une droite de pente positive.

✎ Montrer qu'après l'équivalence, $\sigma(V_A + V_B) = B * V_B$ avec B à exprimer en fonction des conductivités molaires ioniques et de C_B.

Après l'équivalence, on a les ions sodium, les ions hydroxyde et les ions éthanoate. D'après la loi de Kohlrausch, on a

$\sigma = \lambda_{CH_3CO_2^-}[CH_3CO_2^-] + \lambda_{Na^+}[Na^+] + \lambda_{HO^-}[HO^-]$ d'où

$\sigma(V_A + v_B) = \lambda_{CH_3CO_2^-} C_A V_A + \lambda_{Na^+} C_B V_B + \lambda_{HO^-}(C_B V_B - C_A V_A)$, qui est une droite de pente $\lambda_{HO^-} + \lambda_{Na^+}$ positive, supérieure à la valeur précédente.

✎ Tracer pH=$f(V)$ et $\sigma = f(V)$.

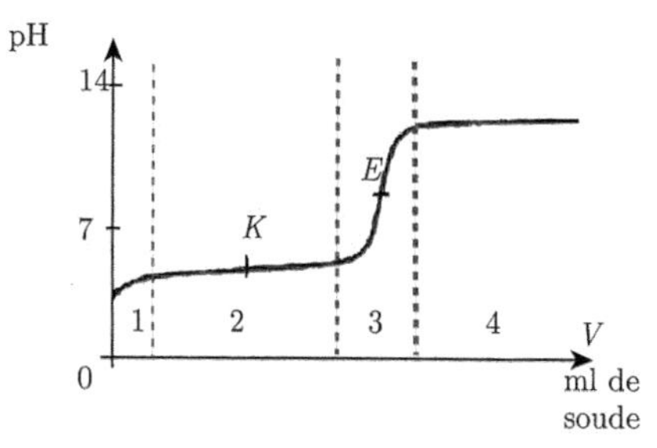

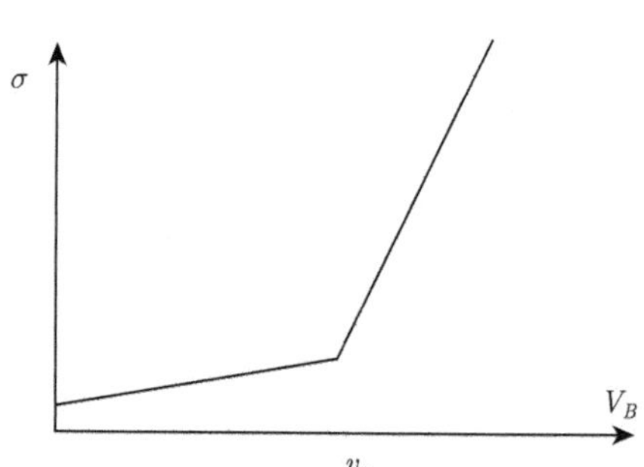

Remarque : *on peut donc choisir la méthode expérimentale qui donne le volume équivalent de la façon la plus précise. Tout dépend des réactifs choisis et des concentrations utilisées. Lors des séances de travaux pratiques, vous allez comparer différentes méthodes de suivi et essayer de dégager quelques principes.*

5.3.4 Titrage d'une base faible par un acide fort

On dose une solution d'ammoniaque NH_3 ($pK_A = 9,2$, $V_B = 10$ mL, $C_B = 0.1$ mol/L) par de l'acide chlorhydrique HCl (V_A, $C_A = 0,1$ mol/L) entièrement dissocié dans l'eau.

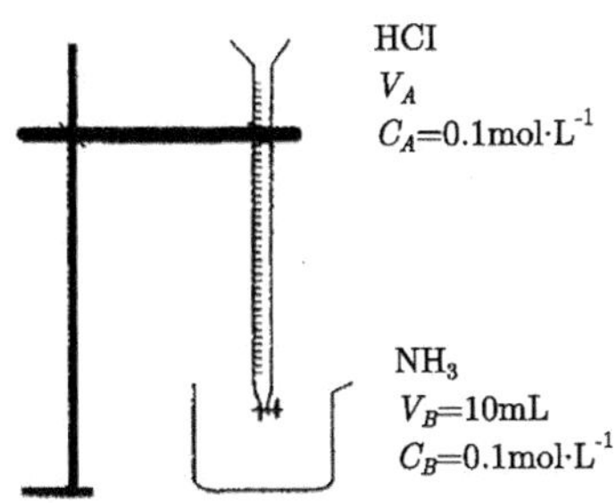

✎ Écrire l'équation-bilan de la réaction de titrage. Calculer sa constante d'équilibre. Est-ce cohérent ?

On a la réaction suivante : $NH_{3(aq)} + H_3O^+_{(aq)} = NH^+_{4(aq)} + H_2O_{(l)}$ de constante d'équilibre $K = \dfrac{1}{K_A} = 10^{9,2}$. Ceci est bien cohérent avec le fait que c'est une réaction de titrage : elle est totale.

✎ Définir l'équivalence. Compléter le tableau suivant.

À l'équivalence, les réactifs sont introduits dans les proportions stoechiométriques, on a donc $V_{be} = \dfrac{C_a V_a}{C_b} = 10$ mL.

		$NH_{3(aq)}$	+ $H_3O^+_{(aq)}$	= $NH^+_{4(aq)}$	+ $H_2O_{(l)}$
EI		$C_B V_B$	$C_A V_A$		/
EF	$V_A < V_{AE}$	$C_B V_B - C_A V_A$	ε	$C_A V_A$	/
	$V_A = V_{AE}$	ε	ε	$C_A V_{AE}$	/
	$V_A > V_{AE}$	ε	$C_A V_A - C_A V_{AE}$	$C_B V_B$	/

Suivi pH-métrique :

	Nature de la solution	Formule donnant le pH	Valeur numérique
$V_A = 0$	base faible de concentration C_B	pOH=$(pK_B + pC_B)/2$	pH=11,1
$V_A < V_{AE}$	solution tampon	pH=pK_a+log$(C_B V_B - C_A V_A)/(V_A C_A)$	
$V_A = V_{AE}/2$	solution tampon équimolaire	pH=pK_a	pH=9,2
$V_A = V_{AE}$	acide faible $C_e = \dfrac{C_A V_{AE}}{V_B + V_{AE}}$	pH=$\frac{1}{2}(pK_a - \log C_e)$	pH=5,2
$V_A > V_{AE}$	mélange acide faible/acide fort $(C_A V_A - C_B V_B)/(V_A + V_B)$	pH=$-\log(C_A V_A - C_B V_B)/(V_A + V_B)$	
$V_A \infty$	acide fort de concentration C_A	pH=$-\log C_A$	pH=1

Suivi conductimétrique :

D'après la loi de Kohlrausch, on a $\sigma = \sum_i \lambda_i C_i = \lambda_{H_3O^+}[H_3O^+] + \lambda_{NH_4^+}[NH_4^+] + \lambda_{Cl^-}[Cl^-]$.

✎ Avant l'équivalence, montrer que $\sigma(V_A + V_B) = A * V_A$ avec A à exprimer en fonction des conductivités molaires ioniques et de C_A.

Avant l'équivalence, les ions oxonium sont en défaut. On a, d'après la loi de Kohlrausch :

$\sigma = \lambda_{NH_4^+}[NH_4^+] + \lambda_{Cl^-}[Cl^-] = (\lambda_{NH_4^+} + \lambda_{Cl^-})\dfrac{C_A V_A}{V_A + V_B}$ de la forme $A \times V_A$ avec $A = (\lambda_{NH_4^+} + \lambda_{Cl^-})$.

✎ Montrer qu'après l'équivalence, $\sigma(V_A + V_B) = B * V_A + C$ avec B à exprimer en fonction des conductivités molaires ioniques et de C_A.

Après l'équivalence, les ions oxonium sont en excès. On a, d'après la loi de Kohlrausch :

$\sigma = \lambda_{H_3O^+}[H_3O^+] + \lambda_{NH_4^+}[NH_4^+] + \lambda_{Cl^-}[Cl^-] = \lambda_{H_3O^+}\dfrac{C_AV_A - C_AV_{AE}}{V_A+V_B} + \lambda_{NH_4^+}\dfrac{C_AV_{AE}}{V_A+V_B} + \lambda_{Cl^-}\dfrac{C_AV_A}{V_A+V_B}$ de la forme $B \times V_A$ avec $B = (\lambda_{H_3O^+} + \lambda_{Cl^-})$.

✎ Tracer l'allure des fonctions $\sigma = f(V)$ et $pH = f(V)$.

On a les allures suivantes :

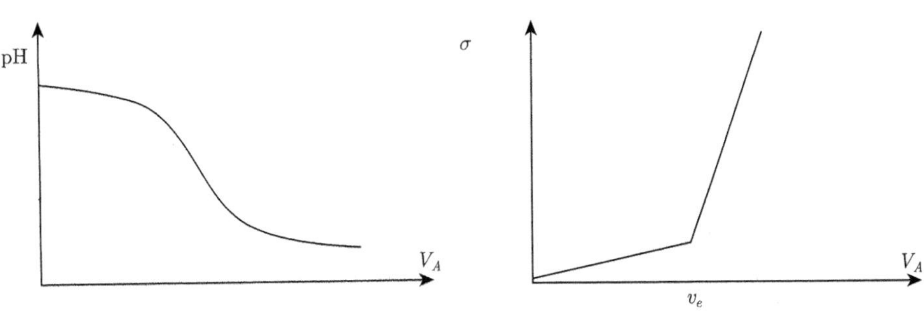

Annexe D

Équilibres acido-basiques

D.1 Histoire

• Friedrich Kohlrausch (1840—1910) est un physicien allemand qui étudia la conductivité des électrolytes et contribua à la compréhension de leur comportement. Ses recherches portèrent également sur l'élasticité, la thermoélasticité, la conduction thermique ainsi que sur la mesure précise des champs magnétique et électrique.
On considère aujourd'hui Friedrich Kohlrausch comme l'une des figures les plus importantes de la physique expérimentale. Ses premiers travaux permirent d'associer les systèmes de Gauss et de Weber afin d'unifier les unités de mesure électrique et magnétique.

• Gilbert Lewis (1875—1946) était un physicien et chimiste américain connu pour sa théorie du partage d'électrons dans la liaison chimique et pour sa théorie des acides et des bases. Lewis développa la physique théorique par l'étude de la thermodynamique appliquée à l'équilibre chimique.
Il a expliqué plusieurs aspects de la valence des éléments chimiques à l'aide des théories électroniques. En 1904, il proposa la règle d'octet qui décrit la tendance des atomes des éléments représentatifs à s'entourer par huit (8) électrons de valence. En 1916, il identifia la liaison covalente comme un partage d'électrons entre deux atomes, idée développée aussi par le physicochimiste américain Irving Langmuir. En 1923, il proposa une théorie électronique des acides et des bases, selon laquelle les acides et les bases sont respectivement accepteur et donneur d'une paire d'électrons. Enfin, en 1944, il démontra avec son étudiant Michael Kasha que la phosphorescence des

molécules organiques implique un état excité, état triplet avec deux électrons de spins parallèles.
Lewis est également connu pour ses travaux sur la théorie des solutions et l'application des principes de la thermodynamique aux problèmes chimiques. En 1908, il proposa la notion de fugacité pour décrire la thermodynamique des gaz réels.
C'est lui qui, en 1926, proposa le terme « photon » pour le quantum d'énergie rayonnante introduit par Einstein en 1905.

• Peter Waage est un physicien et chimiste norvégien, né le 29 juin 1833 à Flekkefjord et mort le 13 janvier 1900 à Kristiana, aujourd'hui Oslo.
Il part étudier en France et en Allemagne la physique, la minéralogie et la chimie. Revenu en Norvège, il est l'initiateur des recherches communes sur les équilibres chimiques que Cato Guldberg et lui publièrent sous le titre d'études sur les affinités chimiques en 1864. Ensemble, ils énoncèrent en 1867 la première forme de la loi d'action de masse, appelée à devenir une loi fondamentale par l'action stimulante de Van't Hoff dès 1887.

D.2 Titrage

Généralités

Un titrage acido-basique est réalisé par l'introduction d'un réactif titrant, contenu dans une burette, dans un bécher contenant le réactif titré. La réaction qui a lieu ici, entre le réactif titrant et le réactif titré est, par définition, une réaction acido-basique.
On peut suivre l'évolution du système au cours du temps (i.e. en fonction du volume V de réactif titrant versé) par deux différentes méthodes :
- la pH-métrie : tracé des courbes pH=$f(V)$. C'est un cas particulier de potentiométrie car le pH-mètre mesure en fait une différence de potentiel entre deux électrodes, une de référence (potentiel constant, électrode au calomel) et une de mesure dont le potentiel E varie avec la concentration en ions oxonium (électrode de verre). La ddp est traduite directement en unités pH : $U = a + b \cdot$ pH. L'étalonnage fixe les valeurs de a et b grâce à la mesure de deux solutions-étalons et on a ainsi accès, au final, à pH=$f(V)$.

- la conductimétrie : $\sigma = f(V)$.

L'étude expérimentale d'un titrage revient à la détermination du point d'équivalence : *à l'équivalence, les réactifs ont été introduits dans les proportions stœchiométriques.*
Soit la réaction d'équation-bilan $A + 2B = C + D$, où A est le réactif titré (initialement, un volume $V(A)$ dans un bécher à la concentration $C(A)$) et B le réactif titrant (dans la burette, à la concentration $C(B)$ et on a versé le volume $V(B)_{eq}$) : à l'équivalence, on a $n(A) = \frac{n(B)}{2}$ soit $C(A)V(A) = \frac{C(B)V(B)_{eq}}{2}$.

Une réaction de titrage doit avoir trois caractéristiques : elle doit être rapide, totale et unique.

Remarque : *un titrage est une méthode de mesure destructrice tandis qu'un dosage est une méthode de mesure qui ne perturbe pas le système.*

Titrage : méthodes graphiques

Le but d'un titrage est d'avoir accès au point d'équivalence. Pour se faire, on a accès à la courbe pH=$f(V)$. Pour déterminer V_{eq}, plusieurs méthodes sont envisageables :
- méthode des tangentes ;
- méthode colorimétrique avec indicateur coloré ;
- méthode de la dérivée qui nécessite un traitement informatisé des données ;
- méthode de Gran.

a. la méthode des tangentes : elle n'est valable du point de vue mathématique que si la courbe est symétrique par rapport au point d'équivalence, qui est un point d'inflexion de la courbe. On ne peut donc l'utiliser que pour un titrage acide fort-base forte. Son utilisation pour un autre type de dosage va donner des résultats très approximatifs.

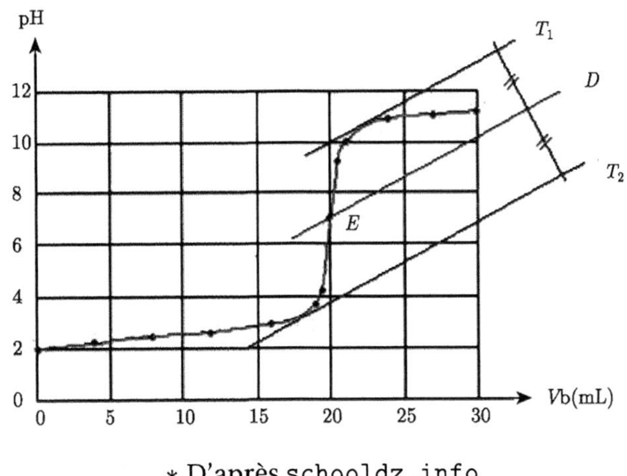

∗ D'après `schooldz.info`

b. méthode colorimétrique : titrage à la goutte près (tableau des principaux indicateurs colorés à la fin), il faut que l'indicateur coloré (couple acide-base faible dont les formes acide et basique ont des couleurs différentes) ait sa zone de virage dans la zone du fort saut de pH (soit pK de l'indicateur le plus proche possible du pH à l'équivalence).

c. méthode de la dérivée : on superpose à la courbe pH=$f(V)$, la courbe dérivée $\frac{\mathrm{dpH}}{\mathrm{d}V} = g(V)$. Cette méthode est toujours valable mais il faut avoir un grand nombre de mesures au voisinage du saut de pH pour avoir une bonne précision.

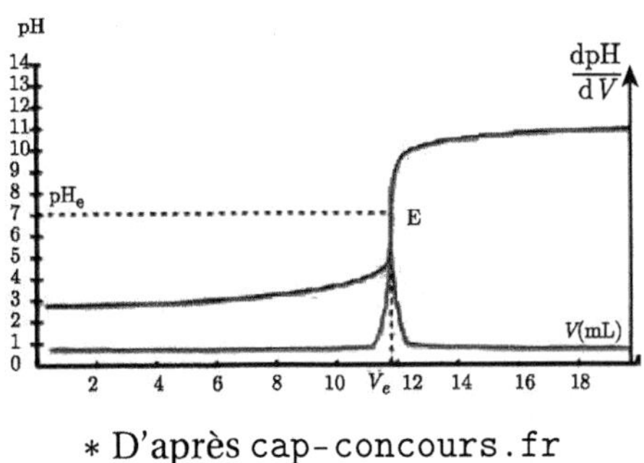

∗ D'après `cap-concours.fr`

d. méthode de Gran : cette méthode permet d'obtenir une fonction affine qui s'annule pour $V = V_{eq}$. On trace $F(V)=(V_a + V)\cdot 10^{-\mathrm{pH}} = C_b(V_{eq} - V)$ pour $0 < V < V_{eq}$.

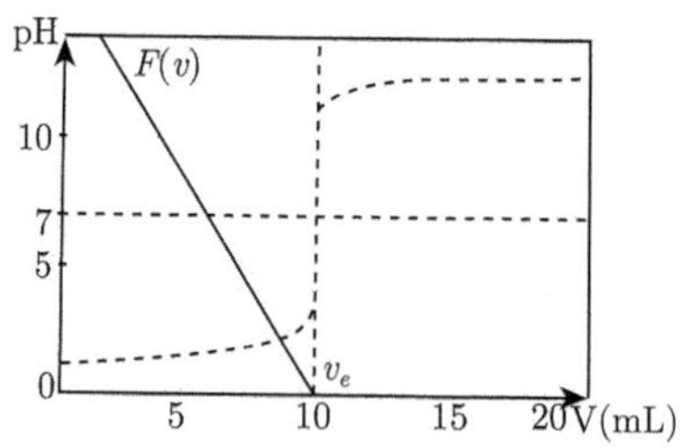

Titrage d'un acide faible par une base forte

La courbe pH=$f(V)$ admet plusieurs points ou zones caractéristiques :
- à la demi-équivalence, on a pH=pK_a ;
- à l'équivalence, la solution est alors une solution de base faible : le pH est basique, supérieur à 7.

Dans le cas des acides faibles (pK_a supérieurs à 3,0), pas trop dilués, on observe une zone particulière appelée zone de Henderson située avant l'équivalence.

Cette zone présente les caractéristiques suivantes :
- le pH varie peu et ne dépend pas de la dilution ;
- le point de demi-équivalence est point de symétrie et point d'inflexion ;
- à la demi-équivalence, pH=pK_a.

La tangente à la courbe au point d'inflexion est appelée droite de Henderson.

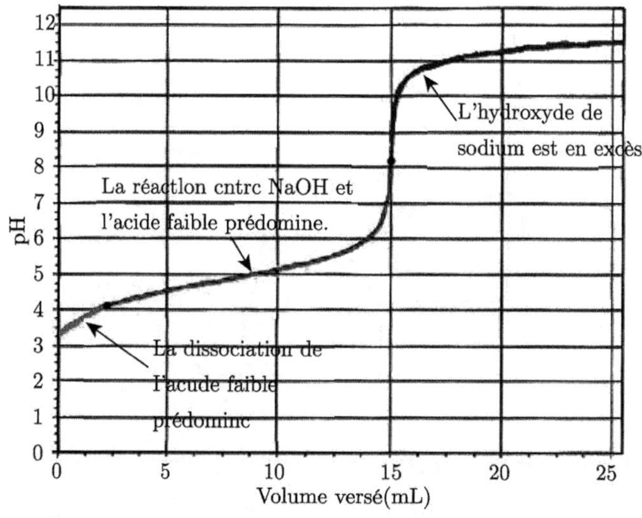

* D'après www.sciexp.ch

Titrage de polyacides ou de mélanges d'acides

On arrive à titrer des acidités séparées si Δ p$K_a \geqslant 4$, si $2 \leqslant \Delta$ p$K_a \leqslant 4$, on observe toujours 2 sauts de pH mais il existe des interférences au voisinage de $V = V_{eq}$ et enfin si Δ p$K_a \leqslant 2$, les acidités sont non séparées, on observe 1 seul saut de pH.

D.3 Conductimétrie

D.3.1 Principe

La conductimétrie repose sur 2 principes de base :
a) dans une solution, seuls les ions peuvent transporter le courant électrique. En conséquence, dans une solution, il n'y a pas d'électrons libres et les espèces non chargées (comme le solvant) ne contribuent pas à la conductivité.

b) les contributions de tous les ions présents en solution s'ajoutent.

La conductivité d'une solution se mesure en faisant traverser la solution par un courant *alternatif* (typiquement de 50 à 4 000 Hz et de tension efficace inférieure à 250 mV). Dans le cas où on utilise un courant continu, on a soit migration des ions avec électrolyse soit aucun déplacement des ions et on ne peut alors rien mesurer.

Le conductimètre (ou ohmètre) permet la mesure de la conductance $G = 1/R$ du petit volume de solution contenu dans la *cellule* (qui est composée de deux plaques de platine platiné, i.e. recouvertes de fines particules de platine. Ces plaques de surface S et distantes de e délimitent le volume V de la solution à étudier). Cette conductance est liée à la conductivité σ (qui, elle, est caractéristique de la solution) par $G = K{\cdot}\sigma$ où G est en siemens (S) et K (en m) est la *constante de cellule* qui dépend de la taille et de la nature de la cellule utilisée (en fait, $K = S/l$ avec S la surface en regard des deux plaques et qui trempent dans la solution et l la distance séparant les deux plaques) et elle peut être déterminée par étalonnage avec une solution de conductivité connue (comme par exemple une solution de KCl, voir tableau page suivante). *Il est donc nécessaire d'étalonner l'appareil si l'on a besoin de la conductivité de la solution, ce qui est nécessaire si on a besoin de mesures absolues mais pas nécessaire dans l'étude des courbes de dosage.*

Remarque : *les notations en chimie ne sont pas encore uniformes : pour certains auteurs et livres, on a $\sigma = K \times G$ avec K constante de cellule qui s'exprime alors en m^{-1}. Il faut toujours s'adapter aux notations de l'énoncé (regarder les unités)...*

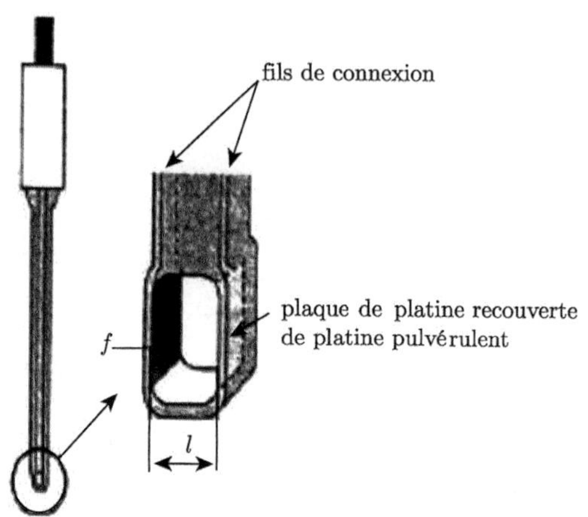

∗ D'après `http://famillecoq.pagesperso-orange.fr/physique/tp/chimie/conductimetrie/conductI1.htm`

La conductivité σ est donnée par la formule suivante dite formule de Kohlrausch

$$\sigma = \sum_i \lambda_i c_i$$

où c_i est la concentration molaire de l'ion en mol·m^{-3} et λ_i la conductivité en S·m^2·mol^{-1} de l'ion i.

D.3.2 Dosages

On peut suivre et repérer une équivalence par conductimétrie ; pour exploiter les courbes, il faut exprimer G et donc σ avant et après l'équivalence. On a alors en général l'équation de deux branches d'hyperboles qu'on ne peut et doit linéariser !

On ne peut alors repérer l'équivalence avec précision mais si on change la façon de traiter les données, c'est-à-dire que l'on trace le produit $(V+V_0)\sigma$, on a alors des fonctions affines par morceaux dont l'intersection va nous donner l'équivalence avec précision.

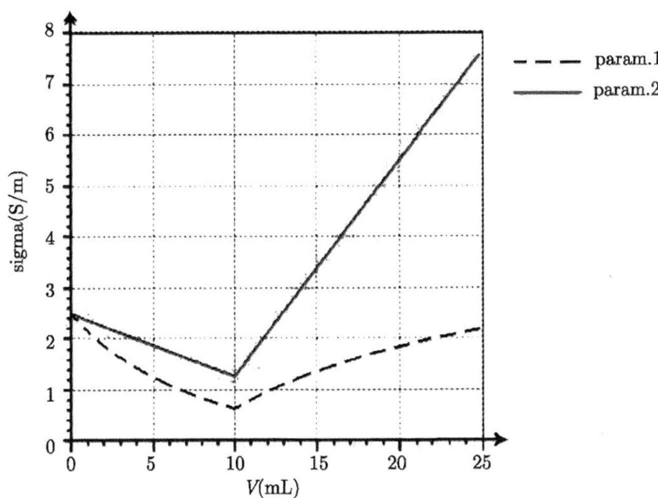

On peut se dispenser de cette correction dans certains cas, à savoir quand $V + V_0 \approx V_0$, soit lorsque la dilution est négligeable : condition obtenue si on dilue le réactif titré (on ajoute un grand volume d'eau à l'état initial) et/ou on utilise un réactif titrant concentré.

Température(°C)	Conductivité s(mS·cm^{-1})
17	10.95
18	11.19
19	11.43
20	11.67
21	11.97
22	12.15
23	12.39
24	12.64
25	12.88

Tableau 1 : Conductivité de solutions de chlorure de potassium à 0,1 mol/L à diverses températures

H_3O^+	HO^-	Na^+	Cl^-	CH_3COO^-
350	200	50	76	40

Tableau 2 : Conductivités molaires équivalentes limites en 10^{-4} $S \cdot m^2 \cdot mol^{-1}$

D.4 Méthode de la réaction prépondérante

En solution aqueuse, un certain nombre de réactions peut avoir lieu si bien qu'il apparaît de nouvelles espèces et que les quantités des différentes espèces à l'équilibre sont différentes des quantités introduites.
La méthode de la réaction prépondérante permet la détermination approchée de ce qui sera appelé l'état d'équilibre ou état final.

La méthode de la réaction prépondérante (RP) consiste à se rapprocher progressivement de l'état final, en passant éventuellement par des systèmes chimiques équivalents intermédiaires, en considérant les différentes réactions susceptibles de se produire par ordre d'importance.
Ceci est donc bien une méthode approchée : en effet, il s'agit d'une modélisation où les réactions sont considérées comme successives et non simultanées.
On va donc considérer deux types de réaction : les réactions quantitatives (RQ) dont l'avancement est tel qu'on peut les considérer comme totales i.e. qui ont lieu jusqu'à épuisement du réactif limitant et les réactions prépondérantes (RP) dont l'avancement est suffisant pour modifier la quantité de certaines espèces ou pour faire apparaître certaines espèces minoritaires (mais insuffisant pour être considérée comme une RQ).
En général, une réaction est quantitative lorsque sa constante d'équilibre est très supérieure à 1 ; une réaction est prépondérante dans le cas contraire.

Exposé de la méthode

Faire le bilan des espèces en présence. Calculer les concentrations dans le mélange.

↓

Écrire s'il y a lieu les différentes RQ. Faire le bilan de chaque réaction. (Considérer à chaque fois le nouveau système obtenu.)

↓

Système sans RQ

↓

Écrire la RP principale. Déterminer l'état final à l'aide de cette seule RP.

↓

On étudie maintenant la RP secondaire. Évaluation de l'avancement de la RPS pour voir s'il faut ou non la prendre en compte.

↙ ↘

Dans le cas où elle n'intervient pas, l'état final précédent est satisfaisant.	Dans le cas contraire, il faut exploiter simultanément la RPP et la RPS pour trouver l'état final.

D.5 Verrerie du laboratoire

Voici quelques instruments que vous allez utiliser en TP de chimie ou dans les exercices...

Illustration 1: Un agitateur magnétique

Illustration 2: un turbulent ou un barreau aimanté

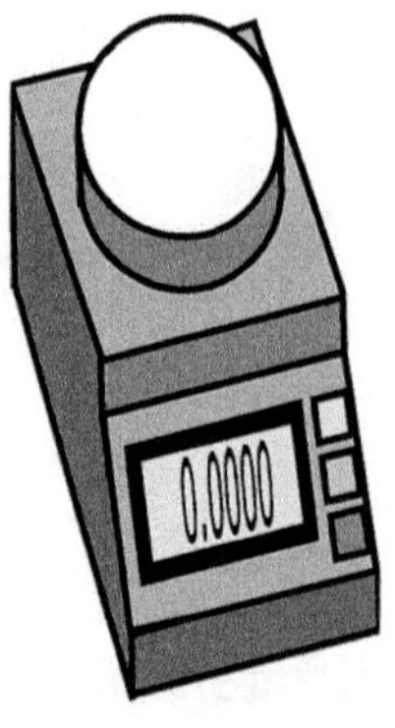

Illustration 3: une balance

Illustration 4: un chronomètre

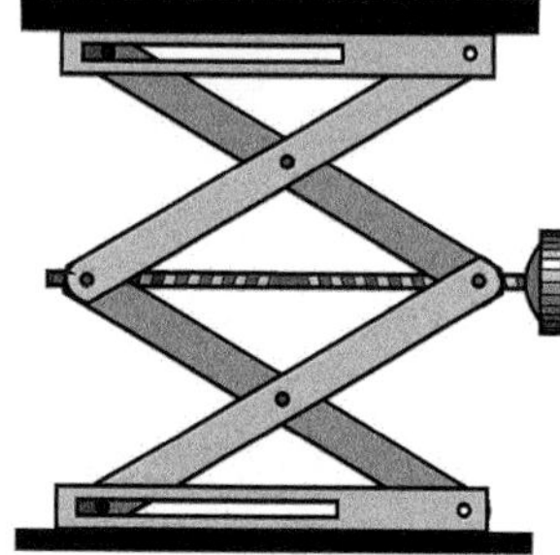
Illustration 5: Un support (ou un boy ou un support-boy)

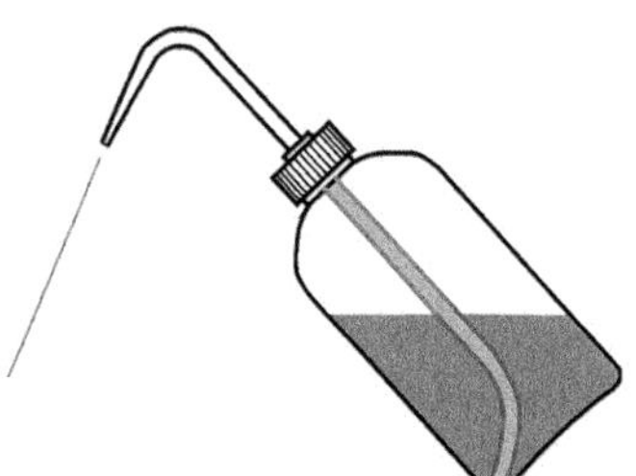
Illustration 6: Une pissette d'eau distillée

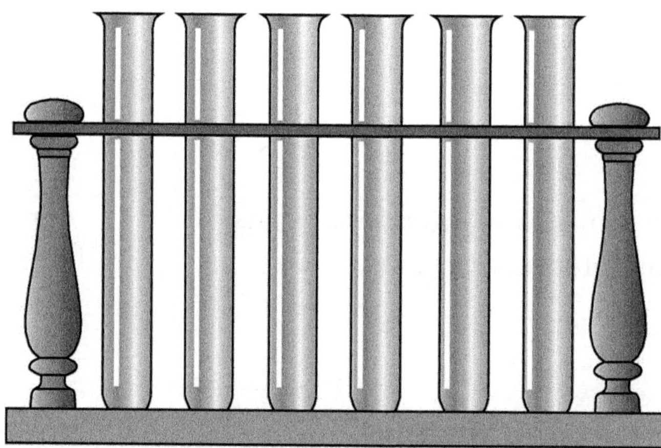
Illustration 7: Des tubes à essais sur leur support

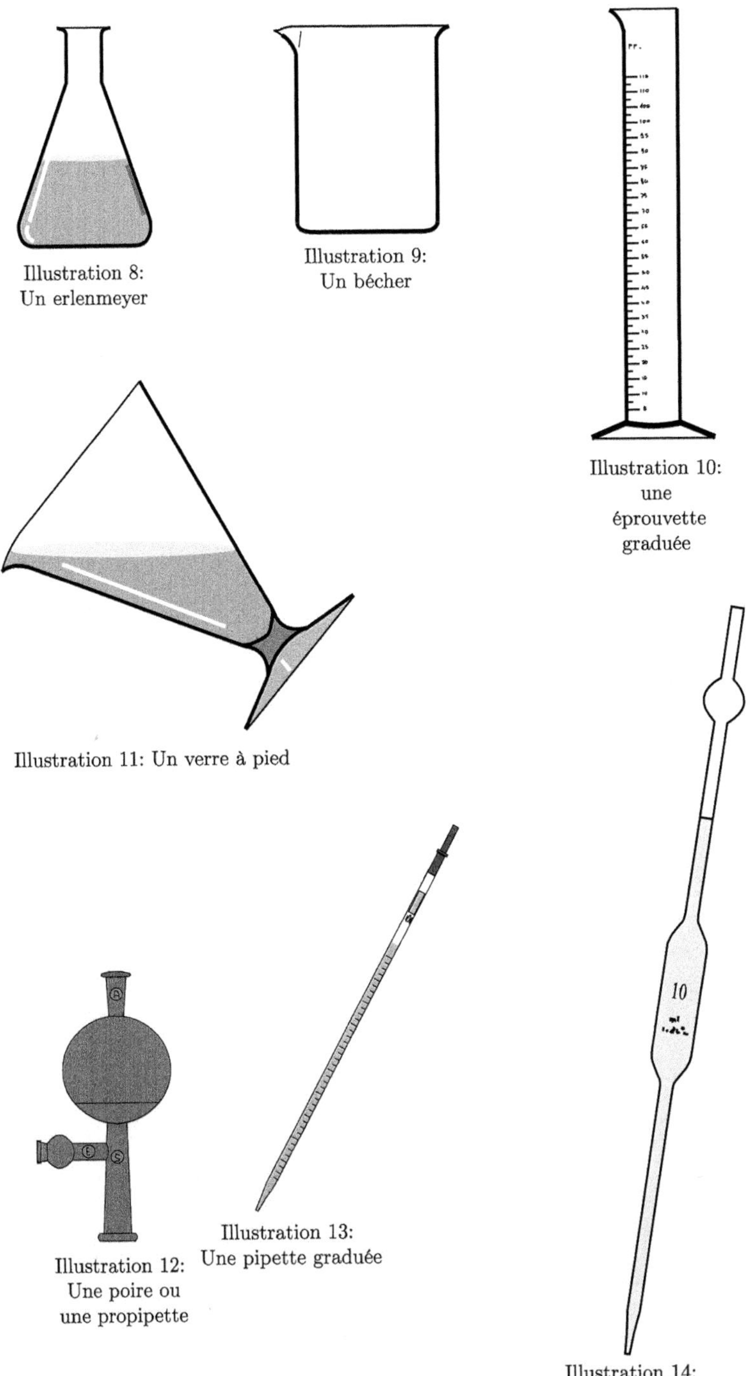

Illustration 8: Un erlenmeyer

Illustration 9: Un bécher

Illustration 10: une éprouvette graduée

Illustration 11: Un verre à pied

Illustration 12: Une poire ou une propipette

Illustration 13: Une pipette graduée

Illustration 14: Une pipette jauée

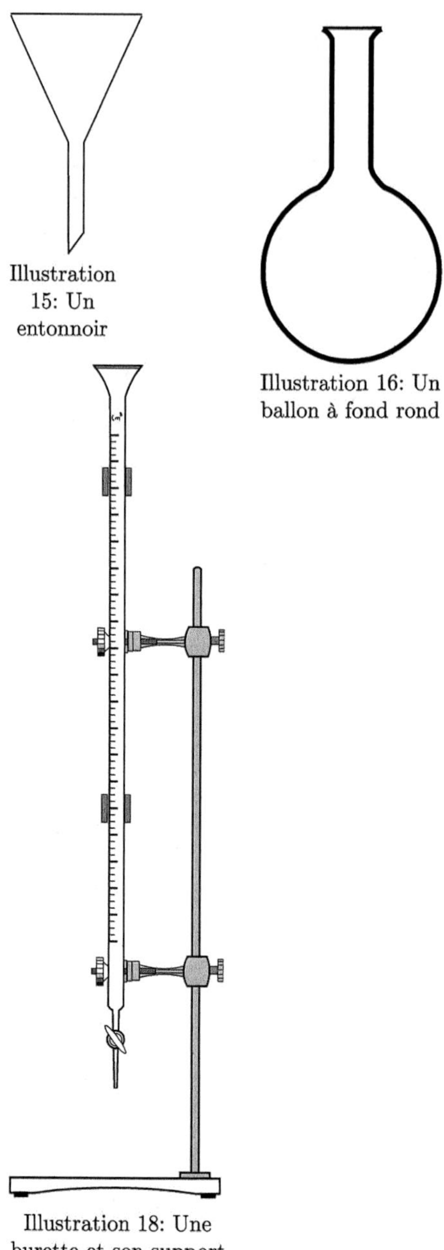

Illustration 15: Un entonnoir

Illustration 16: Un ballon à fond rond

Illustration 17: Un ballon à fond plat

Illustration 18: Une burette et son support (ou son pied)

Chapitre 6

Équilibres de complexation

Les ions métalliques peuvent jouer le rôle d'accepteur vis-à-vis des anions ou de molécules possédant des doublets non liants (donneurs). On va généraliser les résultats obtenus au chapitre précédent sur les équilibres acido-basiques aux réactions de complexation, très utiles à la chimie du vivant (par exemple, l'hémoglobine dans le sang).

6.1 Les complexes

6.1.1 Définition

• **Définition :** Un complexe est un édifice polyatomique formé d'un centre métallique souvent cationique autour duquel sont liés ou coordonnés des anions ou molécules appelés ligands.

Un complexe peut être neutre ou non. Les complexes sont souvent colorés.

La liaison de coordination est une liaison covalente, assurées par des doublets non liants.
On peut distinguer les ligands suivant leur nombre de doublets non liants : monodentate (un seul comme par exemple l'ammoniac, l'eau), bidentate (les ions oxalate $C_2O_4^{2-}$) ou hexadentate comme l'EDTA sous forme basique notée

Y^{4-} de formule $(^{-}OOCCH_2)_2N\text{-}CH_2\text{-}CH_2\text{-}N\text{-}(CH_2(COO^{-}))_2$

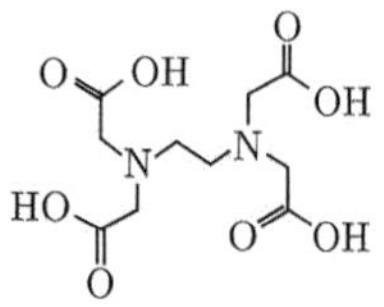

Forme acide de l'EthylèneDiamineTétraAcétique

On écrit l'équation-bilan de formation d'un complexe sans se préoccuper des charges sous la forme :

M	+	n	L	=	ML_n
ion métallique accepteur		coordinence	ligand		complexe donneur

Les ions métalliques correspondent souvent à des éléments de transition : Cu^{2+}, Fe^{2+}, Fe^{3+}, Co^{2+}, Ni^{2+}, Ag^{+}.

Les ligands peuvent être neutres comme NH_3 ou H_2O ou anioniques (F^- fluorure, SCN^- thiocyanate, CN^- cyanure...). Au contraire des réactions acido-basiques, les ligands échangés sont parfaitement stables en solution aqueuse.

6.1.2 Nomenclature

Cette partie est pour votre curiosité personnelle. Dans les exercices, on vous donnera les formules des complexes.

On commence par les ligands : - les ligands anioniques comportent la terminaison "o" :

H^-	hydruro	CN^-	cyano
F^-	fluoro	$C_2O_4^{2-}$	oxalato
Cl^-	chloro	$S_2O_3^{2-}$	thiosulfato
Br^-	bromo	SCN^-	thiocyanato
I^-	iodo	HO^-	hydroxo

- les ligands neutres portent les noms usuels des molécules, exceptions faites de ligands fréquemment rencontrés :

H_2O	aqua	NH_3	ammine
CO	carbonyle	NO	nitrosyle

Le nombre de ligands est précisé par le préfixe : mono, di, tri, tétra, penta et hexa.

Pour obtenir le nom du complexe, on écrit le nom du métal, précédé du nom des ligands avec leur multiplicité.
Dans le cas de ligands différents, on indique ces derniers par ordre alphabétique.
Le nombre d'oxydation du centre métallique est indiqué à la fin, en chiffres romains (cette notion sera précisée lors du cours sur l'oxydoréduction - à retenir pour l'instant, c'est la charge du centre métallique-).
Si le complexe est anionique, on ajoute un suffixe "-ate" au nom du centre métallique.

$[Fe(H_2O)_6]^{2+}$	hexaaquafer(+II)
$[Fe(CO)_5]$	pentacarbonylefer(0)
$[Al(OH)_4]^-$	tétrahydroxoaluminate (+III)

6.1.3 Constantes d'équilibre

On définit la réaction de formation globale d'un complexe noté ML_n à partir du centre métallique M et de chacun des n ligands L isolés.
$M+nL=ML_n$.

On définit pour cet équilibre une constante de formation $\beta_n(T) = \dfrac{[ML_n]}{[M][L]^n}$.

Remarque : *$C°$ est omis si on exprime toujours C en mol/L.*

À la réaction inverse, correspond la constante de dissociation $K_d(T)$.

✎ Donner l'expression de K_d et de pK_d.

On a $K_d = \dfrac{[M][L]^n}{[ML_n]}$ et $pK_d = -\log\beta_n$.

Plus un complexe est stable, plus sa constante de formation β est grande et donc $\log\beta_n > 0$.

6.1.4 Domaines de prédominance

Par analogie avec l'équilibre acido-basique, on définit, quand le système a atteint un état d'équilibre

$$pL = -\log[L] = \log\beta + \log\frac{[M]}{[ML]}.$$

✎ Faire figurer sur le diagramme ci-dessous les zones de prédominance. Préciser s'il s'agit de l'accepteur ou du donneur. Comparer avec les couples acido-basiques.

On obtient le diagramme suivant. On remarque que c'est la même chose que pour les couples acido-basiques : le donneur HA puis l'accepteur A^- au fur et à mesure que le pH augmente.

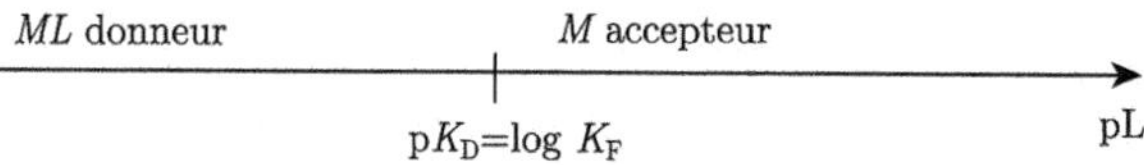

Ce diagramme permet de prévoir quels complexes vont être obtenus de façon qualitative.

✍ Le cuivre (II) donne avec l'ammoniaque quatre complexes successifs dont les logarithmes des constantes de formation successives sont $\log K_{f1} = 4,1; \log K_{f2} = 3,5; \log K_{f3} = 2,9; \log K_{f4} = 2,2$.
a) Tracer le diagramme de prédominance des cinq espèces.
b) Calculer la constante de formation globale β_4 du complexe de coordinence quatre.

On a le diagramme suivant :

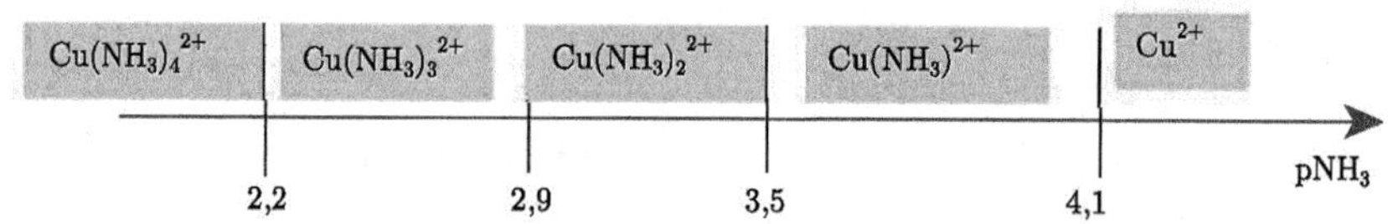

On a $\beta_4 = K_{f4} \times K_{f3} \times K_{f2} \times K_{f1} = 10^{12,7}$ soit $\beta_4 = 5 \times 10^{12}$.

✍ Les ions argent (I) donnent avec l'ammoniaque deux complexes $Ag(NH_3)^+$ et $Ag(NH_3)_2^+$ dont les constantes de formation successives sont telles que $\log K_{F1} = 3,3 < \log K_{F2} = 3,9$. Écrire les réactions de formation successives de ces complexes et les lois d'action de masse associées. Tracer les diagrammes en pNH_3 de prédominance des espèces. Que peut-on en conclure sur la stabilité du complexe de coordinence 1 ? Écrire la réaction de dismutation du complexe de coordinence 1 et calculer la constante de l'équilibre.

On a les réactions suivantes : $Ag^+ + NH_3 = Ag(NH_3)^+$ de constante $K_{f1} = \dfrac{[Ag(NH_3)^+]}{[Ag^+][NH_3]}$ et $Ag(NH_3)^+ + NH_3 = Ag(NH_3)_2^+$ de constante $K_{f2} = \dfrac{[Ag(NH_3)_2^+]}{[NH_3][Ag(NH_3)^+]}$.

On a le diagramme suivant :

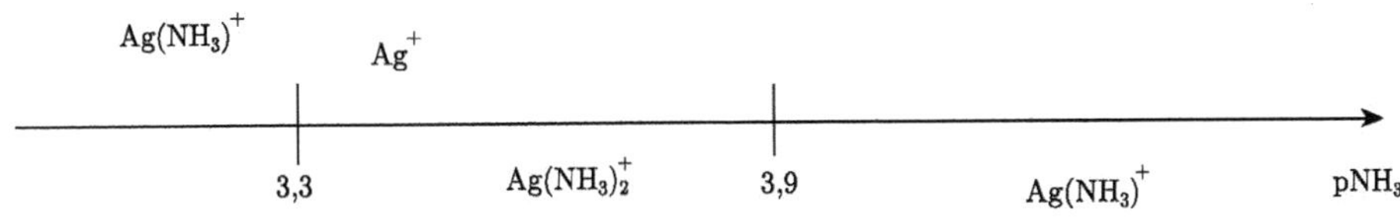

Les 2 domaines de prédominance du complexe *I* sont disjoints : il y a dismutation suivant la réaction $2Ag(NH_3)^+ = Ag + Ag(NH_3)_2^+$ de constante $K_d = \dfrac{K_{f2}}{K_{f1}} = 10^{0,6} = 4$ qui est bien supérieure à 1 : la réaction a lieu dans le sens direct.

✍ Écrire la réaction de formation globale du complexe de coordinence 2 et la loi d'action de masse correspondante. Exprimer la constante de formation globale β_2 en fonction de K_{F1} et K_{F2}. Exprimer pNH_3 en fonction de $\log \beta_2$ et d'un rapport de concentrations. Tracer le diagramme en pNH_3 de prédominance des espèces.

On a la réaction suivante : $Ag^+ + 2NH_3 = Ag(NH_3)_2^+$ de constante $\beta_2 = \dfrac{[Ag(NH_3)_2^+]}{[Ag^+][NH_3]^2} = K_{f1} \times K_{f2} = 10^{7,1}$.

On a donc $pNH_3 = \dfrac{1}{2}\log\beta_2 + \dfrac{1}{2}\log\dfrac{[Ag^+]}{[Ag(NH_3)_2^+]}$. On a, finalement, le diagramme suivant :

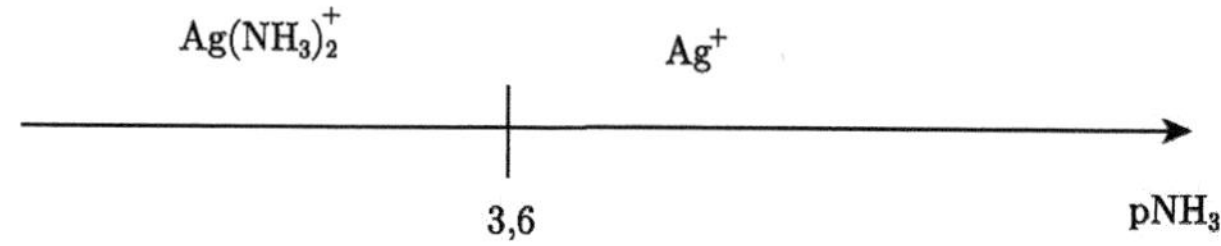

6.2 Étude de différentes réactions

6.2.1 Échange du ligand

On considère une échelle de pK_d : on place, dans ce cas, sur un axe vertical les couples (M/ML). La réaction thermodynamiquement favorisée (c'est-à-dire de constante $K^\circ > 1$) s'effectue dans le sens du gamma (γ). Plus la valeur de pK_d est élevée, plus le cation métallique est accepteur de ligand L et moins le complexe est donneur de ligand L.

✎ Tracer l'échelle en pK_d pour l'échange du ligand Y^{4-} : $(Fe^{3+}/[FeY]^-)$ de $pK_d = 25,5$, $(Ni^{2+}/[NiY]^{2-})$ de $pK_d = 18,7$, $(Zn^{2+}/[ZnY]^{2-})$ de $pK_d = 16,2$ et $(Ca^{2+}/[CaY]^{2-})$ de $pK_d = 10,8$. Symboliser par des flèches les centres métalliques de plus en plus accepteurs de Y^{4-} et les complexes de plus en plus donneurs de Y^{4-}.

On a le diagramme suivant :

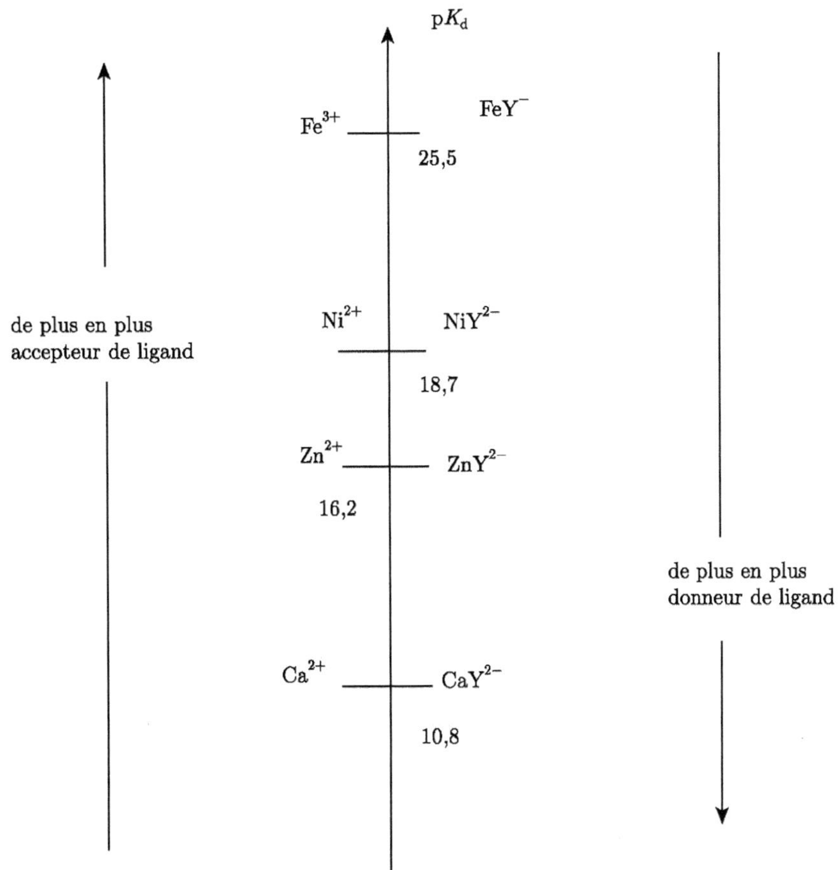

⚠ Il ne faut pas confondre diagramme de prédominance et échelle de pK_d !

✍ Compétition entre 2 ligands : le fer (III) donne avec les ions thiocyanates un complexe de coordinence 1. Écrire la formule de cet ion complexe. On donne pour ce couple $pK_d = 2,3$. Tracer le diagramme de prédominance des espèces en pFe. Le fer (III) donne avec les ions oxalates $C_2O_4^{2-}$ un complexe de coordinence 1. Écrire la formule de cet ion complexe. On donne pour ce couple $pK'_d = 9,4$. Superposer le diagramme de prédominance des espèces en pFe au diagramme précédent.

On a $Fe^{3+} + SCN^- = Fe(SCN)^{2+}$ qui est de couleur rouge sang. On a aussi $Fe^{3+} + C_2O_4^{2-} = Fe(C_2O_4)^+$. On obtient le diagramme suivant :

pK_d=2,3		$FeC_2O_4^+$	$C_2O_4^-$
$FeSCN^{2+}$	SCN^-	pK'_d=9,4	pFe

✍ On verse dans une solution d'ions fer (III) complexés une solution d'ions oxalates $C_2O_4^{2-}$. Que se passe-t-il ? Écrire l'équation-bilan de la réaction et calculer sa constante d'équilibre. Le résultat est-il en accord avec les diagrammes de prédominance ?

On a deux domaines disjoints, il y a donc la réaction suivante $FeSCN^{2+} + C_2O_4^{2-} = FeC_2O_4^+ + SCN^-$ de constante $K = \frac{K_d}{K'_d} = 10^{7,1} \gg 1$. Cette réaction est très déplacée dans le sens direct. On observe le passage de la solution de rouge à vert.

6.2.2 Échange du centre métallique

On considère une échelle de pK_d : on place, dans ce cas, sur un axe vertical les couples (L/ML). La réaction thermodynamiquement favorisée (c'est-à-dire de constante $K° > 1$)s'effectue dans le sens du gamma (γ). Plus la valeur de pK_d est élevée, plus le ligand est accepteur du centre métallique M et moins le complexe est donneur du centre métallique M.

Autre façon de le dire, l'échange est favorisé si le réactif potentiellement accepteur du centre métallique appartient à un couple dont le pK_d est supérieur à celui du couple auquel appartient le réactif potentiellement donneur de métal : c'est la règle du gamma (γ).

✎ Tracer l'échelle en pK_d pour l'échange du centre métallique Ca^{2+} : $(Y^{4-}/[CaY]^{2-})$ de $pK_d = 10,8$, $(C_2O_4^{2-}/[CaC_2O_4])$ de $pK_d = 3,0$, $(HO^-/[CaOH]^+)$ de $pK_d = 1,3$. Symboliser par des flèches les ligands de plus en plus accepteurs de Ca^{2+} et les complexes de plus en plus donneurs de Ca^{2+}.

On a le diagramme suivant :

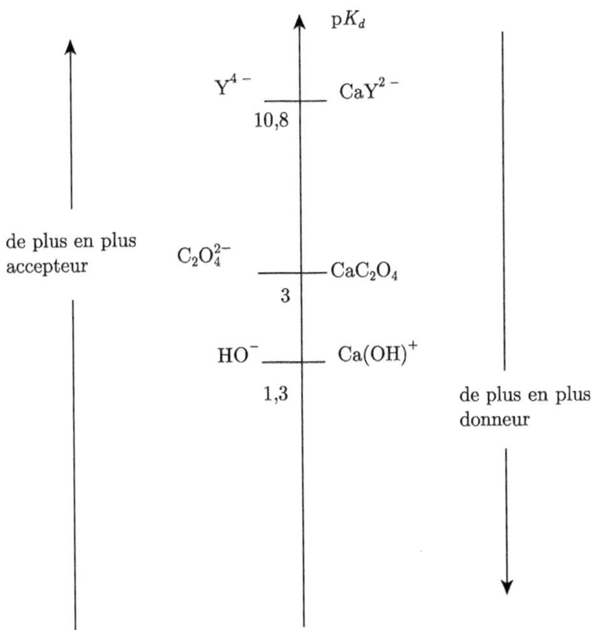

⚠ Il ne faut pas confondre diagramme de prédominance et échelle de pK_d !

✍ Compétition entre 2 centres métalliques : le cuivre (II) donne avec les ions thiocyanates SCN^- un complexe de coordinence 1. Écrire la formule de cet ion complexe. On donne pour ce couple $pK_d = 1,7$, tracer le diagramme de prédominance des espèces. Le fer (III) donne avec les ions thiocyanates un complexe de coordinence 1. Écrire la formule de cet ion complexe. On donne pour ce couple $pK'_d = 2,3$, superposer le diagramme de prédominance des espèces au diagramme précédent.

On a le complexe du cuivre qui a pour formule $Cu(SCN)^+$ et pour le fer $Fe(SCN)^{2+}$. On a le diagramme suivant :

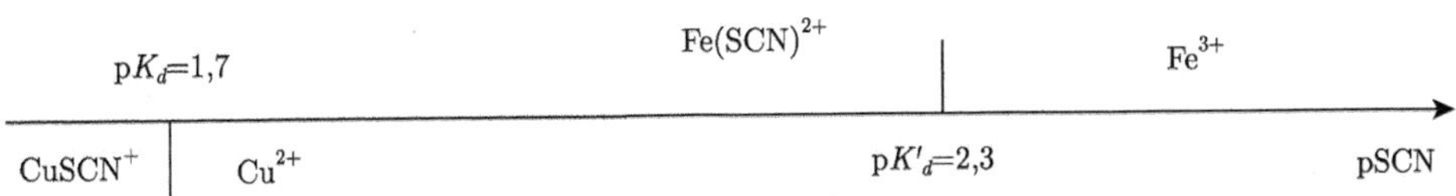

✍ On verse dans une solution d'ions cuivre (II) complexés une solution d'ions fer (III). Que se passe-t-il ? Écrire l'équation-bilan de la réaction et calculer sa constante d'équilibre. Le résultat est-il en accord avec les diagrammes de prédominance ?

On a alors la réaction suivante $Cu(SCN)^{+} + Fe^{3+} = Fe(SCN)^{2+} + Cu^{2+}$ de constante $K = \frac{K_d}{K'_d} = 10^{0,6} = 4 > 1$: la réaction est déplacée dans le sens direct, ce qui est en accord avec le diagramme de prédominance car les domaines sont disjoints.

6.2.3 Titrage complexométrique

✍ Les ions argent (I) Ag^{+} donnent avec l'ammoniaque NH_3 le complexe $Ag(NH_3)_2^{+}$. Écrire l'équation-bilan de formation du complexe à partir des ions argent. Exprimer sa constante d'équilibre β_2 en fonction des concentrations. On donne $\log \beta_2 = 7,2$.

À 10 mL de nitrate d'argent $AgNO_3$ à 0,1 mol/L on ajoute de l'ammoniaque NH_3 à 1 mol/L. Calculer le volume de NH_3 versé à l'équivalence et la concentration en $Ag(NH_3)_2^{+}$ formé.

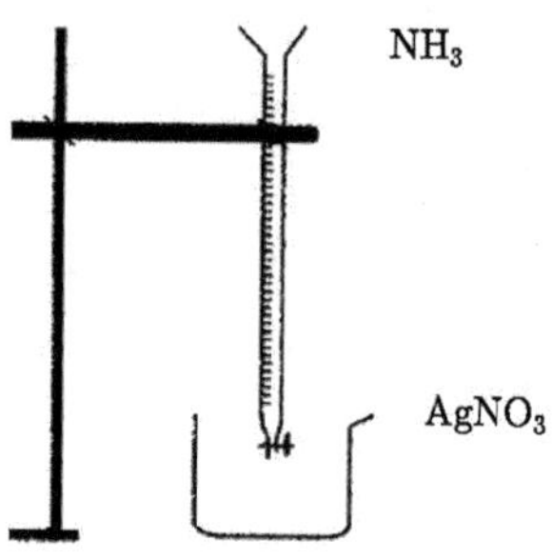

On a la réaction suivante $Ag^{+}_{(aq)} + 2NH_{3(aq)} = Ag(NH_3)_2^{+}$ de constante $\beta_2 = 10^{7,2}$. À l'équivalence, on a $C_a V_a = \frac{C_b V_b}{2}$ soit $V_{NH_3} = 2$ mL.

On a alors $[Ag(NH_3)_2^{+}] = \frac{C_0 V_0}{V_0 + V_e} = \frac{1}{12} = 0,083$ mol/L.

✍ Quelle relation simple lie, à l'équivalence, les concentrations en Ag^+ et NH_3 ? Déduire de la constante d'équilibre β_2 la valeur de chacune de ces concentrations.

A l'équivalence, on a $[Ag^+] = \frac{[NH_3]}{2}$. *On a aussi*
$\beta_2 = \frac{[Ag(NH_3)_2^+]}{[Ag^+][NH_3]^2} = \frac{[Ag(NH_3)_2^+]}{4[Ag^+]^3}$ *soit* $[Ag^+] = 10^{-3}$ mol/L *et* $[NH_3] = 2 \times 10^{-3}$ mol/L.

Chapitre 7

Équilibres de Précipitation

On étudie ici un équilibre hétérogène c'est-à-dire l'équilibre entre un solide, appelé le précipité et une espèce en solution. Dans ce chapitre, on va voir les conditions d'existence d'un précipité, définir la solubilité et les facteurs qui peuvent faire varier cette dernière grandeur.

7.1 Équilibre de précipitation

7.1.1 Mise en évidence expérimentale

Dans un tube à essais, on introduit des ions plomb (II) Pb^{2+} et des ions chlorure Cl^-. On observe la formation d'un précipité de chlorure de plomb, jaune. On a la coexistence d'une espèce solide et des ions associés en solution aqueuse (dû à l'effet dispersant et ionisant de l'eau solvant).

	$Pb^{2+}_{(aq)}$	+	$2\ Cl^-_{(aq)}$	=	$PbCl_{2(s)}$
On a :	accepteur d'anions				donneur d'anions
			accepteur de cations		donneur de cations

Comme pour les complexes et les couples acido-basiques, on définit des couples Donneur/Accepteur :
- ($PbCl_{2(s)}/Pb^{2+}$) qui échange l'anion Cl^- ;
- ($PbCl_{2(s)}/Cl^-$) qui échange le cation Pb^{2+}.

Le précipité est neutre : il n'existe donc qu'une seule combinaison possible d'ions assurant l'électroneutralité. Il n'y a donc pas d'équivalent des complexes successifs ou des polyacides.

7.1.2 Produit de solubilité

Pour quantifier ces réactions, on introduit le produit de solubilité K_s qui correspond à la constante d'équilibre associée à la dissolution du précipité :
$PbCl_{2(s)} = Pb^{2+}_{(aq)} + 2\ Cl^{-}_{(aq)}$.

✎ Donner l'expression de K_s en fonction des concentrations.

On a $K_s = \dfrac{[Pb^{2+}][Cl^{-}]^2}{C^{\circ 3}}$.

Cette constante qui est appelée produit de SOLUbilité correspond à la réaction dans le sens du passage en SOLUtion.

Cette constante ne dépend que de la température. On définit, bien sûr, $pK_s = -\log K_s$.
Plus le précipité est stable, plus pK_s est grand.

⚠ Cette constante n'est définie que si on a existence du précipité, on dit encore que la solution est saturée.
- solution saturée : $K_s = [Pb^{2+}][Cl^{-}]^2$;
- solution insaturée : $Q_r = [Pb^{2+}][Cl^{-}]^2 < K_s$.

Remarque : *à l'équilibre, avec le solide, le quotient de réaction ne peut jamais être supérieur au produit de solubilité.*

✍ Le produit de solubilité du chlorure de plomb est $K_s = 1,7 \times 10^{-5}$. Celui de l'iodure de plomb est $K_s' = 9 \times 10^{-9}$. Quel est le plus stable des deux précipités ? On verse dans une solution de chlorure de plomb sous forme de précipité blanc une solution d'ions iodures I^-. Que se passe-t-il ? Écrire l'équation-bilan de la réaction et calculer sa constante d'équilibre. Le résultat est-il en accord avec la valeur trouvée ?

On a $K_s' < K_s$: le précipité d'iodure de plomb est plus stable que celui de chlorure de plomb. On a alors la réaction suivante :

$PbCl_{2(s)} + 2\ I^{-}_{(aq)} = PbI_{2(s)} + 2\ Cl^{-}_{(aq)}$ de constante

$K = \frac{K_s}{K'_s} = 1,9 \times 10^3 \gg 1$. La solution passe d'un précipité blanc à un précipité jaune.

7.1.3 Diagrammes d'existence/absence de précipité

Dans ce chapitre, il est interdit de parler de diagramme de prédominance ! Attention au vocabulaire !!!!

Le précipité existe si $Q \geqslant K_s$.

✍ On considère une solution de nitrate de plomb $PbNO_3$ à la concentration $C_0 = 0,1$ mol/L. On donne K_s ($PbCl_2$) $= 1,7 \times 10^{-5}$. À quelle concentration en ions chlorure apparaît la première molécule de précipité ? Tracer le diagramme d'existence en pCl.

On a $[Cl^-] = \sqrt{\frac{K_s}{[Pb^{2+}]}} = 1,3 \times 10^{-2}$ mol/L. On a alors le diagramme d'existence suivant :

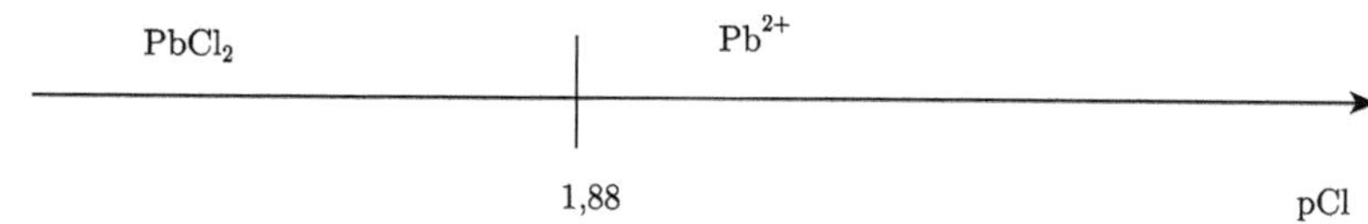

7.1.4 Solubilité dans l'eau pure

• **Définition :** On appelle solubilité dans l'eau pure la quantité maximale de ce solide que l'on peut dissoudre dans 1 litre d'eau pure. Cette solubilité s'exprime en mol/L ou en g/L.

Remarque : *Corollaire : si une solution est saturée, alors la quantité de solide dissous en solution est égale à la solubilité du solide dans la solution considérée.*

✍ Calculer la solubilité du chlorure d'argent dans l'eau pure. On donne $pK_s(AgCl) = 9,8$.

On trouve $K_s = s^2$ soit $s = 1,26 \times 10^{-5}$ mol/L.

✍ Calculer la solubilité du chlorure de plomb dans l'eau pure ; K_s ($PbCl_2$) = $1,7 \times 10^{-5}$. Quel est l'aspect d'une solution de chlorure de plomb à 0.001 mol/L ?

On trouve $K_s = (2s)^2 \times s$ soit $s = 1,6 \times 10^{-2}$ mol/L.

Comme $s > 10^{-3}$ mol/L, la solution est limpide.

7.2 Facteurs de l'équilibre

7.2.1 Influence de la température

La réaction de dissolution d'un précipité peut être exothermique (le système donne de l'énergie à l'extérieur) ou endothermique (le système reçoit de l'énergie de l'exterieur). Le plus souvent, elle est endothermique : la solubilité augmente avec la température.

7.2.2 Effet d'ion commun

✍ Calculer la solubilité du chlorure d'argent dans l'eau pure. On donne $pK_s(AgCl) = 9,8$.

On trouve $K_s = s^2$ soit $s = 1,26 \times 10^{-5}$ mol/L.

✍ Calculer la solubilité du chlorure d'argent dans une solution de chlorure de sodium à 0, 1 mol/L.

On trouve $K_s = s'(C + s')$ soit $s' = 1,6 \times 10^{-9}$ mol/L. La solubilité a diminué.

Il s'agit d' une loi de modération : lorsqu'un équilibre est établi et qu'on provoque une perturbation, la position de l'équilibre est modifiée afin de limiter l'effet de la perturbation. Comme la solution contient déjà des ions chlorure, la réaction de formation des ions chlorure par dissolution du précipité est moins avancée.

Par effet d'ion commun, la solubilité d'un précipité diminue.

7.2.3 Influence du pH

Lorsqu'un sel a des propriétés acido-basiques, il peut être utile de jouer sur le pH afin de faire varier la solubilité.

On considère la réaction suivante : $CH_3COOAg_{(s)} = CH_3COO^-_{(aq)} + Ag^+_{(aq)}$ où le solide est toujours en excès.
L'éthanoate peut se retrouver en solution aqueuse sous forme acide.

✍ On a, initialement, une solution contenant uniquement le précipité. Dresser le tableau d'avancement de la réaction de dissolution. En exprimant la conservation de la matière pour les ions éthanoate, trouver la relation entre K_s, s la solubilité et $[H_3O^+]$.

On a $CH_3COOAg_{(s)} = CH_3COO^-_{(aq)} + Ag^+_{(aq)}$ et $CH_3COO^-_{(aq)} + H_2O_{(l)} = CH_3COOH + HO^-_{(aq)}$. On a donc le précipité qui se dissout et la base qui réagit au fur et à mesure avec l'eau : la concentration à l'équilibre et la quantité dissoute sont donc différentes pour CH_3COO^-. On a :
$s = [CH_3COO^-] + [CH_3COOH] = [CH_3COO^-]_0 = [Ag^+]$. Soit, en utilisant la définition de la constante d'acidité, $K_a = \dfrac{[H_3O^+][CH_3COO^-]}{[CH_3COOH]}$ soit $s = [CH_3COO^-]\left(1 + \dfrac{[H_3O^+]}{K_a}\right)$ soit $K_s = \dfrac{s^2}{1 + h/K_a}$.

La solubilité d'un sel basique est une fonction croissante de $[H_3O^+]$. De même, la solubilité d'un sel acide augmente avec $[HO^-]$.

On trace parfois $\mathrm{p}s = -\log s = f(\mathrm{pH})$.

On retrouve la loi de modération : si la base formée lors de la dissolution du précipité est consommée dans une réaction acido-basique, alors la réaction de dissolution est favorisée : la solubilité augmente.

7.2.4 Précipitations compétitives

✍ On s'intéresse à la formation des précipités de chlorure et de chromate d'argent $AgCl_{(s)}$ et $Ag_2CrO_{4(s)}$ en ajoutant goutte-à-goutte du nitrate d'argent $AgNO_3$ à une solution de NaCl dans laquelle on a versé quelques gouttes de K_2CrO_4 jaune. Quel est le premier précipité qui se forme, en tenant compte de la coloration du chromate de potassium ? Quelle est la couleur du second précipité qui se forme avec un excès d'ions argent ?

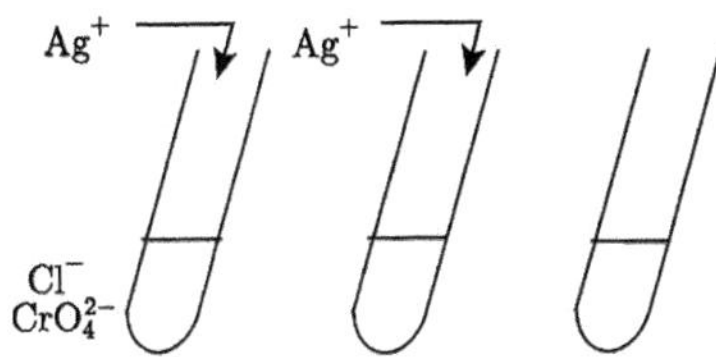

Le précipité de chlorure d'argent se forme en premier puis ensuite celui avec les ions chromate : on a passage de la solution d'un précipité laiteux à un précipité de couleur rouille.

✍ On ajoute goutte-à-goutte du nitrate d'argent à une solution 0, 1 mol/L en NaCl, K_2CrO_4. Tracer les diagrammes d'existence en pAg des précipités de chlorure et de chromate d'argent $AgCl_{(s)}$ ($pK_{s1} = 9,8$) ; $Ag_2CrO_{4(s)}$ ($pK_{s2} = 11,8$). Justifier quantitativement celui des deux précipités $AgCl_{(s)}$ ou $Ag_2CrO_{4(s)}$ qui se forme en premier.

On a, pour l'apparition du précipité de chlorure d'argent $[Ag^+] = \dfrac{K_{s1}}{[Cl^-]} = 10^{-8,8}$ mol/L et pour celui avec le chromate $[Ag^+] = \sqrt{\dfrac{K_{s2}}{[Cr_2O_4^{2-}]}} = 10^{-5,4}$ mol/L. On a le diagramme suivant :

AgCl | Cl^-

Ag_2CrO_4 5,4 CrO_4^{2-} 8,8 pAg

Le précipité qui se forme en premier est celui qui a besoin le moins d'ions argent soit celui de chlorure d'argent !

7.2.5 Titrage par précipitation

✎ Quelles doivent être les caractéristiques d'une réaction de titrage ?

Une réaction de titrage doit être rapide, totale et unique.

• Application à la méthode de Mohr :

✍ Calculer la concentration en ions chlorures lorsque le chromate d'argent orange commence à précipiter. Comment est marquée l'équivalence du titrage de la solution d'ions chlorures par la solution d'ions argent ? Quel est le rôle du chromate de potassium ? Quel nom peut-on lui donner ? Exprimer la concentration en chlorure de sodium [NaCl] en fonction du volume équivalent V_{eq} de nitrate d'argent, de la concentration en nitrate d'argent [$AgNO_3$] et du volume V de NaCl.

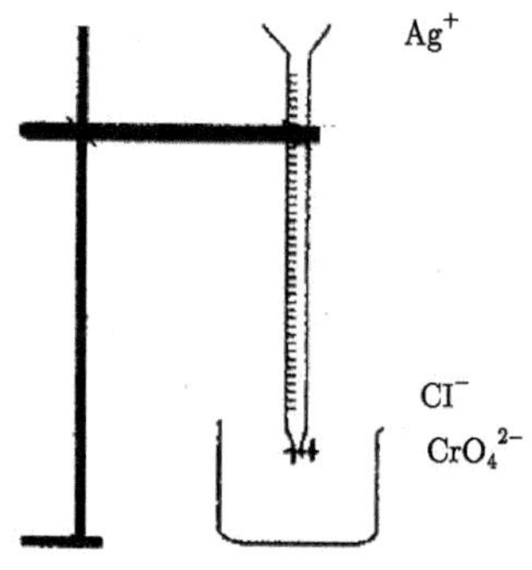

Lorsque le chromate d'argent commence à précipiter, on a $[Ag^+] = 10^{-5,4}$ mol/L soit $[Cl^-] = \frac{K_s}{[Ag^+]} = 10^{-4,4}$ mol/L ce qui est négligeable devant la concentration initiale de 0,1 mol/L. C'est donc bien un indicateur de fin de réaction : l'équivalence est repérée par le changement de couleur de la solution. On a alors $[NaCl] = \frac{V_{eq}[AgNO_3]}{V}$.

Les courbes expérimentales pour une solution où il y a apparition ou disparition d'un précipité se caractérise par des points anguleux.

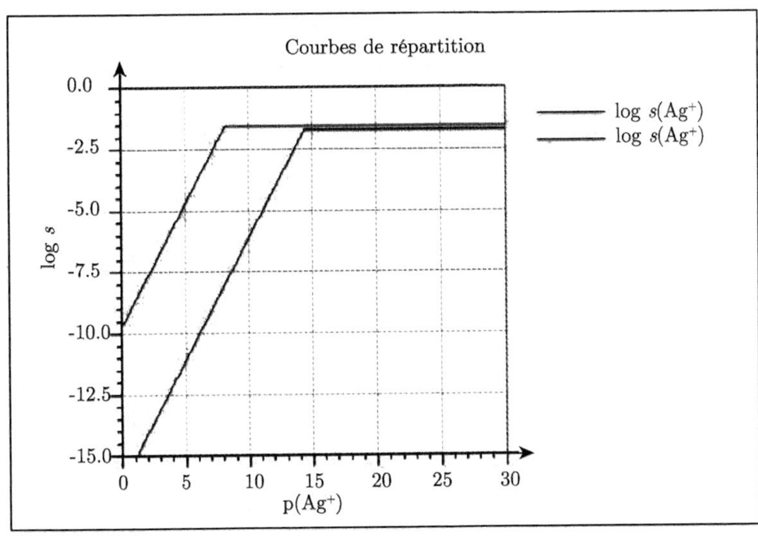
Courbes de répartition
log s(Ag+)
log s(Ag+)
log s
p(Ag+)
0.0
-2.5
-5.0
-7.5
-10.0
-12.5
-15.0
0
5
10
15
20
25
30

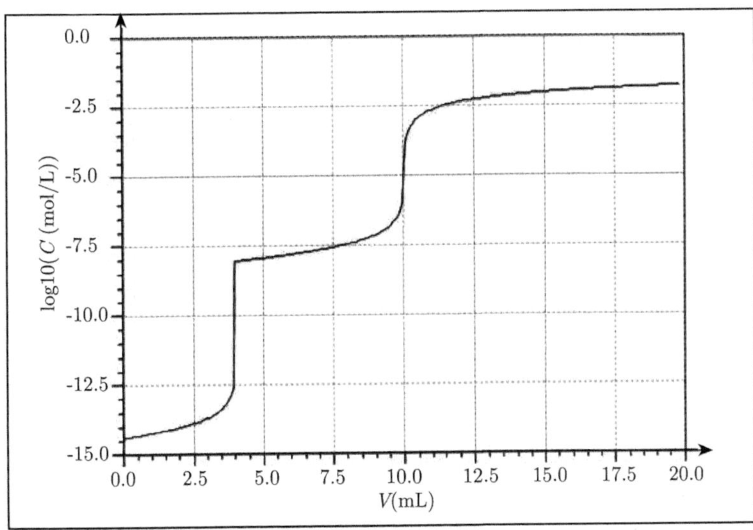
log10(C (mol/L))
V(mL)
0.0
-2.5
-5.0
-7.5
-10.0
-12.5
-15.0
0.0
2.5
5.0
7.5
10.0
12.5
15.0
17.5
20.0

Chapitre 8

Essentiel en chimie des solutions

Voici le récapitulatif de la partie chimie en solution : liste des définitions à connaître (mentionnées par des ⋆) ainsi que des savoir-faire à maîtriser (mentionnés par des •).

Chimie des solutions - Propriétés de l'eau solvant

Savoir définir :

⋆ Pouvoir dispersant, ionisant, solvatant de l'eau. Savoir relier ces propriétés aux caractéristiques physico-chimiques de l'eau.

⋆ Effet nivelant de l'eau solvant.

⋆ Expression du quotient de réaction. Lien avec la constante d'équilibre K°.

⋆ Activité chimique d'une espèce : les différents cas.

Réactions acido-basiques

Savoir définir :

⋆ Couple acide-base et la constante d'acidité associée.

⋆ Définir un acide fort, un acide faible, une base forte, une base faible.

⋆ Domaine de prédominance des espèces acido-basiques en fonction du pH.

Savoir faire :

• Savoir prévoir le sens d'une réaction chimique : échelle de pK_a.

• Savoir définir une réaction quantitative d'une réaction peu avancée.

• Savoir calculer le pH de solutions "classiques " en vérifiant à chaque fois les hypothèses a posteriori.

Titrages

Savoir définir et utiliser :

• Savoir définir l'équivalence et les proportions stœchiométriques.

• Pour les titrages, différence entre les courbes des acides faibles, acides forts : points d'inflexion, zone d'Henderson.

• Pour un acide faible, pH=pK_a à la demi-équivalence.

• Loi de dilution d'Ostwald.

• Connaître les principales méthodes de suivi d'un titrage et décrire l'appareillage (électrodes, cellule...).

• Connaître la loi de Kohlrausch. Ne pas oublier les ions spectateurs pour la conductimétrie.

• Prévoir l'allure d'une courbe de conductimétrie pour un titrage donné ou savoir la justifier (si la courbe est donnée).

• Apparition ou disparition d'un précipité dans un titrage apparaît comme un point anguleux sur la courbe pH=$f(V)$.

• Critère de séparation des titrages pour les mélanges d'acides ou de bases.

Réactions de complexation

Savoir définir :

⋆ Définir un complexe.

⋆ Nommer un complexe.

⋆ Définir la constante de formation globale d'un complexe β_n avec la réaction associée.

⋆ Définir la constante de formation successive d'un complexe $K_{f,i}$ avec la réaction associée.

⋆ Lien entre les β et les $K_{f,i}$, $K_{d,i}$.

Savoir faire :

• Établir le domaine de prédominance des complexes et de l'ion libre en fonction de pL, reconnaître les espèces stables ou instables (domaines de prédominance disjoints).

• Utiliser une échelle de pK_d pour prévoir le sens d'une réaction et la nature quantitative ou non de la réaction.

• Démontrer l'influence du pH sur un complexe à ligand basique.

• Savoir étudier un titrage par complexation.

• Prévoir le sens d'échange d'un ligand ou du centre métallique qui peut avoir lieu (échelle de pK_d).

Réactions de précipitation

Savoir définir :

⋆ Condition de précipitation avec la comparaison du quotient réactionnel et du produit de solubilité.

⋆ Équilibre de précipitation et produit de solubilité (savoir écrire les réactions associées).

⋆ Définir la solubilité. Lien entre solubilité et produit de solubilité.

⋆ Domaine d'existence d'un précipité (savoir quelle grandeur est en abscisse et calculer l'expression de la frontière).

Savoir faire :

• Savoir tracer p$s = f$(pH) (prendre en compte toutes les formes dissoutes en associant la réaction de précipitation et les réactions acido-basiques) ou ps = f(pL) (prendre en compte toutes les formes dissoutes en associant la réaction de précipitation et les réactions de complexation).

• Justifier l'influence de la température, effet d'ion commun sur la solubilité.

Méthodologie

0. Pour tout exercice de chimie, faire un dessin du dispositif expérimental.

1. Faire l'inventaire de toutes les espèces présentes en solution (attention à l'influence du pH pour les espèces acido-basiques, au besoin faire un diagramme de prédominance) : les placer sur l'échelle appropriée (pK_a, pK_d, pK_s).

2. Prévoir la réaction qui aura lieu de manière prépondérante (attention aux conditions expérimentales, pas d'ion oxonium en milieu basique dans l'équation-bilan et pas d'ion hydroxyde en milieu acide dans l'équation-bilan).

3. Établir le tableau d'avancement associé à cette réaction (tableau d'avancement molaire si le volume varie avec des ξ (en mol) et volumique si le volume est constant (avec des x en mol/L)).

4. A priori, accès aux grandeurs inconnues via l'expression du quotient réactionnel à l'équilibre (une équation=1 inconnue).

5. Si ceci est insuffisant (c'est-à-dire il manque une équation), penser à exprimer soit la conservation de la matière pour un élément donné, soit la conservation de la charge (électroneutralité des solutions).

6. Vérifier, le cas échéant, les hypothèses faites en début d'exercice (pour le calcul du pH, si vous avez négligé une espèce).

7. Faire l'inventaire des espèces présentes en fin de réaction, les placer sur l'échelle appropriée.

8. Si une réaction est possible de façon quantitative, recommencer avec un nouveau tableau d'avancement. Sinon, fin de l'exercice.

Pièges classiques :

Oubli de la dilution, oubli des ions spectateurs pour la conductivité de la solution, oubli du volume dans l'expression de la constante d'équilibre si le

tableau d'avancement est molaire.
Mauvaises espèces prises en compte : regarder le pH (s'il est donné) pour savoir quelles sont les espèces majoritaires dans ce cas (cf exercice du TD sur les complexes avec H_4Y).

8.1 Composés classiques

- H_3O^+ : oxonium
- HO^- : hydroxyde
- HCl : acide chlorhydrique
- H_2SO_4 : acide sulfurique
- H_3PO_4 : acide phosphorique
- HNO_3 : acide nitrique
- NaOH : hydroxyde de sodium ou soude
- NH_3 : ammoniac à l'état gaz, ammoniaque en solution aqueuse
- CH_3COOH : acide éthanoïque ou acide acétique
- SO_4^{2-} : les ions sulfate
- $S_2O_3^{2-}$: les ions thiosulfate
- PO_4^{3-} : les ions phosphate
- MnO_4^- les ions permanganate
- H_2O_2 : le peroxyde d'hydrogène ou l'eau oxygénée
- I_2 : le diiode
- I^- : les ions iodure
- CO_3^{2-} : les ions carbonate
- HCO_3^- : les ions hydrogénocarbonate

Chapitre 9

Cinétique chimique

Dans ce chapitre, nous allons nous intéresser à la vitesse des réactions, à l'aspect cinétique de la réaction chimique. Jusqu'à présent, nous avons seulement considéré l'aspect thermodynamique avec les calculs de constantes d'équilibre et les tableaux d'avancement pour déterminer l'état d'équilibre final du système dans les chapitres précédents.

9.1 Système fermé en réaction chimique

9.1.1 Le système physico-chimique

Définitions et description de l'état d'un système

On appelle système la portion de l'Univers que l'on étudie, le reste constituant l'extérieur.
L'état d'un système est connu grâce à un nombre restreint de grandeurs macroscopiques, les paramètres d'état : n_i, V, P, T,...

Paramètres intensifs/extensifs

Les paramètres intensifs ne dépendent pas de la taille du système.
Exemples : la pression, la température.

Les paramètres extensifs en dépendent. Si on multiplie la taille du système par 2, on multiplie aussi par 2 les paramètres extensifs.
Exemples : le volume, la quantité de matière.

Remarque : *"règles de calcul"*

✎ Que peut-on dire du rapport de deux grandeurs extensives ? Conclure sur la nature intensive ou extensive de la masse volumique, du volume molaire, de la masse molaire ainsi que de toute grandeur molaire.

On a la règle suivante : $\frac{\text{extensif}}{\text{extensif}} = \text{intensif}$. Ainsi, V_m, U_m sont des grandeurs intensives.

Notion de phase

On appelle phase un système dont l'aspect macroscopique est le même en tout point ; les états physiques du corps pur (cristal, gaz, liquide) constituent des phases différentes.

⚠ Des solides différents ainsi que des liquides non miscibles correspondent à des phases différentes. Pour les gaz, ils sont miscibles en toutes proportions et constituent une seule phase.

Dans une phase, les paramètres intensifs sont uniformes.

Un système est dit homogène s'il comprend une seule phase, hétérogène sinon.

Différents types de système

Un système est dit isolé s'il n'y a aucun échange de matière ou d'énergie avec l'extérieur.
Un système est dit fermé s'il n'y a aucun échange de matière avec l'extérieur.
Un système est dit ouvert s'il y a des échanges de matière ou d'énergie avec l'extérieur.

Remarque : *un système dont la masse ne varie pas peut être ouvert ou fermé (cas de l'égalité des débits entrants et sortants).*

Composition d'un système

Pour décrire un système, on privilégie les grandeurs intensives : on va donc raisonner avec les fractions molaires plutôt qu'avec le nombre de moles.

$x_i = \frac{n_i}{\sum_j n_j}$, fraction molaire du constituant i.

On peut aussi utiliser la concentration molaire : $C_i = [A_i] = \frac{n_i}{V}$.

• Système gazeux :

Pour un système en phase gaz, on va utiliser le modèle du gaz parfait : molécules modélisées par des sphères dures ponctuelles (si leurs dimensions sont petites devant la portée de l'interaction) sans interaction entre elles sauf au moment des chocs, entre elles et avec les parois (valable pour des pressions peu élevées). On a alors l'équation d'état suivante : $PV = nRT$ où P est la pression en pascals, V est le volume en m^3, R constante des gaz parfaits ($R = 8,314$ J·K^{-1}·mol^{-1}), T est la température en kelvins ($T = \theta(°C) + 273,15$).

Pour un mélange de gaz supposés parfaits, on va introduire la pression partielle P_i, définie comme étant la pression fictive qu'aurait ce gaz s'il occupait seul le volume V offert au mélange.

✎ Montrer qu'on a $\boxed{P_i = x_i P}$. Établir la relation entre la pression totale et les pressions partielles d'un mélange, connue sous le nom de loi de Dalton.

D'après la définition de la pression fictive et l'équation d'état du gaz parfait, on a $P_i = \frac{n_i RT}{V} = \frac{n_i P_{\text{totale}}}{n} = x_i P_{\text{totale}}$. On a ainsi immédiatement que $\sum_i P_i = P_{\text{totale}}$.

✎ Exprimer la masse volumique d'un gaz parfait en fonction de la température T, de la pression P et de sa masse molaire M. Rappeler la définition de la densité d'un gaz et donner son expression en fonction de sa masse molaire M et de la masse molaire de l'air M_{air}. Donner l'expression numérique de d si M est exprimée en g/mol sachant que $M_{\text{air}} = 29$ g/mol.

On a $\rho = \frac{PM}{RT}$ et donc, par définition de la densité, grandeur adimensionnée, $d = \frac{\rho}{\rho_{\text{air}}} = \frac{M}{M_{\text{air}}} = \frac{M}{29}$.

9.1.2 Évolution d'un système

Équation-bilan

L'évolution d'un système physico-chimique se fait suivant une ou plusieurs réactions chimiques.

La réaction chimique traduit de façon macroscopique la réorganisation de la matière avec la conservation de tout élément (cf principe énoncé par Lavoisier : "rien ne se crée, rien ne se perd, tout se transforme").

Exemple : $N_2 + 3\,H_2 = 2\,NH_3$ qu'on met sous la forme suivante :

$$\sum_i \nu_i B_i = 0$$

écriture de la réaction chimique avec des coefficients stœchiométriques algébriques.
ν_i est positif si B_i est un produit : ici +2 pour l'ammoniac ;
ν_i est négatif si B_i est un réactif : ici −3 pour le dihydrogène.

Bilan de matière entre deux instants

On traduit la variation de quantité de matière d'un système grâce à un tableau d'avancement où, à $t = 0$, la quantité de matière du constituant i, n_i est notée n_{i0}.
L'avancement est noté ξ et s'exprime en mol !

✎ Complétez le tableau d'avancement associé à la réaction précédente

	N_2 +	$3\,H_2$ =	$2\,NH_3$
$t = 0$	$n_{1,0}$	$n_{2,0}$	$n_{3,0}$
t	$n_{1,0} - \xi$	$n_{2,0} - 3\xi$	$n_{3,0} + 2\xi$

On a donc $n_i(t) = n_{i,0} + \nu_i \xi$ soit en différentiant

$$\boxed{\mathrm{d}n_i = \nu_i \mathrm{d}\xi}.$$

ξ admet une valeur maximale ξ_{max} qui correspond à la disparition d'au moins un des réactifs, celui-ci est appelé réactif limitant.

✍ Dans l'exemple précédent, si $n_{1,0} = 2$, $n_{2,0} = 5$ et $n_{3,0} = 7$ mol, quel est le réactif limitant ? Que vaut ξ_{max} ?

On a $\xi_1 = 2$ mol, $\xi_2 = 5/3$ mol. Donc $\xi_{\max} = 5/3\text{mol}$: H_2 est le réactif limitant.

Remarque : *on peut aussi introduire l'avancement volumique de réaction, noté* x *et qui s'exprime en* mol/L, $x = \dfrac{\xi}{V}$.

9.2 Étude de la cinétique chimique

9.2.1 Vitesses d'une réaction dans le cas d'un réacteur fermé

Vitesses de disparition et de formation

La vitesse de formation v_f d'un constituant chimique A_i est égale à la dérivée temporelle de sa quantité de matière. La vitesse de disparition v_d est l'opposée de v_f.

$$v_f(A_i) = \frac{\mathrm{d}n_i}{\mathrm{d}t} \qquad v_d(A_i) = -\frac{\mathrm{d}n_i}{\mathrm{d}t}$$

Ces définitions sont indépendantes de l'écriture des équations chimiques de réaction.

Vitesse volumique de réaction

On a, pour un système fermé, $v_f(A_i) = \nu_i \dfrac{\mathrm{d}\xi}{\mathrm{d}t} = \nu_i \mathcal{V}$ où $\mathcal{V} = \dfrac{\mathrm{d}\xi}{\mathrm{d}t}$ est la vitesse de réaction, extensive.

On souhaite construire une vitesse intensive, on pose

$$\boxed{v = \frac{1}{V}\frac{\mathrm{d}\xi}{\mathrm{d}t}}.$$

 V désigne le volume !

⚠ Cette vitesse v ne peut être définie qu'après écriture de l'équation-bilan.

v est en mol·L^{-1}·s^{-1}.

$v(A_i) = \nu_i \times v$.

Si le système considéré est isochore, on peut transformer l'écriture précédente en

$$v_{\text{réaction}} = \frac{1}{\nu_i}\frac{\mathrm{d}[A_i]}{\mathrm{d}t}.$$

Dans les expériences, il est facile d'avoir accès à $[A_i] = f(t)$. La vitesse v_i s'identifie à la tangente à la courbe.

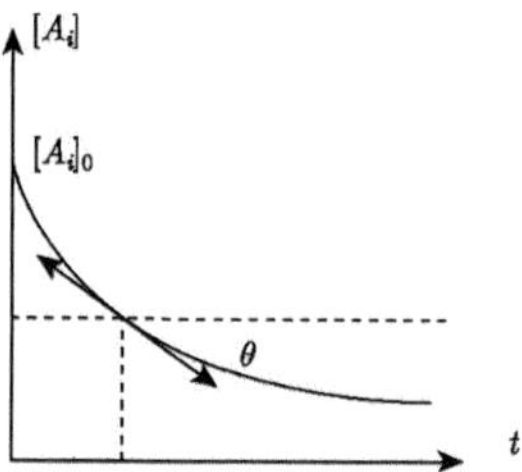

✍ Soit la réaction suivante de synthèse de l'ammoniac : $N_{2(g)} + 3\,H_{2(g)} = 2\,NH_{3(g)}$. Exprimer la vitesse de réaction en fonction de chacune des espèces mises en jeu.

Par définition, on a : $v = \frac{1}{2}\frac{\mathrm{d}[NH_3]}{\mathrm{d}t} = -\frac{\mathrm{d}[N_2]}{\mathrm{d}t} = -\frac{1}{3}\frac{\mathrm{d}[H_2]}{\mathrm{d}t}$.

La loi de vitesse de la réaction chimique dépend de plusieurs facteurs que l'on va maintenant étudier : les facteurs cinétiques.

9.2.2 Influence des concentrations

La vitesse d'une réaction diminue généralement quand la concentration en réactifs diminue. Généralement, la vitesse diminue donc en cours de réaction.

Ordre d'une réaction

• **Définition :** Une réaction possède un ordre si sa vitesse peut se mettre sous la forme d'un monôme des concentrations des seuls réactifs.

$$v = k\prod_i [A_i]^{p_i}$$

p_i est l'ordre partiel par rapport à A_i.
k est la constante de vitesse de la réaction
$\sum_i p_i$ est l'ordre global de la réaction.

p_i n'aucun lien avec le coefficient stœchiométrique ν_i.

L'expression de la vitesse est obtenue expérimentalement !

Exemple : $2\ NO_{(g)} + 2\ H_{2(g)} = 2\ H_2O_{(g)} + N_{2(g)}$ a une vitesse $v = k[NO]^2[H_2]^1$.

L'ordre p_i peut être fractionnaire : $CO+Cl_2=COCl_2$ a une vitesse de la forme $v = k[CO][Cl_2]^{3/2}$.

Une réaction, finalement peut être sans ordre : $H_2 + Br_2 = 2\ HBr$ a une vitesse $v = k\dfrac{[H_2][Br_2]^{1/2}}{1 + k[HBr]/[Br_2]}$.

> Conclusion : l'ordre d'une réaction est une donnée expérimentale.
> Une réaction n'admet pas forcément d'ordre.
> Si elle en possède un, les ordres partiels ne sont pas nécessairement égaux aux nombres stœchiométriques.
> L'unité de k dépend de l'ordre total.

Méthodes expérimentales de détermination de l'ordre d'une réaction

Méthode différentielle graphique pour un seul réactif

La réaction se met sous la forme A = produits.
Si la réaction admet un ordre, alors $v = k[A]^p$. On suppose qu'on connaît expérimentalement $[A] = f(t)$. On trace $\ln v = \ln k + p\ln[A]$ et on effectue une régression linéaire.

✍ On considère la réaction A = produits. On a mesuré les vitesses de réaction pour différentes concentrations de réactif au cours du temps. Les résultats sont donnés dans le tableau ci-dessous :

$[A]$ en mol/L	1,26	0,96	0,63	0,51	0,21
v en mol·L^{-1}·s^{-1}	0,036	0,021	0,009	0,006	0,001

La réaction possède-t-elle un ordre ? Si oui, quel est-il et que vaut la constante de vitesse ?

Il faut tracer $\ln v = lnk + p\ln[A]$. On fait une régression linéaire à la calculatrice, on a : $p = 1{,}9996$ soit $p = 2$, $\ln k = -3{,}78$ et $r^2 = 0{,}99991$.

On a donc bien une droite : la réaction admet un ordre, égal à 2, la constante de vitesse vaut $k = 2{,}27 \times 10^{-2}$ L·mol^{-1}·s^{-1}.

Méthode différentielle pour plusieurs réactifs

La réaction s'écrit sous la forme $A + B$=produits.
Pour se ramener au cas précédent, on met un réactif en excès, on peut donc considérer que sa concentration ne varie pas pendant l'expérience.

$$v = k[A]^p[B]^q = k'[B]^q$$

et on trace $\ln v = \ln k' + q\ln[B]$.
C'est la méthode de dégénérescence de l'ordre d'Ostwald.

9.2.3 Influence de la température

Loi d'Arrhénius

La constante de vitesse k est indépendante des concentrations mais dépend de la température. En 1889, Arrhénius établit la formule suivante
$k(T) = Ae^{-E_a/RT}$ où E_a est l'énergie d'activation (en kJ/mol) , R la constante des gaz parfaits et A le préfacteur exponentiel d'Arrhénius, toujours positif, de la même unité que k.

Détermination de l'énergie d'activation

On détermine E_a en prenant le logarithme : $\ln(k) = f\left(\frac{1}{T}\right)$.

✍ Que vaut E_a si, à partir de $t_1 = 25°C$, si on augmente la température de 10°C, la constante de vitesse est multipliée par 2 ?

D'après la loi d'Arrhénius, on a $k_1 = Ae^{-E_a/RT_1}$ et $k_2 = Ae^{-E_a/RT_2} = 2k_1$ soit $\frac{k_2}{k_1} = 2 = e^{-E_a/RT_2+E_a/RT_1}$ soit en passant au logarithme, $-R\ln(2) = E_a\left(\frac{1}{T_2} - \frac{1}{T_1}\right)$. Finalement, $E_a = 52,9$ kJ/mol.

✍ On a le tableau suivant. Que vaut E_a ? A ?

T(K)	700	730	760	790	810	840	940	1000
k (L/(mol·s))	0,011	0,035	0,105	0,343	0,789	2,17	20,0	145

On trace $\ln(k) = f(1/T)$ et on fait une régression linéaire. On trouve

$\ln(A) = 26,54$ et $-E_a/R = -21,79 \times 10^3$ soit $A = 3,35 \times 10^{11}$ L·mol^{-1}·s^{-1} et $E_a = 181,17$ kJ/mol avec un coefficient de corrélation $r^2 = 0,996$.

Applications

Ceci est utilisé en TP lorsqu'on fait une trempe qui est un refroidissement brutal pour arrêter, pour figer le système dans un état donné. Inversement, quand on augmente la température pour faire "démarrer" la réaction chimique.

Remarque : *on parle de* catalyseur *qui est une espèce chimique qui augmente la vitesse d'une réaction chimique sans apparaître dans l'équation-bilan de celle-ci. On a des catalyses homogène (c'est-à-dire une seule phase) et hétérogène (c'est-à-dire plusieurs phases).*

9.3 Cinétique formelle

9.3.1 Un seul réactif

On considère la réaction $A = B + C + \cdots$

✎ Quelle est la vitesse de réaction en fonction du réactif A ? Quelle est l'équation différentielle qui régit l'évolution de $[A]$ si la réaction admet un ordre α par rapport à A ?

On a alors les deux égalités suivantes : $v = -\frac{\mathrm{d}[A]}{\mathrm{d}t} = k[A]^\alpha$ soit $\frac{\mathrm{d}[A]}{\mathrm{d}t} + k[A]^\alpha = 0$.

Ordre 0

✎ Montrer alors qu'on a une décroissance linéaire de $[A](t)$.

On doit alors résoudre l'équation suivante : $\frac{\mathrm{d}[A]}{\mathrm{d}t} = -k$ soit, ce qui donne directement, en utilisant la condition initiale $[A](t=0) = [A]_0$: $[A] = [A]_0 - kt$.

On définit le temps de demi-réaction $\tau_{1/2}$ comme le temps au bout duquel la moitié du réactif initialement présent a réagi.

✎ Montrer que $\tau_{1/2} = \dfrac{[A]_0}{2k}$.

On a, par définition, $[A](\tau_{1/2}) = \dfrac{[A]_0}{2} = [A]_0 - k\tau_{1/2}$ soit $\tau_{1/2} = \dfrac{[A]_0}{2k}$.

Ordre 1

✎ Montrer alors qu'on a une décroissance exponentielle de $[A](t)$.

On doit alors résoudre l'équation différentielle suivante :
$\dfrac{d[A]}{dt} = -k[A]$ soit, ce qui donne, en reconnaissant une équation différentielle linéaire du premier ordre à coefficients constants et en utilisant la condition initiale $[A](t=0) = [A]_0$: $[A] = [A]_0 e^{-kt}$.

✎ Montrer que $\tau_{1/2} = \dfrac{\ln(2)}{k}$, indépendant de $[A]_0$.

On a, par définition, $[A](\tau_{1/2}) = \dfrac{[A]_0}{2} = [A]_0 e^{-k\tau_{1/2}}$ soit $\tau_{1/2} = \dfrac{\ln(2)}{k}$.

Ordre 2

✎ Montrer alors qu'on a $\dfrac{1}{[A](t)}$ qui est une fonction affine du temps.

On doit alors résoudre l'équation différentielle suivante :
$\dfrac{d[A]}{dt} = -k[A]^2$ soit, ce qui donne en utilisant la méthode de séparation des variables : $\dfrac{d[A]}{[A]^2} = -k dt$ soit, après intégration, en utilisant la condition initiale $[A](t=0) = [A]_0$: $\dfrac{1}{[A]} - \dfrac{1}{[A]_0} = kt$.

✎ Montrer que $\tau_{1/2} = \dfrac{1}{k[A]_0}$.

On a, par définition, $[A](\tau_{1/2}) = \dfrac{[A]_0}{2}$ soit en remplaçant :
$\tau_{1/2} = \dfrac{1}{k[A]_0}$.

9.3.2 Plusieurs réactifs

Cas général à 2 réactifs

On considère la réaction $\nu_\alpha A + \nu_\beta B = \nu_\gamma C + \nu_\delta D + \dots$

✎ Compléter le tableau d'avancement de la réaction.

On a alors le tableau d'avancement suivant :

	$\nu_\alpha A$	+	$\nu_\beta B$	$\rightarrow$	$\nu_\gamma C$	+	$\nu_\delta D$
$t=0$	a		b		0		0
t	$a-\nu_\alpha\xi$		$b-\nu_\beta\xi$		$\nu_\gamma\xi$		$\nu_\delta\xi$

Si la réaction admet un ordre, on a :
$v = \frac{1}{\nu_\gamma}\frac{\mathrm{d}[C]}{\mathrm{d}t} = \frac{1}{V}\frac{\mathrm{d}\xi}{\mathrm{d}t} = \frac{k}{V^{\alpha+\beta}}(a-\nu_\alpha\xi)^\alpha(b-\nu_\beta\xi)^\beta.$

Pour simplifier par le volume, on pose $k' = \frac{k}{V^{\alpha+\beta-1}}$.

On a alors, en séparant les variables :

$$\frac{\mathrm{d}\xi}{(a-\nu_\alpha\xi)^\alpha(b-\nu_\beta\xi)^\beta} = k'\mathrm{d}t,$$

soit en décomposant en éléments simples (si les puissances α et β sont entières) :

$$\frac{1}{(a-\nu_\alpha\xi)^\alpha(b-\nu_\beta\xi)^\beta} = \sum_{k=1}^{\alpha}\frac{A_k}{(a-\nu_\alpha\xi)^k} + \sum_{l=1}^{\beta}\frac{B_l}{(b-\nu_\beta\xi)^l}.$$

On suppose pour simplifier que $\alpha = \beta = 1$.

✎ Résoudre l'équation différentielle. Montrer que

$$\frac{1}{(b\nu_\alpha - a\nu_\beta)}\ln\left(\frac{[A][B]_0}{[A]_0[B]}\right) = -k't.$$

Par la méthode de décomposition en éléments simples, on a $A = -\frac{\nu_A}{\nu_B}B$ et $B = \frac{\nu_B}{a\nu_B - b\nu_A}$. On a alors, après intégration, la formule demandée.

Si on introduit les réactifs dans les proportions stœchiométriques, on a, à tout instant : $\frac{[A]}{\nu_\alpha} = \frac{[B]}{\nu_\beta}$.

✎ Dans ce cas, donner l'expression de v. a-t-on accès à l'ordre partiel ou à l'ordre global ?

On a $v = k[A]^\alpha[B]^\beta$. Or, à tout instant, les réactifs sont dans les proportions stœchiométriques. On a donc $v = \left(\frac{\nu_\alpha}{\nu_\beta}\right)[B]^{\alpha+\beta}$.
On a ainsi accès à l'ordre global.

Cas d'une réaction équilibrée

La réaction se met sous la forme $A \underset{k_-}{\overset{k_+}{\leftrightarrows}} B$.

On suppose que la réaction admet un ordre α par rapport à A et β par rapport à B.

✎ Exprimer, dans le cas général, l'équation différentielle vérifiée par l'avancement molaire ξ.

On a $v = \frac{\mathrm{d}\xi}{\mathrm{d}t} = k_+[A] - k_-[B] = k_+(a_0 - \xi)^\alpha - k_-\xi^\beta$.

On s'intéresse au cas le plus fréquent : $\alpha = \beta = 1$.

✎ Dans ce cas, donner l'équation différentielle et la résoudre.

On a $\frac{\mathrm{d}\xi}{\mathrm{d}t} = -(k_+ + k_-)\xi + k_+a_0$ soit $\xi(t) = k_+a_0\left(1 - \mathrm{e}^{-(k_+ + k_-)t}\right)$.

✎ Que vaut v à l'équilibre final ? ξ_f ? Est-ce cohérent ?

À l'équilibre final, la vitesse est nulle : c'est-à-dire les réactions sont équilibrées et donc $v_+ = v_-$ soit $[B]_\infty = \frac{k_+}{k_- + k_+}a_0$ et $[A]_\infty = \frac{k_-}{k_+ + k_-}a_0$.
On a alors $\frac{[B]_\infty}{[A]_\infty} = \frac{k_+}{k_-}$.

Réactions successives

On étudie maintenant les réactions de la forme :

$$A \xrightarrow{k_1} B \xrightarrow{k_2} C.$$

On cherche à déterminer $[A](t)$, $[B](t)$ et $[C](t)$. On se place dans le cas où les réactions admettent un ordre partiel égal à 1 (cas le plus courant).

✎ Montrer que $[A](t) = [A]_0 e^{-k_1 t}$.

On a $\frac{d[A]}{dt} = -k_1[A]$ soit, par intégration de cette équation différentielle linéaire du premier ordre à coefficients constants : $[A](t) = [A]_0 e^{-k_1 t}$.

✎ Montrer alors que $[B](t) = \frac{k_1}{k_2 - k_1}[A]_0(e^{-k_1 t} - e^{-k_2 t})$.

On a alors $\frac{d[B]}{dt} = k_1[A] - k_2[B]$ soit, en appliquant la méthode de variation de la constante : $[B](t) = Ae^{-k_2 t} + \frac{k_1}{k_2 - k_1}[A]_0 e^{-k_1 t}$. Or, initialement, il n'y a pas de B d'où la formule demandée.

✎ Montrer que $[C](t) = [A]_0 \left(1 - \frac{k_2}{k_2 - k_1} e^{-k_1 t} + \frac{k_1}{k_2 - k_1} e^{-k_2 t}\right)$.

Ici, il ne faut surtout pas intégrer l'équation différentielle sur C mais utiliser la conservation de la matière avec $[A] + [B] + [C] = [A]_0$.

✎ Que deviennent les équations précédentes si $k_1 \ll k_2$?

Si $k_1 \ll k_2$, alors $[B](t) = \frac{k_1}{k_2}[A]_0 e^{-k_1 t}$, $[C](t) = [A]_0(1 - e^{-k_1 t})$, $[A](t) = [A]_0 e^{-k_1 t}$. On a donc la concentration en B qui est négligeable devant A et C, les évolutions sont gouvernées par k_1.

Graphiquement, on a les représentations suivantes.

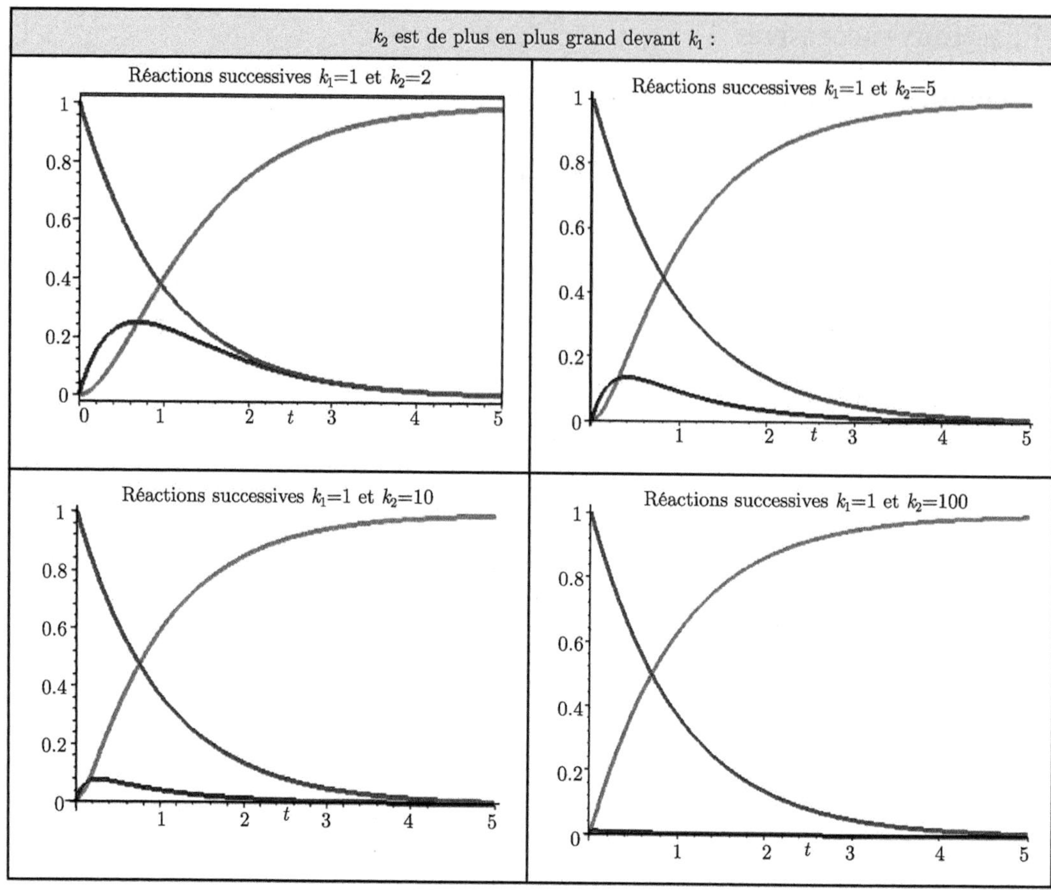

Ainsi si $k_2 \gg k_1$, c'est-à-dire B apparaît très difficilement et disparaît très facilement, B est

un intermédiaire réactionnel.

Sauf au voisinage de $t = 0$, on a $\dfrac{\mathrm{d}[B]}{\mathrm{d}t} = 0$. C'est le principe de Bodenstein ou AEQS (approximation des états quasi-stationnaires.)

✎ Que deviennent les équations précédentes si $k_1 \gg k_2$?

On a $[A] = [A]_0 \mathrm{e}^{-k_1 t}$,

$[B](t) = [A]_0 \mathrm{e}^{-k_2 t}$,

$[C](t) = [A]_0 \left(1 - \mathrm{e}^{-k_2 t}\right)$.

La concentration en A est négligeable devant celles de B et C : les

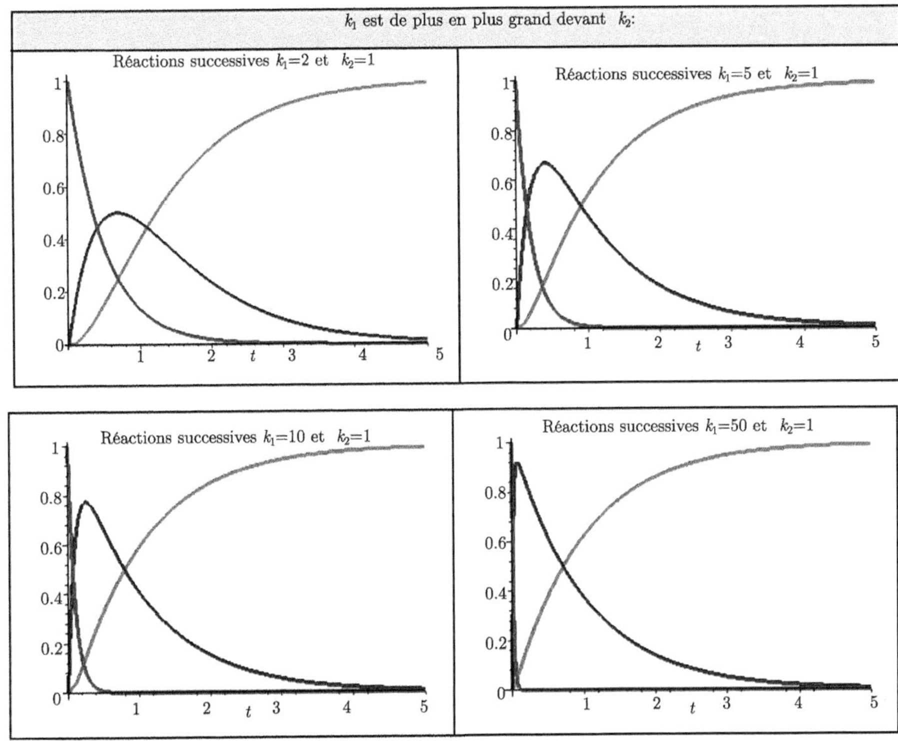

La concentration de C ne dépend quasiment que de l'étape 2, la plus lente. Dans le cas précédent, elle ne dépend que de k_1, l'étape la plus lente.

C'est l'approximation de l'étape cinétiquement déterminante : si, lors de réactions successives, l'une des réactions est beaucoup plus lente que les autres, alors, c'est elle qui impose sa vitesse aux étapes suivantes et donc à la réaction globale de formation du produit.

Réactions en parallèle

On a, simultanément, $A \xrightarrow{k_1} B$ et $A \xrightarrow{k_2} C$.

La vitesse de disparition de A est donnée par $v = -\dfrac{\mathrm{d}[A]}{\mathrm{d}t} = k_1[A]^\alpha + k_2[A]^\beta$ si les réactions admettent un ordre. Il faut ensuite résoudre cette équation différentielle.

9.4 Détermination expérimentale d'une cinétique

9.4.1 Par spectrophotométrie d'absorption

Le milieu réactionnel reçoit un rayonnement et absorbe certaines longueurs d'onde. Soit I_0 l'intensité lumineuse d'un faisceau monochromatique (longueur d'onde λ) à l'entrée d'une cellule de longueur l , contenant une substance dissoute en concentration C dans un solvant non absorbant. Soit I l'intensité à la sortie de la cellule, avec $I < I_0$ après absorption.

On définit l'absorbance A, positive et sans dimension, à partir de I et I_0 : $A = \ln(I_0/I) > 0$.

L'absorbance A est fonction de la longueur d'onde λ du rayonnement : $A(\lambda)$.
L'absorbance A est proportionnelle à la longueur l de la cuve.
L'absorbance A est proportionnelle à la concentration C de la substance absorbante.

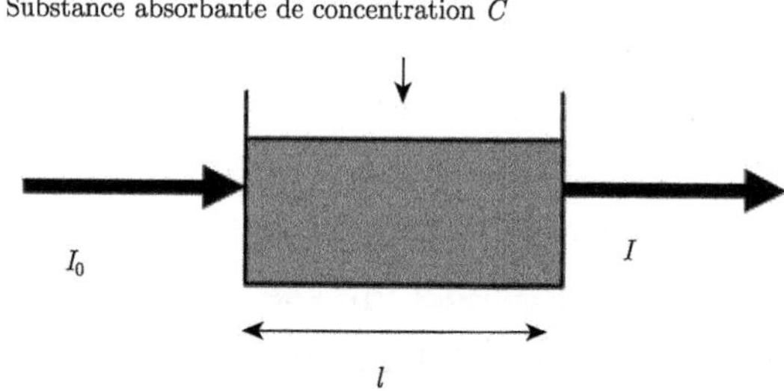

Le coefficient de proportionnalité ε porte le nom de coefficient d'extinction molaire, il est caractéristique de la substance absorbante et est fonction de la longueur d'onde λ du rayonnement $\varepsilon(\lambda)$: $A(\lambda) = \varepsilon(\lambda) l C$, c'est la loi de Beer-Lambert.

Dans le cas d'un mélange de substances absorbantes, on a $A = \sum_i \varepsilon_i(\lambda) l C_i$.

✍ On considère une réaction totale d'ordre 1, de constante de vitesse k, d'équation-bilan $C \longrightarrow B$. On part du seul constituant C en solution, à la concentration initiale $[C]_0 = C_0$, et on mesure l'absorbance de la solution $A(\lambda)$ en fonction du temps, à une longueur d'onde λ pour laquelle C et B ont des coefficients d'extinction molaire ε_C et ε_B.

1. En supposant la cinétique d'ordre 1, de constante de vitesse k, établir la relation entre $C = [C]$, C_0, k et t.

2. Remplir le tableau d'avancement volumique. Exprimer l'absorbance A à l'instant t en fonction de l'avancement volumique x et des ε_i. Exprimer les absorbances A_0 et A_∞ aux instants $t = 0$ et t_∞. En déduire l'expression de x/C_0 en fonction de A, A_0, A_∞. En déduire l'expression de C/C_0 en fonction de A, A_0 et A_∞.

3. Montrer que pour une cinétique d'ordre 1, $Y = \ln\left(\dfrac{A_0 - A_\infty}{A - A_\infty}\right)$ est une fonction linéaire du temps. Le tableau indique les valeurs de Y en fonction du temps, pour la réaction

t(min)	0	10	30	130
Y	0	0,06	0,183	0,791

Montrer que ces résultats sont en accord avec une cinétique d'ordre 1 et calculer la constante de vitesse.

1. On suppose la réaction d'ordre 1. On a donc $[C](t) = C_0 e^{-kt}$.

2. À l'instant initial, l'absorbance est donnée, en appliquant la formule de Beer-Lambert, par $A_0 = \varepsilon_C l C_0$ et à t_∞, on a $A_\infty = \varepsilon_B l C_0$.

À un instant t quelconque, on a : $A(t) = C_0 l\left(\varepsilon_B \dfrac{x}{C_0} + \varepsilon_C(1 - x/C_0)\right)$.

On en déduit alors : $\dfrac{x}{C_0} = \dfrac{A - A_0}{A_\infty - A_0}$ et $\dfrac{C}{C_0} = \dfrac{A_\infty - A}{A_\infty - A_0}$.

3. On $\dfrac{C}{C_0} = e^{-kt}$ soit $Y = \ln\left(\dfrac{A_0 - A_\infty}{A - A_\infty}\right) = kt$. À l'aide d'une calculatrice, on trouve $k = 0{,}006\ \text{min}^{-1}$ et $r^2 = 0{,}99999$. L'hypothèse d'un ordre 1 est bien vérifiée.

9.4.2 Par conductimétrie

On mesure la conductivité σ d'une solution qui contient des électrolytes. D'après la loi de Kohlrausch, on a $\sigma = \sum_i \lambda_i C_i$ avec λ_i conductivité molaire ionique de l'espèce i.

✍ Le chlorure de tertiobutyle (CTB) s'hydrolyse suivant la réaction
$2\,H_2O + (CH_3)_3CCl = (CH_3)_3COH + H_3O^+ + Cl^-$.

• Aspect cinétique

✍ En supposant la cinétique d'ordre 1, de constante de vitesse k, établir la relation entre $C = [(CH_3)_3CCl]$, C_0, k et t.

On a, par définition de la vitesse de réaction $\frac{dC}{dt} = -kC$ soit $C = C_0 e^{-kt}$.

• Aspect conductimétrique

✍ Remplir le tableau d'avancement volumique. Exprimer la conductivité σ à l'instant t en fonction de l'avancement volumique x et des λ_i. Exprimer les conductivités σ_0 et σ_∞ aux instants $t = 0$ et t_∞. En déduire l'expression de C/C_0 en fonction de σ et σ_∞.

On a le tableau suivant :

$2\,H_2O$	+	CTB	=	$(CH_3)_3COH$	+	H_3O^+	+	Cl^-
/		C_0		0		0		0
/		$C_0 - x$		x		x		x

On a $\sigma = (\lambda_{H_3O^+} + \lambda_{Cl^-})x$, $\sigma_0 = 0$ et $\sigma_\infty = (\lambda_{H_3O^+} + \lambda_{Cl^-})C_0$. Au final, on a $\frac{C}{C_0} = \frac{\sigma_\infty - \sigma}{\sigma_\infty} = e^{-kt}$.

• Lien entre la conductimétrie et la cinétique ; linéarisation des résultats expérimentaux

✍ On pose $Y = \ln\left(\dfrac{\sigma_\infty - \sigma}{\sigma_\infty}\right)$, les résultats expérimentaux sont les suivants :

t(s)	0	29	60	80	100	120
Y	0	-0,34	- 0,66	- 0,89	-1,13	-1,33

Vérifier que la cinétique est d'ordre 1. En déduire la constante de vitesse k en précisant son unité.

D'après les résultats précédents, on obtient : $Y = -kt$.
À la calculatrice, la régression linéaire nous donne $k = 0,0111\ \mathrm{s}^{-1}$, $b = -0,005$ et $r^2 = 0,9995$: l'hypothèse d'un ordre 1 est bien validée.

9.4.3 Par titrage

On dose une des espèces chimiques présente dans la réaction : soit un réactif restant à l'instant t, soit un produit formé à l'instant t, par une autre réaction chimique de dosage. Celle-ci peut être acido-basique, d'oxydo-réduction, de précipitation ou de complexation.

L'inconvénient de la méthode est qu'elle nécessite plusieurs échantillons car le dosage élimine un constituant et modifie donc l'évolution ultérieure de la réaction. Elle nécessite donc des quantités importantes de réactifs.

La réaction de dosage doit être très rapide pour rendre compte de la situation exacte à l'instant t. Il peut être nécessaire d'effectuer une trempe du système à doser.

✍ On étudie la saponification de l'acétate d'éthyle suivant l'équation-bilan $CH_3CO_2C_3H_5 + HO^- = C_2H_5OH + CH_3CO_2^-$.
Cette réaction est d'ordre 1 par rapport à chacun des réactifs. Dans un mélange stœchiométrique où chacun des réactifs a une concentration initiale de 0,02 mol/L, on suit le déroulement de la réaction par dosage acido-basique. Au bout de 20 min, on prélève 100 cm^3 de solution qu'on dilue dans de l'eau froide et on dose la soude restante par une solution d'acide chlorhydrique à 0.1 mol/L, l'équivalence est obtenue pour 6,15 cm^3. On cherche à calculer la constante de vitesse de la réaction.

• Aspect titrage

✍ Écrire la réaction de dosage des ions H_3O^+ par les ions HO^-. Cette réaction est-elle quantitative (totale) ? Définir l'équivalence. Calculer la concentration C en HO^- à l'instant $t = 20$ min.

La réaction de dosage est la suivante : $H_3O^+_{(aq)} + HO^-_{(aq)} = 2H_2O_{(l)}$ de constante de réaction $K = 10^{14}$: la réaction est bien totale.
À l'équivalence, les réactifs sont introduits dans les proportions stœchiométriques. On a donc $n_{HO^-} = n_{H_3O^+}$ soit
$C = \dfrac{0,1 \times 6,15}{100} = 6,15 \times 10^{-3}$ mol/L.

• Aspect cinétique

✍ Cette réaction est d'ordre 1 par rapport à chacun des réactifs et les réactifs sont introduits dans les proportions stœchiométriques, donner la relation entre C, C_0 et t.

Si cette réaction est d'ordre 1 par rapport à chacun des réactifs, on a :

$v = k[HO^-][CH_3CO_2C_3H_5] = k[HO^-]^2$ car les réactifs sont introduits dans les proportions stœchiométriques.
On a alors : $\dfrac{1}{C} - \dfrac{1}{C_0} = kt$.

• Lien entre le titrage et la cinétique

✍ Calculer la constante cinétique k en précisant son unité.

On en déduit alors la valeur de k : $k = 5,63\ \mathrm{L \cdot mol^{-1} \cdot min^{-1}}$.

9.4.4 Par pressiométrie

Cette méthode concerne la phase gaz et n'est possible que si la somme des coefficients stœchiométriques des constituants en phase gaz est différente de zéro : $\sum_i \nu_{i,\text{gaz}} \neq 0$. On a alors :

$$\frac{\mathrm{d}P}{\mathrm{d}t} = \frac{RT}{V} \sum_i \nu_{i,\text{gaz}} \frac{\mathrm{d}\xi}{\mathrm{d}t}.$$

✍ Vers 280°.C, le chlorure de sulfuryle se dissocie suivant l'équation-bilan $SO_2Cl_{2(g)} \longrightarrow SO_{2(g)} + Cl_{2(g)}$.
À cette température, tous les corps sont gazeux et seront assimilés à des gaz parfaits. Dans un récipient de volume constant, parfaitement vide, on introduit du chlorure de sulfuryle et on porte le tout à 280°C. L'évolution de la réaction est suivie par la mesure des pressions à l'intérieur du récipient. On obtient les résultats suivants :

t(min)	60	120	180	240	∞
P(mm Hg)	356	404	442	472	594

1. Établir pour une cinétique d'ordre 1 la relation entre les concentrations en SO_2Cl_2 à t et à $t = 0$.
2. Remplir le tableau d'avancement de réaction en introduisant une colonne supplémentaire où on fera figurer le nombre total de moles de gaz. On utilisera comme paramètre le coefficient de dissociation $\alpha = \xi / n_0$.

1. On a, pour une cinétique d'ordre un, $v = -\frac{\mathrm{d}[SO_2Cl_2]}{\mathrm{d}t} = k[SO_2Cl_2]$ soit par intégration de cette équation différentielle : $[SO_2Cl_2](t) = C_0 \mathrm{e}^{-kt}$.

2. On a le tableau d'avancement suivant :

	$SO_2Cl_{2(g)}$	=	$SO_{2(g)}$	+	$Cl_{2(g)}$	$n_{\text{total},g}$
$t = 0$	n_0		0		0	n_0
t	$n_0 - \xi$		ξ		ξ	$n_0 + \xi$
t	$n_0(1-\alpha)$		αn_0		αn_0	$n_0(1+\alpha)$

✍ Exprimer la pression finale P_∞ en fonction de la pression initiale P_0.
Exprimer la pression P à la date t, en fonction de P_0 et du coefficient de dissociation α. En déduire α en fonction de P et P_0.
Exprimer la pression partielle en SO_2Cl_2 à la date t en fonction de P et P_0. Quelle est sa valeur à $t = 0$?
Montrer que les résultats du tableau correspondent à une cinétique d'ordre 1. Calculer la constante de vitesse.

On a, en utilisant le tableau précédent : $P_\infty = 2P_0$.
On a $P(t) = n_0(1+\alpha)\dfrac{RT}{V} = (1+\alpha)P_0$ soit $\alpha = \dfrac{P-P_0}{P_0}$.
$P_{SO_2Cl_2} = (1-\alpha)P_0 = \dfrac{2P_0 - P}{P_0}P_0 = P_0\mathrm{e}^{-kt}$. À $t = 0$, on a $P = P_0$. Si on trace $\ln(2P_0 - P) = f(t)$, alors on doit obtenir une droite : on a $k = 3,7 \times 10^{-3}$ min^{-1} et le coefficient de corrélation est $r^2 = 0,9998$.

9.4.5 Détermination de l'ordre : bilan

On peut donc utiliser :
- la méthode de dégénerescence de l'ordre ou méthode d'Ostwald ;
- la méthode des mélanges stœchiométriques pour avoir accès à l'ordre global ;
- la méthode différentielle pour avoir accès à l'ordre total ;
- la méthode du temps de demi-réaction ;
- la méthode essai/erreur par intégration de l'équation différentielle et confrontation aux résultats expérimentaux.

✎ Rappeler l'expression de $\tau_{1/2}$ pour les ordres 0, 1 et 2.

Pour l'ordre 0, on a $\tau_{1/2} = \dfrac{[A]_0}{2k}$.
Pour un ordre 1, on a $\tau_{1/2} = \dfrac{\ln(2)}{k}$ et pour un ordre 2, on a $\tau_{1/2} = \dfrac{1}{[A]_0 k}$.

9.5 Mécanismes réactionnels

9.5.1 Actes ou étapes élémentaires

C'est LA réaction au niveau moléculaire, c'est elle qui traduit les chocs efficaces qui ont lieu.

Les coefficients stœchiométriques sont obligatoirement des entiers.

Pour un acte élémentaire, ce n'est pas possible de multiplier par 2 tous les coefficients comme dans une équation-bilan.

On définit la molécularité comme le nombre d'entités chimiques intervenant dans l'acte élémentaire, ici, égal aux coefficients stœchiométriques. La molécularité est le plus souvent égale à 2, rarement à 3 et jamais à d'autres valeurs supérieures.

On définit un mécanisme réactionnel comme une suite d'actes élémentaires.

Pour les actes élémentaires, on utilise toujours des flèches (→), le signe = est réservé aux équation-bilans, au niveau macroscopique.

9.5.2 Vitesse d'un acte élémentaire

Pour un acte élémentaire, l'ordre partiel par rapport à chacun des réactifs est égal au coefficient stœchiométrique de ce dernier. L'ordre total est égal à la molécularité. C'est la loi de Van't Hoff.

Exemple : $HO^- + C_2H_5Br \longrightarrow C_2H_5OH + Br^-$.
On a alors $v = k[HO^-][C_2H_5Br]$.

9.5.3 Intermédiaire réactionnel

Ce sont des espèces chimiques qui ne sont ni des réactifs ni des produits et qui ne figurent donc pas dans l'équation-bilan.

Ce sont des espèces très instables, leur temps de vie est très court et on peut donc leur appliquer le principe de Bodenstein ou l'AEQS : $\dfrac{\mathrm{d}[X]}{\mathrm{d}t} \approx 0$.

En phase gazeuse, ce sont les radicaux libres notés $X^\bullet$ avec, au moins, un électron célibataire. La présence de cet électron célibataire est noté par un •.

Les radicaux sont obtenus par rupture d'une liaison de covalence lorsque le partage du doublet électronique entre les partenaires qui se séparent est équitable. Ce partage est représenté par des flèches courbes à demi-pointes.

$$A{-}B \longrightarrow A^\cdot + B^\cdot$$

La rupture est obtenue par chauffage (thermolyse) ou par absorption d'un photon (photolyse).

Ces radicaux sont neutres !

Exemple : le chlore a 17 électrons donc 1 célibataire...

9.6 Étude de quelques mécanismes

9.6.1 En séquence ouverte ou par stades

> C'est, par définition, une suite d'actes élémentaires se déroulant toujours dans le même ordre, dans lesquels tout intermédiaire réactionnel formé dans une étape est consommé dans une étape ultérieure et n'est pas régénéré.

Une combinaison linéaire (le plus souvent la somme) des actes élémentaires permet de trouver le bilan réactionnel.
La non régénération des IR implique que la succession des actes élémentaires ne forme pas de boucles réactionnelles d'où l'expression de réaction en séquence ouverte.

Exemple : décomposition thermique de N_2O_5

La réaction suivante : $N_2O_{5(g)} \rightarrow 2\ NO^\bullet_{2(g)} + \frac{1}{2}\ O_{2(g)}$ admet un ordre 1 par rapport à N_2O_5.
On propose alors le mécanisme suivant :

$$N_2O_{5(g)} \underset{k_{-1}}{\overset{k_1}{\rightleftharpoons}} NO_2^\bullet + NO_3^\bullet$$

$NO_2^\bullet + NO_3^\bullet \xrightarrow{k_2} NO^\bullet + O_2 + NO_2^\bullet$

$NO^\bullet + N_2O_5 \xrightarrow{k_3} 3\,NO_2^\bullet$

✎ Exprimer la vitesse de disparition de N_2O_5.

Les intermédiaires réactionnels sont $NO_3^\bullet$ et $NO^\bullet$. On a alors les relations suivantes entre les vitesses $v_2 = v_3$ et $v_1 = v_{-1} + v_2$. En exprimant celles-ci avec la loi de Van't Hoff, on a

$$\begin{cases} k_3[N_2O_5][NO^\bullet] = k_2[NO_2^\bullet][NO_3^\bullet] \\ k_1[N_2O_5] = (k_{-1} + k_2)[NO_2^\bullet][NO_3^\bullet] \end{cases}$$

On a alors :

$$\begin{aligned} v = -\frac{[N_2O_5]}{dt} &= k_1[N_2O_5] + k_3[NO^\bullet][N_2O_5] - k_{-1}[NO_2^\bullet][NO_3^\bullet] \\ &= k_1[N_2O_5] + (-k_{-1} + k_2)[NO_2^\bullet][NO_3^\bullet] \end{aligned}$$

On en déduit

$$v = \left(k_1 + \frac{k_1(k_2 - k_{-1})}{(k_2 + k_{-1})}\right)[N_2O_5]$$

soit

$$\boxed{v = \frac{2k_1k_2}{k_2 + k_{-1}}[N_2O_5]}.$$

9.6.2 En séquence fermée ou en chaîne

C'est une suite d'actes élémentaires dépendant les uns des autres. Certains intermédiaires réactionnels sont créés, détruits puis régénérés ce qui permet la répétition cyclique d'un ensemble de quelques étapes, appelé maillon de la chaîne.

Exemple : synthèse de HBr

Expérimentalement, la réaction $H_{2(g)} + Br_{2(g)} = 2\ HBr_{(g)}$ n'admet pas d'ordre courant mais un ordre initial : $v_0 = k[H_2][Br_2]^{1/2}$.
On propose le mécanisme suivant :
$M + Br_2 \xrightarrow{k_1} 2\ Br^\bullet + M$ avec M, partenaire de choc (1)
$Br^\bullet + H_2 \xrightarrow{k_2} HBr + H^\bullet$ (2)
$H^\bullet + Br_2 \xrightarrow{k_3} HBr + Br^\bullet$ (3)
$H^\bullet + HBr \xrightarrow{k_4} H_2 + Br^\bullet$ (4)
$2\ Br^\bullet + M \xrightarrow{k_5} Br_2 + M$ (5)

Initiation : phase au cours de laquelle les centres actifs sont créés (1).
Propagation : phase au cours de laquelle des centres actifs sont consommés et d'autres sont créés (2) et (3).
Inhibition : dans les phases 2 et 3, HBr est formé alors que dans 4, HBr est consommé. 4 n'est pas une réaction de propagation, mais une réaction d'inhibition (4).
Boucle réactionnelle : L'ensemble des réactions 2 et 3 se répète un grand nombre de fois indépendamment de 1. Il s'agit d'une boucle réactionnelle ou séquence fermée dont le bilan correspond au bilan macroscopique de la réaction $H_2 + Br_2 = HBr$.
Terminaison : phase au cours de laquelle les centres actifs sont annihilés[1] (5).

✎ Exprimer la vitesse d'apparition du bromure d'hydrogène. Vérifier les constatations expérimentales.

On applique l'*AEQS* aux intermédiaires réactionnels, on a avec $H^\bullet$: $v_2 = v_3 + v_4$.

Avec $Br^\bullet$, $2v_1 - v_2 + v_3 + v_4 - 2v_5 = 0$ soit en combinant les deux relations $v_1 = v_5$ soit $[Br^\bullet] = \sqrt{\dfrac{k_1[Br_2]}{k_5}}$.

On a $\dfrac{d[HBr]}{dt} = v_2 + v_3 - v_4 = 2v_3 = 2k_3[H^\bullet][Br_2]$. Or, $v_2 = k_2[Br^\bullet][H_2] = v_3 + v_4 = (k_3[Br_2] + k_4[HBr])[H^\bullet]$. On a donc

1. Détruits

$\frac{d[HBr]}{dt} = 2[Br_2]\frac{k_2[H_2]}{k_3[Br_2] + k_4[HBr]}\sqrt{\frac{k_1}{k_5}[Br_2]}$ Cette réaction n'admet pas d'ordre. Par contre, au voisinage de $t = 0$, on a $[HBr] \approx 0$ soit $v = 2\frac{k_2[H_2]}{k_3}\sqrt{\frac{k_1}{k_5}[Br_2]}$. La réaction admet un ordre initial.

⚠ *Pour différentier les deux types de mécanismes, l'équation-bilan est obtenue en effectuant l'addition des seules étapes de propagation pour un mécanisme en séquence fermée et en sommant toutes les étapes pour un mécanisme en séquence ouverte.*

Annexe E

Cinétique Chimique

E.1 Histoire

Friedrich Wilhelm Ostwald (2 septembre 1853 à Riga, Lettonie, Empire russe - 4 avril 1932 à Grossbothen, Allemagne) est un chimiste germano-balte. Il a notamment reçu le prix Nobel de chimie de 1909 "en reconnaissance de ses travaux sur la catalyse et pour ses recherches touchant les principes fondamentaux gouvernant l'équilibre chimique et les vitesses de réaction".
Il est aussi connu pour ses travaux sur la théorie de la dilution qui débouchèrent notamment sur la loi de la dilution qui porte son nom.

Svante August Arrhenius (19 février 1859 à Vik, Suède - 2 octobre 1927 à Stockholm) est un chimiste suédois, pionnier dans de nombreux domaines. Il reçoit le prix Nobel de chimie en 1903. En 1883, il publie un mémoire de 150 pages intitulé Recherches sur la conductibilité galvanique des électrolytes qui annonce sa théorie de la dissociation, laquelle lui permet d'obtenir son diplôme de doctorat en 1884. Sa soutenance de doctorat n'impressionne pas du tout ses professeurs qui lui accordent son doctorat, mais avec la note la plus basse possible. Ce même travail lui vaudra plus tard le prix Nobel de chimie de 1903 "en reconnaissance des services extraordinaires qu'il a rendus à l'avancement de la chimie par sa théorie sur la dissociation électrolytique".

Arrhénius a envoyé des copies de sa thèse à divers scientifiques européens qui œuvraient à de nouvelles approches de la chimie physique, comme Rudolf Clausius, Wilhelm Ostwald, et J. H. Van't Hoff. Ces derniers ont été beaucoup plus impressionnés que les professeurs d'Arrhénius et W. Ostwald est même venu à Uppsala rencontrer Arrhénius pour le persuader de se joindre à son équipe de recherche, invitation qu'Arrhénius a déclinée, préférant rester en Suède, probablement parce qu'il avait un poste à Uppsala, et aussi pour s'occuper de son père qui était gravement malade (celui-ci meurt en 1885).

Jacobus Henricus Van't Hoff (30 août 1852 à Rotterdam - 1er mars 1911 à Steglitz, Allemagne) est un chimiste néerlandais. Il a reçu le premier prix Nobel de chimie en 1901. Ses principaux travaux de recherche en chimie théorique et physique ont concerné les fondements de la représentation et de la modélisation stéréochimique des formes moléculaires dans l'espace, l'écriture et la modélisation des réactions en prenant systématiquement en compte les données thermodynamiques et l'aspect des corps chimiques, la caractérisation des équilibres chimiques et des vitesses de réaction. Il a expliqué la pression osmotique par la modélisation des solutions salines. Ce pionnier d'une chimie théorique rigoureuse a contribué à la création de la chimie physique telle que nous la connaissons aujourd'hui.

E.2 Webographie

Description microscopique de la réaction chimique :
http://gilbert.gastebois.pagesperso-orange.fr/java/cinetique/cinetique.htm

Influence de la température :
http://www.spc.ac-aix-marseille.fr/phy_chi/Menu/Activites_pedagogiques/livre_interactif_chimie/12_Suivi_temporel/Chocs_efficaces.swf

Influence de la concentration :
http://www.spc.ac-aix-marseille.fr/phy_chi/Menu/Activites_pedagogiques/livre_interactif_chimie/12_Suivi_temporel/Chocs_efficaces_2.swf

Chapitre 10

Cristallographie

Certains solides ont un arrangement bien précis, mis en évidence expérimentalement par diffraction de rayons X (diffraction de Bragg) : on parle alors de solide cristallin (à distinguer du solide amorphe).
Le but de ce cours est d'étudier le modèle du cristal parfait, état d'ordre absolu (l'organisation du cristal est parfaitement régulière et la connaissance d'une partie du réseau permet d'obtenir tout le cristal en 3 D).

10.1 Notions de cristallographie

10.1.1 Différents types de cristaux

On classe les cristaux suivant la nature de la liaison chimique qui assure leur cohésion :
- métalliques : Fe ;
- ioniques : NaCl ;
- covalents : C, Si ;
- moléculaires : glace, dioxyde de carbone.

De plus, lorsqu'un corps pur existe sous plusieurs formes cristallines (Fe_α, Fe_β...), on parle de variétés allotropiques.

10.1.2 Définitions

a. Le motif : il est constitué de la plus petite entité chimique discernable qui se reproduit à l'intérieur du cristal et qui se répète périodiquement dans les

trois directions de l'espace.
Il est, en général, égal à la formule chimique du cristal.

b. Le réseau : le réseau permet de décrire la périodicité d'une structure cristalline, c'est le support géométrique possédant les mêmes propriétés de symétrie que le cristal. En 3D, on a besoin de trois vecteurs et de trois longueurs :

$$\vec{t} = m\vec{a} + n\vec{b} + p\vec{c}.$$

Le cristal est parfaitement défini par la donnée du réseau et du motif.

c. La maille : unité de base à partir de laquelle on peut engendrer tout le cristal en faisant subir des translations suivant $\vec{a}$, $\vec{b}$, $\vec{c}$.

d. Le nœud : on remplace les différentes entités par des points appelés nœuds (un point quelconque du réseau de coordonnées ma, nb, pc est nœud du réseau de coordonnées (m, n, p)). L'arrangement des nœuds donne le réseau.

10.2 Empilements de sphères rigides

Dans la suite du cours, les atomes sont assimilables à des sphères dures de rayon r. On étudie les structures compactes, celles où les sphères s'assemblent de manière à occuper un volume minimal.

10.2.1 Empilements compacts

On a deux possibilités pour faire un empilement compact de sphères :
- type AB AB qui correspond à la structure Hexagonale Compacte (hc) ;
- type ABC ABC qui correspond à la structure Cubique Face Centrée (cfc), les sphères de la troisième couche se placent dans les cavités projetées en C.

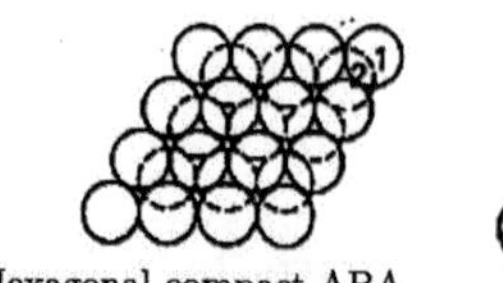

Hexagonal compact ABA

Cubique à faces centrées ABC

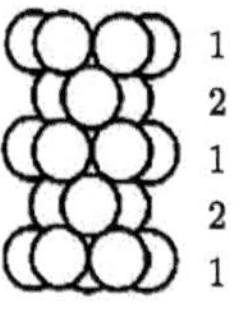

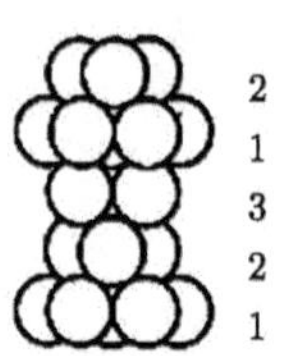

∗ D'après ups toulouse.fr

Structure Hexagonale Compacte

Elle est décrite par un prisme droit à base losange.

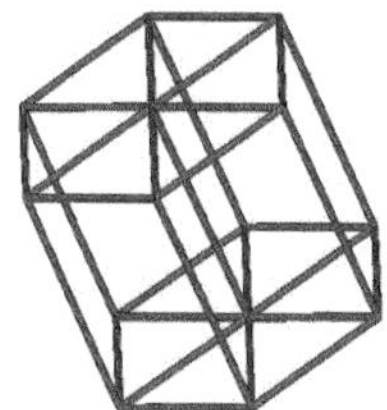 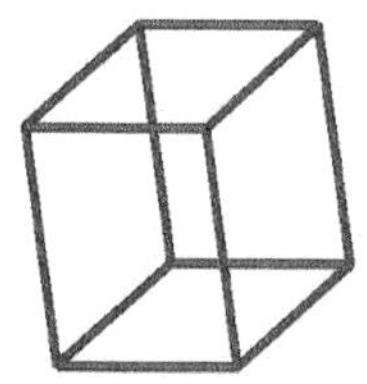 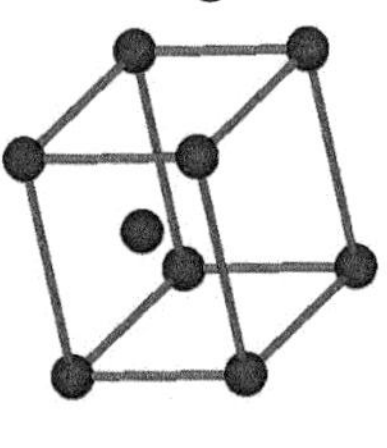 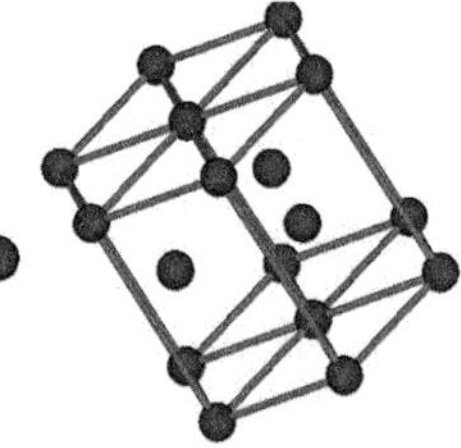

Pour cette maille, on a 1 atome au centre qui appartient en propre à la maille et $8 \times \frac{1}{8}$ atomes (qui sont communs à 4 losanges d'un même plan) : on a 2 atomes par maille.

On définit la coordinence comme le nombre d'atomes plus proches voisins d'une particule donnée. Elle est souvent notée entre crochets [ ].

✎ Quelle est la coordinence de cette structure ?

La coordinence est de [12].

✎ Quelle est la condition de contact entre les sphères ?

On a contact entre les sphères sur les côtés de l'hexagone et suivant la hauteur. On a donc $a = 2r$ et $c = 2h$ avec $h = \sqrt{\frac{2}{3}}a$, hauteur du tétraèdre de côté a.

On définit la compacité C comme étant le rapport du volume réellement occupé par les atomes sur le volume de la maille.

✎ Quelle est la compacité de cette structure ?

On a, par définition

$$C = \frac{2 \times \frac{4\pi}{3} r^3}{a \times \frac{a\sqrt{3}}{2} \times c} = \frac{\pi a^3}{3a^2 \frac{\sqrt{3}}{2} 2\sqrt{\frac{2}{3}} a} = \frac{\pi}{3\sqrt{2}} = 0,74.$$

Ce résultat est la compacité maximale que l'on puisse avoir (d'où le nom d'empilement compact).

✍ Le magnésium cristallise dans cette structure. Calculer sa masse volumique et sa densité. $M(\text{Mg}) = 24,3$ g/mol et $a = 0,32$ nm.

Par définition, la masse volumique est donnée par : $\rho = \frac{m}{V} = \frac{2M}{N_A a^2 \frac{\sqrt{3}}{2} 2\sqrt{\frac{2}{3}} a} = \frac{2M}{N_A a^3 \sqrt{2}}$ soit $\rho = 1,7 \times 10^3$ kg·m^{-3}. La densité est donc $d = 1,7$.

Structure Cubique Face Centrée

On a les mailles suivantes :

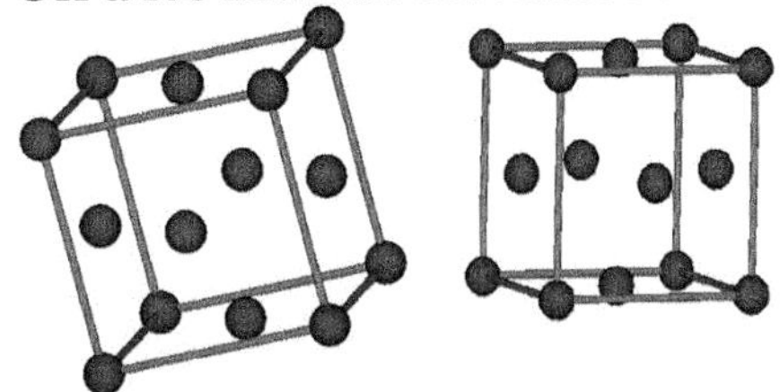

✎ Combien la maille contient-elle d'atomes ?

La maille contient 8 sommets qui appartiennent pour 1/8 à la maille et 6 atomes sur les faces qui appartiennent pour 1/2 à la maille. On a donc $8 \times \frac{1}{8} + 6 \times \frac{1}{2} = 4$,

soit **Structure cfc : 4 atomes par maille.**

✎ Quelle est la coordinence ?

La coordinence est de [12].

✎ Quelle est la condition de contact ?

La condition de contact est suivant la diagonale d'une face du cube : on a $4r = a\sqrt{2}$.

✎ Calculer la compacité de cette structure.

Pour la compacité, on a $C = \dfrac{4 \times \frac{4}{3}\pi r^3}{a^3} = \dfrac{\pi}{3\sqrt{2}} = 0,74$.

✍ Calculer a le paramètre de maille à partir de $M(\text{Al}) = 27 \times 10^{-3}$ kg/mol, $\rho(\text{Al}) = 2,7 \times 10^3$ kg·m^{-3} et $N_A = 6,02 \times 10^{23}$ mol^{-1}.

On sait que $\rho = \dfrac{4M}{N_A a^3}$ soit $a = \left(\dfrac{4M}{N_A \rho}\right)^{1/3}$ soit $a = 40$ nm.

10.2.2 Empilements non compacts

Structure Cubique Centrée

On a la maille suivante : 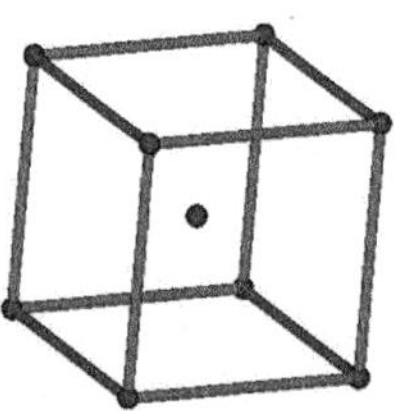

✎ Combien la maille contient-elle d'atomes ?

La maille contient $1 + 8 \times \dfrac{1}{8} = 2$ atomes.

soit **2 atomes par maille pour la structure CC**.

✎ Quelle est la coordinence ?

La coordinence est de [8].

✎ Quelle est la condition de contact dans cette structure ?

On a contact suivant la diagonale du cube soit $4r = a\sqrt{3}$.

✎ Calculer la compacité de cette structure.

La compacité est donnée par $C = \dfrac{2 \times \frac{4}{3}\pi r^3}{a^3} = \dfrac{\pi\sqrt{3}}{8} = 0,68$.

Cette compacité est inférieure à $0,74$, c'est pour cela qu'on parle d'empilement non compact ou pseudo-compact pour la structure cubique centrée.

10.3 Existence de sites

On a vu dans les structures précédentes que la compacité maximale obtenue était de $0,74$ ce qui veut aussi dire qu'il y a 26% d'espace libre. Dans cet espace, on va pouvoir définir des cavités ou des sites dits d'insertion (à différentier des alliages de substitution).

On définit deux types de sites :
- octaédriques : cavités situées au centre d'un octaèdre régulier donc au contact de 6 atomes ;
- tétraédriques : cavités situées au centre d'un tétraèdre régulier donc au contact de 4 atomes.

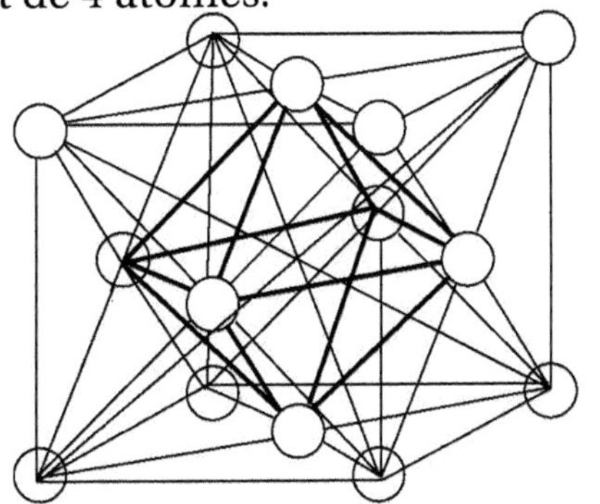

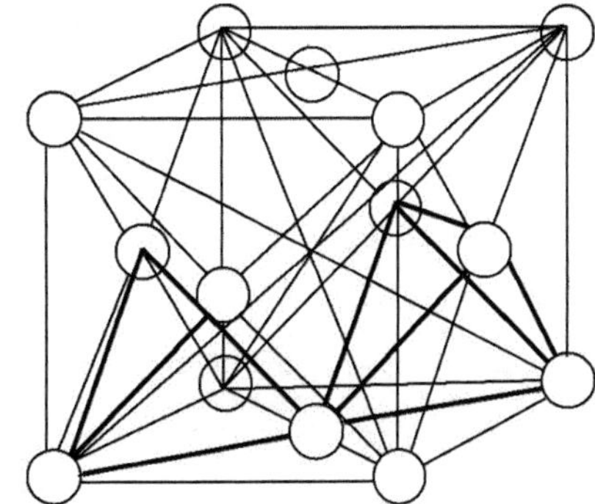

∗ D'après gfev.univ-tln.fr

✎ Où trouve-t-on des sites octaédriques ? Tétraédriques dans la structure ci-dessus ?

On trouve les sites octaédriques au centre du cube et par translation, au milieu de chaque arête. Pour les sites tétraédriques, il y en a un au centre de chaque tétraèdre de côté $a/2$.

10.3.1 Structure cfc

a. Sites octaédriques : il y en a 1 au centre de la maille et 1 au milieu de chaque arête soit, en propre, à chaque maille : **4 T.O./maille**.

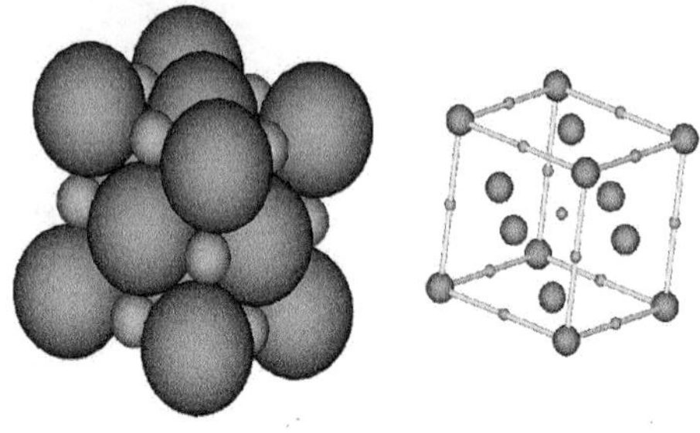

La taille maximale des atomes qu'on peut y insérer est telle qu'il y ait contact sur une arête. Appelons r_O ce rayon maximal.

✎ Montrer que $r_O = (\sqrt{2}-1)r = 0,414r$.

On a le système suivant $\begin{cases} 2r + 2r_O & = & a \\ a\sqrt{2} & = & 4r \end{cases}$ qui admet pour solution $r_O = (\sqrt{2}-1)r$.

b. Sites tétraédriques : ils sont situés au centre de 8 cubes élémentaires de côté $a/2$, ils sont donc au nombre de **8 TT par maille**.

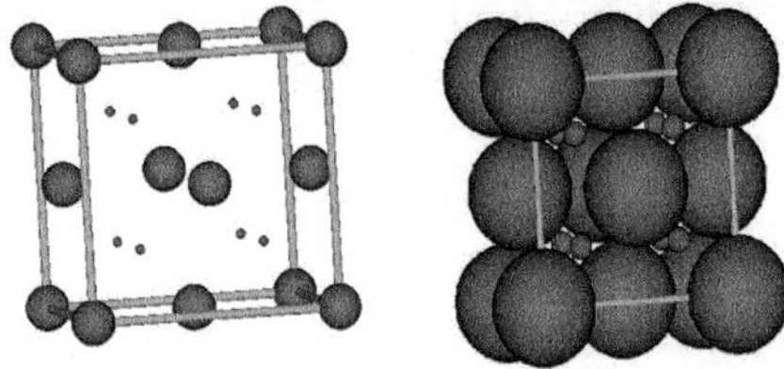

La taille maximale des atomes qu'on peut y insérer est telle qu'il y ait contact sur la diagonale du petit cube. Soit r_T cette taille maximale.

✎ Montrer que $r_T = (\sqrt{\frac{3}{2}} - 1)r = 0,225r$.

On a le système suivant $\begin{cases} 2r + 2r_T & = & \frac{a\sqrt{3}}{2} \\ a & = & 2\sqrt{2}r \end{cases}$ qui admet pour solution $r_T = (\sqrt{\frac{3}{2}} - 1)r$.

✍ Comparer r_O et r_T. Où peut-on loger les atomes les plus gros ?

On a $r_O > r_T$: les atomes les plus gros vont aller occuper les sites octaédriques.

10.3.2 Structure hc

a. Sites octaédriques : 1 est situé à $(c/4)$ et 1 autre à $(3c/4)$: **2 TO par maille**.

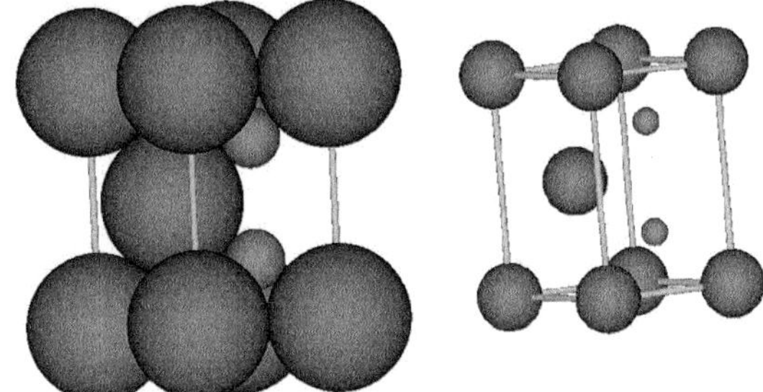

b. Sites tétraédriques : ils sont situés sur les 4 côtés à $3c/8$ et $5c/8$ et 2 à $(c/8)$ et $(7c/8)$ (à la verticale de l'atome compris dans la maille) soit $8 \times \frac{1}{4} + 2 = 4$ sites par maille soit **4 TT par maille**.

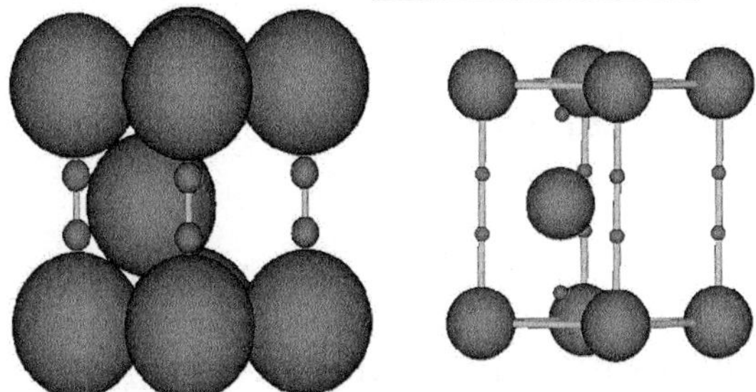

Pour la structure cc, il existe des sites mais les tétraèdres et octaèdres formés ne sont plus réguliers (TO au centre des faces et milieu des arêtes et TT sur les médiatrices des arêtes de chaque face).

Quelques animations :
`http://www.sciences.univ-nantes.fr/sites/genevieve_tulloue/Cristallo/Sites/site_tetra.html`
`http://www.sciences.univ-nantes.fr/sites/genevieve_tulloue/Cristallo/Sites/site_octa.html`

10.4 Les principaux types de cristaux

10.4.1 Cristal métallique

La majorité des éléments chimiques sous la pression standard de 1 bar et à la température de 298 K sont dans l'état métallique (68 éléments sur 91).
Les différentes propriétés de l'état métallique sont :
- mécaniques : ductiles (apte au filage et au laminage), malléable (déformation sans rupture), tenaces (résistance mécanique aux déformations), masse volumique ρ entre 530 et 22 600 kg/m^3 (osmium) ;
- optiques : réflexion métallique ;
- électriques : grande conductivité électrique, thermique (et émettent des électrons par effet photoélectrique) ;
- chimiques : énergie d'ionisation faible, généralement réducteurs.

Ces propriétés s'expliquent grâce au modèle de Drüde-Lorentz de la liaison métallique : les électrons externes ne sont pas liés à un atome mais peuvent se déplacer sur toute la structure, on parle de gaz d'électrons ou de mer d'électrons.
La liaison métallique est une liaison forte, délocalisée.

Ils cristallisent dans les trois systèmes structuraux vus précédemment :
- cfc : Al, Ni, Pd, Cu, Ag ;
- hc : Br, Mg, Zn ;
- cc : Li, Na, K, Rb, Cs.
Ils peuvent exister aussi sous différentes formes allotropiques.

10.4.2 Cristal ionique

Les différentes propriétés sont :
- mécaniques : ils sont fragiles et de dureté variables ;
- électriques : ils possèdent une très faible conductivité électrique, les ions peuvent se déplacer très lentement sous très forte tension ;
- chimiques : ils sont solubles dans les liquides polaires comme l'eau ;
- thermiques : leur température de fusion est élevée et leur dilatation faible.

L'arrangement dans l'espace $\begin{pmatrix} \oplus & \ominus & \oplus & \ominus \\ \ominus & \oplus & \ominus & \oplus \end{pmatrix}$ explique la faible cohésion car s'il y a glissement, on a deux anions au contact....La liaison est de nature électrostatique.

a. Structure de type CsCl :

L'élément césium forme un réseau cubique simple et on a 1 élément chlore au centre.
La coordinence est définie soit de l'anion par rapport au cation soit du cation par rapport à l'anion :
- Cl^-/Cs^+ : chaque anion chlorure est entouré de 8 ions césium : [8]
- Cs^+/Cl^- : chaque cation est entouré de 8 ions chlorure : [8]

On a aussi $r_- + r_+ = a\frac{\sqrt{3}}{2}$ mais il peut exister différents rapports $\frac{r_+}{r_-}$ dépendant des types de cristaux.

✍ Déterminer la masse volumique ρ de ce cristal. $M(\text{Cl}) = 35,5$ g/mol, $M(\text{Cs}) = 132,9$ g/mol et $a = 404$ pm.

On a $\rho = \dfrac{M(\text{Cl}) + M(\text{Na})}{N_A a^3} = 4,24 \times 10^3 \ \text{kg·m}^{-3}$.

b. Structure de type NaCl : Les ions chlorure forment un réseau cfc et les ions sodium sont dans les sites octaédriques.
La coordinence est :
- Cl^-/Na^+ : chaque anion chlorure est entouré de 6 ions sodium : [6] ;
- Na^+/Cl^- : chaque cation sodium est entouré de 6 ions chlorure : [6]

✎ Quel est le contenu d'une maille ? Quelle est la relation entre r_- , r_+ et a ?

On a 4 ions Cl^- par maille et 4 ions Na^+ par maille. On a contact suivant un côté du cube soit $a = 2r_+ + 2r_-$.

✍ Calculer le paramètre de maille a. $M(\text{Cl}) = 35{,}5$ g/mol et $M(\text{Na}) = 23$ g/mol, $\rho = 2167$ kg/m^3.

On a $a = \left(\dfrac{4(M(\text{Na}) + M(\text{Cl}))}{N_A \rho}\right)^{1/3}$ soit $a = 56$ nm.

c. Structure de type ZnS (blende) :

Les ions soufre forment un réseau cfc et les ions zinc (II) sont dans la moitié des sites tétraédriques.
La coordinence est :
- S^{2-} / Zn^{2+} : [4] ;
- Zn^{2+} / S^{2-} : [4].

On a aussi $r_+ + r_- = \dfrac{a\sqrt{3}}{4}$.

Le type de structure dans lequel va cristalliser un sel (coordinence [4], [6] ou [8]) va dépendre de la valeur du rapport r_+/r_-.

Structure de type CsCl: coordinence[8]

Contact mixte	$r_+ + r_- = a\frac{\sqrt{3}}{2}$	$r_-(1+\frac{r_+}{r_-}) = a\frac{\sqrt{3}}{2}$	$\frac{r_+}{r_-} = \frac{a}{r_-}\frac{\sqrt{3}}{2} - 1$
Non contact entre anions	$2r_- = a$	$\frac{a}{2r_-} > 1$	$\frac{r_+}{r_-} > \sqrt{3} - 1$

Structure de type NaCl: coordinence[6]

Contact mixte	$r_+ + r_- = \frac{a}{2}$	$r_-(1+\frac{r_+}{r_-}) = \frac{a}{2}$	$\frac{r_+}{r_-} = \frac{a}{2r_-} - 1$
Non contact entre anions	$2r_- < \frac{a}{\sqrt{2}}$	$\frac{a}{2r_-} > \sqrt{2}$	$\frac{r_+}{r_-} > \sqrt{2} - 1$

Structure de type ZnS: coordinence[4]

Contact mixte Non contact entre anions	$r_+ + r_- = a\frac{\sqrt{3}}{4}$ $2r_- < \frac{a}{\sqrt{2}}$	$r_-(1+\frac{r_+}{r_-}) = a\frac{\sqrt{3}}{2}$ $\frac{a}{2r_-} > \sqrt{2}$	$\frac{r_+}{r_-} = a\frac{\sqrt{3}}{4} - 1$ $\frac{r_+}{r_-} > \frac{\sqrt{3}}{2} - 1$

Résumé sur un diagramme en r^+/r^-

$\frac{\sqrt{3}}{2}-1$		$\sqrt{2}-1$		$\sqrt{3}-1$		→ $\frac{r_+}{r_-}$
	coordinence 4		coordinence 6		coordinence 8	

10.4.3 Cristal covalent

Ils sont moins fréquents que les cristaux ioniques ou métalliques.
D'un point de vue mécanique, ils ont une très grande dureté et une faible résistance à la déformation. Du point de vue électrique, ils sont soit des isolants soit des semi-conducteurs. Du point de vue chimique, ils ont une température de fusion très élevée.

a. Diamant
Chaque carbone tétravalent échange 4 liaisons de covalence localisées avec un autre atome de carbone. On obtient ainsi une macromolécule très stable (température de fusion de 3550 K).

Le diamant est un isolant électrique, les électrons sont localisés dans la liaison de covalence à la différence des métaux. Le silicium de même configuration externe que le carbone a la même structure ($\theta_F = 1413$ K).

∗ D'après faszinata.de

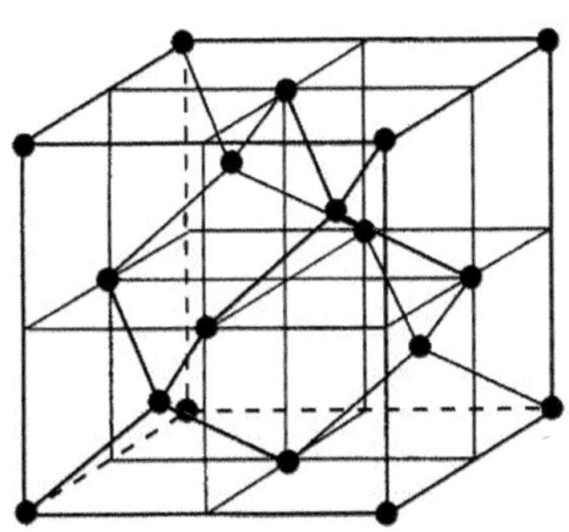

La distance entre 2 atomes de carbone est la même que dans les alcanes (de formule C_nH_{2n+2}) : $d_{C-C} = 154$ pm.

✍ En déduire le rayon atomique r du carbone tétragonal. Sur quelle direction y a-t-il cotangence des sphères ? En déduire le paramètre de maille a. Justifier l'éclatement de la structure cfc en montrant que les atomes ne sont plus cotangents sur la diagonale face du cube.

On a $d_{C-C} = 2r = 154$ pm soit $r = 77$ pm.

On a contact suivant la diagonale du petit cube de côté $a/2$ soit $4r = a\frac{\sqrt{3}}{2}$ soit $a = 356$ pm. Si la maille est cfc (compacte), alors on a contact suivant la diagonale du cube soit $4r = a\sqrt{2}$. Or, $4r = 308$ pm et $a\sqrt{2} = 503$ pm...il n'y a pas contact : la structure cfc est éclatée.

✍ Donner la coordinence et le contenu de la maille de diamant. Montrer que la compacité est $C = \frac{\pi\sqrt{3}}{16}$. Comparer à celle des structures métalliques compactes. Calculer la masse volumique du diamant.

La coordinence est de [4]. On a $8 \times \frac{1}{8} + 6 \times \frac{1}{2} + 4 = 8$ atomes par maille.

La compacité est donnée par $C = \frac{8 \times \frac{4\pi}{3} r^3}{a^3} = \frac{4\pi\sqrt{3}}{8^2} = \frac{\pi\sqrt{3}}{16} = 0,34$ qui est inférieur à $0,74$: la structure n'est pas compacte.

La masse volumique est donnée par $\rho = \frac{m}{V} = \frac{8M(C)}{N_A a^3} = 3,53 \times 10^3$ kg·m^{-3}.

b. Graphite

C'est une géométrie hexagonale en feuillet.

Les feuillets peuvent glisser les uns par rapport aux autres, d'où les propriétés lubrifiantes (huiles graphitiques). Le carbone graphite est conducteur d'électricité dans le plan des feuillets : les électrons sont délocalisés dans tout le plan du feuillet. Il n'y a pas de conduction électrique dans des directions perpendiculaires au plan des feuillets. Au final, c'est un faible conducteur.

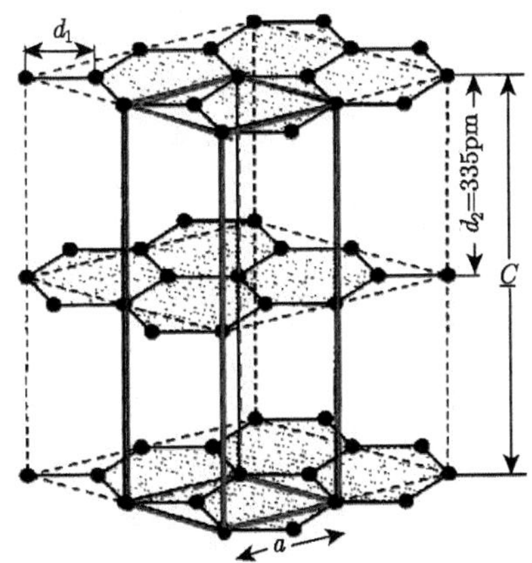

Les feuillets sont distants de $d_2 = 335$ pm $> d_1 = 142$ pm (longueur de liaison covalente).

✍ Calculer le rayon atomique r du carbone trigonal et la coordinence. Comparer à celui du carbone tétragonal du diamant. Calculer les paramètres a et c de la maille hexagonale dessinée en rouge sur la figure.

On a $d_1 = 2r$ soit $r = 71$ pm et la coordinence est de [3]. On remarque que le carbone n'a pas le même rayon, suivant la coordinence. On a $a = d_1\sqrt{3} = 246$ pm et $c = 2d_2 = 670$ pm.

✍ Contenu de la maille : en raisonnant sur la maille hexagonale indiquée sur la figure, déterminer le nombre d'atomes de carbone appartenant en propre à la maille.

On a $4 \times \frac{1}{4} + 8 \times \frac{1}{8} + 2 \times \frac{1}{2} = 4$ atomes par maille.

Il est utilisé dans les mines de crayon, dans les échangeurs de chaleur qui résistent à la corrosion.

10.4.4 Cristal moléculaire

Leurs propriétés sont d'un point de vue :

- mécanique : souvent fragiles, de faible dureté, la masse volumique est très souvent faible ;
- électrique : isolants ;
- thermique : le coefficient de dilatation est élevé et la température de fusion est le plus souvent faible.

Le modèle structural met en jeu les interactions de Van der Waals (interactions dipôle permanent-permanent, permanent-induit, induit-induit) qui sont faibles et les liaisons hydrogènes.

La liaison hydrogène qui est de nature électrostatique résulte de l'attraction entre la charge $+\delta e$ portée par l'hydrogène électropositif et les doublets non liants portés par l'oxygène de la molécule d'eau voisine.

$-\delta e$

O — H - - - - - - O (avec H)

d_1 $d_2 > d_1$

Cette liaison est beaucoup moins forte que la liaison covalente ($E_{O_H} \approx 25$ kJ/mol à comparer à la liaison O—H covalente $E_{\text{O—H},cov} \approx 500$ kJ/mol).

La liaison de Van der Waals en phase solide est une interaction attractive entre les électrons d'une molécule et les noyaux des molécules voisines.
Elle est beaucoup moins forte que la liaison hydrogène : E_{VdW} de 1 à 10 kJ/mol. Cette liaison est la seule qui intervient dans les cristaux sans hydrogène.

✍ Dans la colonne de l'oxygène, de tous les composés hydrogénés H_2O, H_2S, H_2Se, H_2Te, c'est l'eau qui a la température de fusion la plus élevée. Justifier ce résultat.

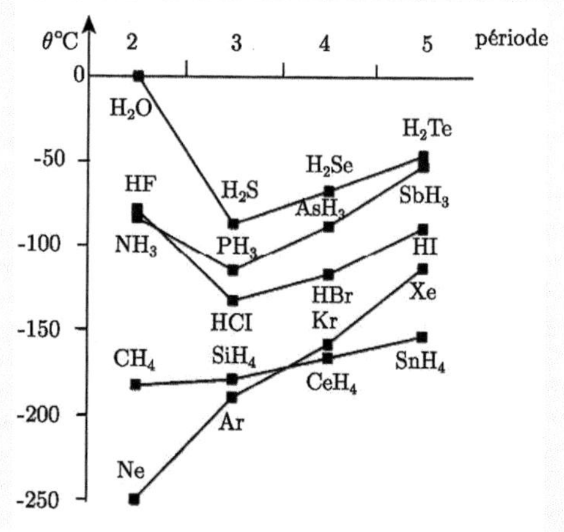

L'eau a la température de fusion la plus élevée car l'oxygène est l'élément le plus électronégatif : le moment dipolaire est le plus grand et donc les interactions sont les plus fortes entre les différentes molécules.

Exemple de la glace :

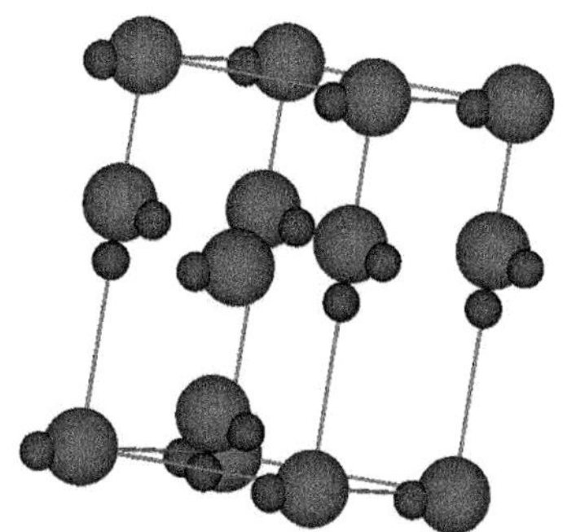

On a la structure suivante pour une variété de glace (IC : cubic ice) où les atomes d'oxygène occupent la place des atomes de carbone dans la structure diamant : $d_1 = 98$ pm correspondant à la liaison covalente O-H $d_2 = 177$ pm correspondant à la liaison dite « hydrogène » O-H.

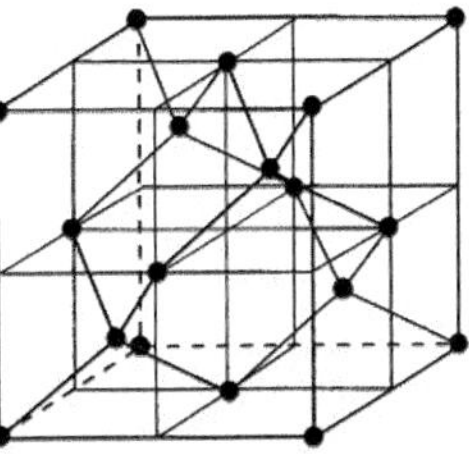

✍ En déduire le paramètre a de la maille cfc. Calculer le nombre de motifs H_2O par maille. En déduire la masse volumique puis la densité de la glace.

On a contact suivant la diagonale du petit cube soit $4r = a\frac{\sqrt{3}}{2}$ avec $2r = d_1 + d_2$. On a $a = \frac{4(d_1 + d_2)}{\sqrt{3}} = 635$ pm et on a alors $\rho = 9,3 \times 10^3$ kg/m^3.

On a, au final, une organisation en tétraèdre avec des liaisons OH d'où une masse volumique plus faible (931 kg/m^3) et une température de fusion élevée.

✍ Calculer le volume massique u_s de la glace et celui u_l de l'eau liquide. Application pratique : la formule de Clapeyron (formule qui seva vue dans le livre de thermodynamique au semestre 4) relie les volumes massiques, la chaleur latente de fusion L_{fus} et la pente de la courbe de fusion $\frac{\mathrm{d}P_f}{\mathrm{d}T}$:

$L_{fus} = T(u_l - u_s)\frac{\mathrm{d}P_f}{\mathrm{d}T}$. Que peut-on dire de cette pente ? Application ?

Le volume massique de la glace est donné par $u_s = \frac{1}{\rho} = 1,07 \times 10^{-3}$ $m^3 \cdot kg^{-1}$. On a $u_l = 1,00 \times 10^{-3}$ $m^3 \cdot kg^{-1}$.
Par application de la formule de Clapeyron, on trouve

$$L_{fus} = T(u_l - u_s)\frac{dP_f}{dT}.$$

Or, la chaleur latente de fusion est positive : la fusion libère de l'énergie. Or, comme $u_l - u_s$ est négatif, cela impose dP/dT négatif aussi : la température de fusion de la glace diminue quand la pression augmente.
Ceci est utilisé en escalade dans les crampons de chaussure ou sinon dans l'expérience du regel (cf livre de thermodynamique).

Récapitulatif

Assemblage	Cubique centré	Cubique à faces Centrées	Hexagonal Compact
Maille	cube d'arête a	cube d'arête a	prisme droit à base losange
Coordinence	8	12	12
Contact entre les particules (suivant)	les diagonales du cube $a\frac{\sqrt{3}}{4}$	les diagonales des faces du cube $a\frac{\sqrt{2}}{4}$	les côtés de l'hexagone $a = 2r$ $c = 2\sqrt{\frac{2}{3}}a$
Compacité	0,68	0,74	0,74
Sites intersticiels	6 TO, 12 TT	4 TO, 8TT	2 TO,4 TT
Empilement		ABC/ ABC	AB/AB

	Moléculaire	Covalent	Métallique	Ionique
Unité structurale	molécule	atome	atome ionisé	ion
Liaison principale	Van der Waals	covalente (forte)	électrons délocalisés	électrostatique
Propriétés	Solide mou T_{fus} bas isolant	solide dur T_{fus} élevé isolant ou semi-conducteur	dureté très variable large domaine conducteur	solide dur T_{fus} souvent élevé isolant

Annexe F

Cristallographie

F.1 Histoire

L'historique suivant permet de relater les étapes qui ont précédé la naissance de la cristallographie :

- 1619–1665 : Kepler et Hooke émettent l'hypothèse sur l'ordre régulier des éléments sphériques de la matière constituant le cristal.
- 1669 : Sténon découvrit la 1ère loi fondamentale de la cristallographie dite loi de la constance des angles.
- 1774 : Abbé Haüy découvrit la deuxième loi fondamentale de la cristallographie dite loi des caractéristiques entières, selon laquelle il suggéra que l'aspect régulier des cristaux était la conséquence d'une organisation interne de leurs éléments.
- 1782 : Haüy proposa la notion de maille élémentaire occupée par des molécules.
- 1830 : Hessel formalisa les lois de symétrie et établit les 32 classes de symétrie. À cette même époque, Miller proposa l'indexation des plans réticulaires.
- 1850 : Bravais démontra l'existence des 14 réseaux de translation.
- 1895 : Découverte des rayons X par Röntgen (1er prix Nobel de physique en 1901).
- 1912 : Naissance de la cristallographie avec l'expérience de Von Laue qui démontra l'existence des réseaux cristallins et de leur symétrie, et par suite, confirma la nature électromagnétique des Rayons X (Prix Nobel de physique en 1914).

- 1913 : Naissance de la radiocristallographie suite à la découverte de la loi de Bragg (Prix Nobel de physique en 1915).

F.2 Webographie

Pour visualiser les différents modèles :
http://ressources.univ-lemans.fr/AccesLibre/UM/Pedago/physique/02/cristallo/structure.html
http://www.chemeddl.org/resources/models360/solids.php#hcp

Chapitre 11

Thermochimie

Dans ce chapitre, nous allons appliquer les résultats et principes vus en thermodynamique à l'étude des systèmes où ont lieu des réactions chimiques : on va mettre en évidence des grandeurs physico-chimiques liées à ces phénomènes.

La réaction chimique est une réorganisation des interactions entre des atomes et des ions qui se traduit par des échanges d'énergie avec le milieu extérieur. On cherche dans ce chapitre à quantifier cet échange.

En général, les transformations physico-chimiques ont lieu en contact avec l'atmosphère :
- ce sont des transformations monothermes : $T_I = T_F = T_{\text{ext}}$;
- si le volume V est constant : isochore ;
- si le réacteur est ouvert sur l'extérieur : $P_I = P_F = P_{\text{ext}}$;
- si les parois sont calorifugées : adiabatique.

On associe alors les modèles de réacteurs suivants :
- isotherme, isochore : T, V fixés ;
- isotherme, isobare : T et P fixées.

11.1 Bilan thermodynamique : applications du premier principe

11.1.1 Énoncé

✎ Rappeler l'énoncé du premier principe.

U est une fonction d'état, extensive, appelée énergie interne qui s'exprime en joules. Entre 2 états d'équilibre d'un système fermé, caractérisé par un transfert thermique Q et un travail des forces non conservatives W_{nc}, on a $\Delta U + \Delta E_m = Q + W_{nc}$. En l'absence de champ extérieur et en négligeant tout phénomène d'ensemble, c'est-à-dire $< \vec{v} >= \vec{0}$, alors $\Delta E_m = 0$ et donc $\Delta U = W + Q$.

11.1.2 Expressions du travail

✎ Que vaut W_{isochore} ? W_{monobare} dans le cas d'un constituant en phase gaz ? En phase condensée ?

Pour une transformation isochore, le travail des forces de pression est nul. Pour une transformation monobare, dans le cas d'une phase condensée, il est nul : $W_{\text{monobare,phasecondensée}} = -\int P_{\text{ext}} \mathrm{d}V = -P_{\text{ext}} \int \mathrm{d}V = 0$ et pour un gaz parfait, on a $W_{\text{monobare},GP} = -\int P_{\text{ext}} \mathrm{d}V = -P\Delta V = -P(V_f - V_i) = -n_f R(T_f - T_i)$ si la quantité de matière est constante.

11.1.3 Expressions du transfert thermique

Dans le cas d'une transformation isochore, on a $\Delta U = Q$.

Dans le cas d'une transformation monobare, on a $\Delta H = Q$.

✎ Redémontrer la dernière égalité.

D'après le premier principe, on a $\Delta U = W + Q$ soit comme $W = -P_f V_f + P_i V_i$, on trouve : $\Delta H = Q$.

11.1.4 Rappels

✎ Rappeler les expressions de dU et de dH en fonction des capacités thermiques. Rappeler la relation de Mayer pour un gaz parfait. Quelle est la relation entre $C_{p,m}$ et $C_{v,m}$ pour une phase condensée ?

On a, par définition, $\mathrm{d}U = C_v\mathrm{d}T = nC_{v,m}\mathrm{d}T$ *et* $\mathrm{d}H = C_p\mathrm{d}T = nC_{p,m}\mathrm{d}T$.
Pour un gaz parfait, on a la relation de Mayer : $C_p = C_V + nR$.
Pour une phase condensée, on a $C_{p,m} \approx C_{v,m}$.

Les changements d'état ont lieu à pression et température fixées, on a alors $\Delta H = Q$. On définit la chaleur latente molaire de changement de phase ou $L_{m,1\to 2}$ comme l'enthalpie molaire de changement d'état, c'est l'énergie nécessaire pour transformer une mole de ce corps pur à pression et températures fixées de la phase (1) à la phase (2).

$$L_{m,1\to 2} = H_{m2} - H_{m1}$$

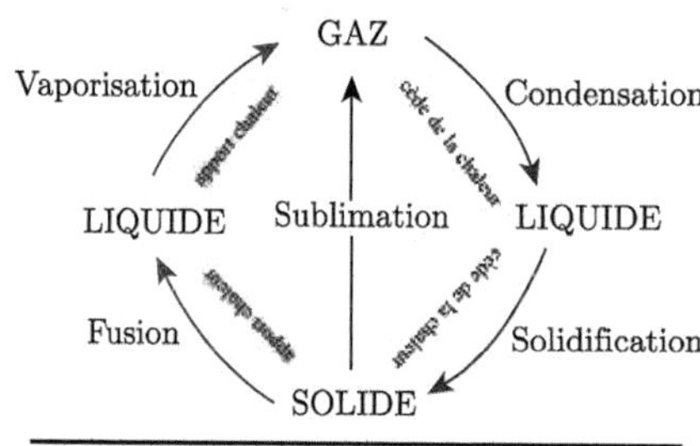

11.2 Grandeurs du système

11.2.1 État standard

En thermochimie, l'étude de l'évolution du système physico-chimique réel se fait toujours par comparaison avec un système fictif, idéal associé :
le système standard.

Pour tout état physique du constituant, l'état standard est défini sous la pression standard $P^\circ = 10^5$ Pa et pour TOUTE température T.

a. Constituant gazeux : l'état standard correspond à ce constituant pur sous $P = 1$ bar, à la même température T et qui se comporte comme un gaz parfait.

b. Constituant en phase condensée : c'est le constituant pur, dans le même état physique et à la même température T sous la pression $P = 1$ bar.

c. Constituant en solution aqueuse : c'est un état hypothétique de ce constituant à la concentration $C^\circ = 1$ mol/L, sous $P^\circ = 1$ bar, les interactions entre particules du soluté étant nulles comme à dilution infinie.

État standard de référence : c'est l'état standard correspondant au corps simple dans l'état physique le plus stable à la température T sous la pression $P^\circ = 1$ bar.

Exemple : l'état standard de référence, à 25°C, du chlore est $Cl_{2(g)}$, du brome est $Br_{2(l)}$, de l'iode $I_{2(s)}$, du fer $Fe_{(\alpha)}$. A 1000°C, c'est $Fe_{(\gamma)}$.

Exceptions : Pour H, N,O et Cl, l'état standard de référence est le gaz pour toute température.
Pour le carbone C, c'est le graphite pour toute température.

11.2.2 Grandeurs standard

En sciences, on préfère raisonner sur des grandeurs intensives : on va donc préférer utiliser les grandeurs molaires comme l'enthalpie molaire ou l'énergie interne molaire.

On va aussi définir les grandeurs molaires standard : par exemple, l'enthalpie molaire standard d'un système est obtenue quand chaque constituant est dans son état standard. Par extensivité de la fonction H :
$H^\circ(T,\xi) = \sum_i n_i H^\circ_{m,i}(T) = \sum_i (n_{i0} + \nu_i \xi) H^\circ_{m,i}(T)$ où ν_i est le coefficient stœchiométrique associé au constituant i.

∗ Pour un gaz parfait, $H^\circ_m \approx H_m$ car H est indépendant de la pression P(2ème loi de Joule). De même, pour l'énergie interne, $U^\circ_m \approx U_m$.

∗ Pour une phase condensée, $H^\circ_m \approx U^\circ_m$.

Remarque : *pour alléger (c'est-à-dire simplifier) les notations, on enlève l'indice m de molaire pour les grandeurs de réaction (cf suite du cours).*

On définit pour toute fonction d'état X additive et extensive (par exemple, U ou H) l'opérateur de Lewis Δ_r, opérateur de dérivation partielle par rapport à l'avancement à pression et température constantes : $\Delta_r = \left(\frac{\partial}{\partial \xi}\right)_{T,P}$.

On a donc l'enthalpie de réaction : $\Delta_r H = \left(\frac{\partial H}{\partial \xi}\right)_{T,P} = \sum_i \nu_i H_{m,i}(T)$.

On définit l'enthalpie standard de réaction : $\Delta_r H° = \sum_i \nu_i H°_{m,i}(T)$.

* Pour les gaz parfaits, $\Delta_r H° \approx \Delta_r H$ et $\Delta_r H° = \Delta_r U° + RT\Delta\nu_{gaz}$.

* Pour les phases condensées, $\Delta_r H° \approx \Delta_r H$.

On revient maintenant au système fictif : tous les constituants sont dans leurs états standards : $\alpha_i A_i \longrightarrow \alpha'_i A'_i$.

Lors de cette réaction, on a :
$\Delta H°_{\text{réaction}} = \sum H°_{\text{cstituants,étatfinal}} - \sum H°_{\text{cstituants,étatinitial}} = \sum_i \nu_i H°_{m,i} = \Delta_r H°$.

⚠ On a donc équivalence entre la dérivation partielle par rapport à l'avancement à T et P fixées à celle de $\Delta H°$, comme en physique ! On peut donc choisir le chemin pour calculer $\Delta_r H°$!!

✍ Exprimer, pour la synthèse de l'ammoniac : $N_{2(g)} + 3\ H_{2(g)} = 2\ NH_{3(g)}$, l'enthalpie standard de réaction en fonction des enthalpies molaires standard des constituants.

On a donc $\Delta_r H° = 2H°(NH_3) - H°(N_2) - 3H°(H_2)$.

⚠ $\Delta_r H$ (ou $\Delta_r H°$) est relative à l'écriture de l'équation-bilan !
$\Delta_r H°(500) = -92,2$ kJ/mol pour 2 moles d'ammoniac ;
$\Delta_r H°(500) = -46,1$ kJ/mol pour 1 mole d'ammoniac.

11.2.3 Transferts thermiques en réacteur isobare

Cas d'un réacteur isobare et isotherme

On considère la réaction chimique suivante :

EI		EF
$n_{i,0}$	$\xrightarrow[\text{isobare, } P_{\text{ext}} = P^\circ]{\text{isotherme, } T_{\text{ext}} = T}$	$n_i = n_{i,0} + \nu_i \xi_F$
$\xi_I = 0$		$\xi_F = \xi$

✎ Montrer que la variation élémentaire d'enthalpie standard est : $dH^\circ = \Delta_r H^\circ(T) d\xi$. En intégrant entre l'état initial où $\xi_I = 0$ et l'état final où $\xi_F = \xi$ à T donc $\Delta_r H^\circ(T)$ constant, montrer que $\Delta H^\circ_{I\to F} = \xi \Delta_r H^\circ(T)$.

On a $\mathrm{d}H^\circ = \left(\frac{\partial H^\circ}{\partial T}\right)_{P,\xi} \mathrm{d}T + \left(\frac{\partial H^\circ}{\partial P}\right)_{T,\xi} \mathrm{d}P + \left(\frac{\partial H^\circ}{\partial \xi}\right)_{P,T} \mathrm{d}\xi$. Or, ici, la transformation étudiée est monotherme, monobare soit $\mathrm{d}H^\circ = \left(\frac{\partial H^\circ}{\partial \xi}\right)_{T,P} \mathrm{d}\xi = \Delta_r H^\circ \mathrm{d}\xi$. On a alors, en intégrant : $\Delta H^\circ_{I\to F} = \xi \Delta_r H^\circ(T)$.

Or, pour une transformation isobare, on a $\Delta H^\circ = Q$. On a alors $Q = \xi \Delta_r H^\circ(T)$.

✎ Si $\Delta_r H^\circ(T) < 0$, dans quel sens a lieu le transfert thermique ? Comment qualifie-t-on la réaction ? Mêmes questions si $\Delta_r H^\circ > 0$.

Si $\Delta_r H^\circ(T) < 0$, alors $Q < 0$: le système fournit un transfert thermique à l'extérieur.
Si $\Delta_r H^\circ(T) > 0$, alors $Q > 0$: le système reçoit un transfert thermique de l'extérieur.
Si $\Delta_r H^\circ(T) = 0$, alors $Q = 0$: il n'y a pas de transfert thermique.

La réaction est endothermique si $\Delta_r H^\circ(T) > 0$.

La réaction est exothermique si $\Delta_r H^\circ(T) < 0$.

La réaction est athermique si $\Delta_r H^\circ(T) = 0$.

✍ On considère un mélange de 1 mole de diazote N_2 et de 5 moles de dihydrogène H_2 à 500 K sous la pression $P° = 1$ bar. On obtient à l'équilibre 0,4 mol d'ammoniac NH_3. Que vaut le transfert thermique reçu par le système au cours de la transformation connaissant l'enthalpie standard de réaction de la synthèse de l'ammoniac ?
$N_{2(g)} + 3\,H_{2(g)} = 2\,NH_{3(g)}$, $\Delta_r H°(500K) = -92,2$ kJ/mol.

On a $\Delta H = Q = \xi \Delta_r H°$. Or, $\xi = 0,2$ mol donc $Q = 0,2 \times (-92,2) \times 10^3 = -18,44$ kJ.

Cas d'un réacteur isobare et adiabatique

On considère un ensemble de constituants chimiques (mélange de réactifs et de produits) à la température T_0 à l'état initial, enfermé dans un réacteur isobare et adiabatique.

La réaction chimique conduit à un autre ensemble de constituants chimiques (mélange de réactifs et de produits) à une température $T \neq T_0$ du fait de la chaleur dégagée par la réaction, c'est l'état final.

La température T finale s'appelle température de flamme.

✎ Que vaut ΔH pour une transformation adiabatique, monobare ?

Pour une transformation monobare, on a $\Delta H = Q$ et comme elle est aussi adiabatique, on a $\Delta H = Q = 0$.

Pour déterminer la température de flamme, on utilise un chemin fictif passant par un état intermédiaire noté E_{Int} où l'ensemble des constituants est dans le même état qu'à l'état final mais à la température T_0.

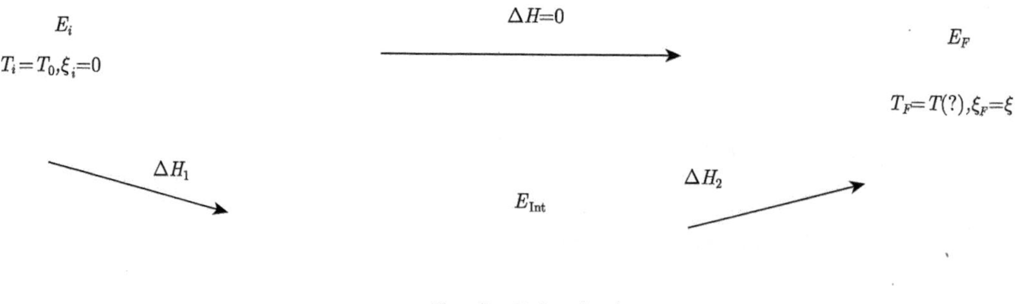

✎ Dans un diagramme (T, ξ), quel est le chemin choisi pour les calculs ?

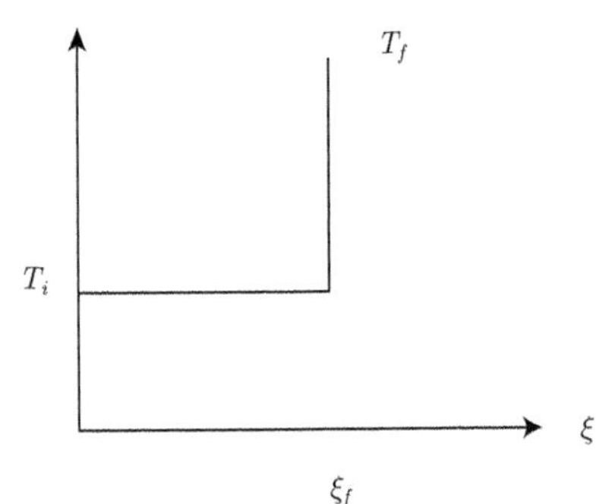

H est une fonction d'état, sa variation est indépendante du chemin suivi, on a
$\Delta H = \Delta H_1 + \Delta H_2 = 0$. Cette équation nous permet de déterminer T.

✎ Quelle est la nature de la transformation (1) ? Exprimer ΔH_1 en fonction de ξ et $\Delta_r H°(T_0)$.

La transformation (1) est une transformation monotherme, monobare, on peut donc appliquer la formule vue précédemment soit $\Delta H_1 = \xi \Delta_r H°(T_0)$.

✎ Quelle est la nature de la transformation (2) ? Exprimer ΔH_2 en fonction de la capacité thermique C_F des constituants de l'état final, de T_0 et de T.

Pour la deuxième transformation, on réalise un chauffage monobare à composition chimique constante. On a donc $\Delta H_2 = \int \sum_i n_i C_{p,m,i}(T) dT = \int_{T_0}^{T_f} C_f dT$.

✎ Montrer que l'équation permettant de trouver T se met sous la forme :
$\xi \Delta_r H°(T_0) + \int_{T_0}^{T} C_f \mathrm{d}T = 0.$

Comme H est une fonction d'état et donc sa variation est indépendante du chemin suivi, on a $\Delta H_1 + \Delta H_2 = 0$ soit $\xi \Delta_r H°(T_0) + \int_{T_0}^{T} C_f \mathrm{d}T = 0$.

Il ne faut pas oublier les constituants présents pour calculer C_f : les éléments spectateurs, le calorimètre compte aussi. On a $C_f = \sum_i n_i C_{p,m,i}$.

 aux unités !!! $\Delta_r H°$ est en kJ/mol et C_F en J/mol !

✍ On introduit de l'air (constitué de 20% de dioxygène et 80% de diazote) dans un four à 500°C contenant du coke. La quantité introduite est telle que le dioxygène et le coke, en proportions stœchiométriques, réagissent de façon totale, isobare et adiabatique selon la réaction : $C_{(graph)} + O_{2(g)} = CO_{2(g)}$.
On donne $\Delta_r H°(773\text{ K}) = -393$ kJ/mol. Calculer la température maximale des gaz sortant du four connaissant les capacités thermiques molaires en J·K^{-1}·mol^{-1} :
$C_{pM}(O_{2(g)}) = C_{pM}(N_{2(g)}) = 28 + 4,3 \times 10^{-3} T$, $C_{pM}(CO_{2(g)}) = 44 + 9 \times 10^{-3} T$.

On choisit d'abord de faire la réaction à 773 K puis ensuite l'élévation de la température. On a, comme le réacteur est calorifugé, monobare : $\Delta H = 0 = n_1 \Delta_r H° + n_1 \int_{773}^{T_f} C_{pm}(CO_2)\mathrm{d}T + 4n_1 \int_{773}^{T_f} C_{pm}(N_2)\mathrm{d}T$ soit, après calculs, $T_f = 2721$ K.

11.3 Calculs des enthalpies standard de réaction

11.3.1 Enthalpie standard de formation

• **Définition :** C'est l'enthalpie standard de réaction de formation de cette substance à partir de ses éléments pris dans leur état standard de référence à la température considérée, le nombre stœchiométrique de la substance étant pris égal à 1.

Rappel : *le corps pur est constitué d'un seul type d'entités. Un corps simple est constitué de molécules formées d'atomes identiques.*

Pour un corps simple, à toute température, $\Delta_f H°(T) = 0$.
Pour $H^+_{(aq)}$, à toute température, $\Delta_f H°(H^+_{(aq)}) = 0$.

✎ Quelles sont les réactions associées aux enthalpies de formation suivantes à 298 K : $H_2O_{(l)}$, $SO_{2(g)}$, $Fe(OH)_{2(s)}$, $Cl_{2(g)}$, $Cl_{2(s)}$, $O_{2(l)}$? Lesquelles sont nulles ?

On a les réactions suivantes :

- $H_{2(g)} + \frac{1}{2}O_{2(g)} = H_2O_{(l)}$
- $S_{(s)} + O_{2(g)} = SO_{2(g)}$
- $Fe_{(\alpha)} + O_{2(g)} + H_{2(g)} = Fe(OH)_{2(s)}$
- $Cl_{2(g)} = Cl_{2(g)}$
- $Cl_{2(g)} = Cl_{2(s)}$
- $O_{2(g)} = O_{2(l)}$

La réaction qui a une enthalpie de formation nulle à 298 K est $Cl_{2(g)} = Cl_{2(g)}$.

11.3.2 Loi de Hess

On a $\Delta_r H°(T) = \sum_i \nu_i \Delta_f H_i°(T)$, c'est la loi de Hess.

✍ Déterminer l'enthalpie standard de réaction de la combustion du méthane à 298 K d'équation-bilan : $CH_{4(g)} + O_{2(g)} = CO_{2(g)} + 2\,H_2O_{(l)}$ à partir des enthalpies standard de formation à 298 K (en kJ/mol)

	$CH_{4(g)}$	$CO_{2(g)}$	$H_2O_{(l)}$	$O_{2(g)}$
$\Delta_f H°$	−74,8	− 393,5	− 285,2	0

D'après la loi de Hess, on a : $\Delta_r H°(T) = \Delta_f H°(CO_{2(g)}) + 2\Delta_f H°(H_2O_{(l)}) - \Delta_f H°(O_{2(g)}) - \Delta_f H°(CH_{4(g)})$ soit $\Delta_r H°(T) = -889,1$ kJ/mol.

11.3.3 Loi de Kirchhoff (1858)

On a $\dfrac{\mathrm{d}\Delta_r H^\circ}{\mathrm{d}T} = \Delta_r C_p^\circ = \sum_i \nu_i C_{p,i}^\circ$ qu'on peut aussi utiliser sous la forme $\Delta_r H^\circ(T_2) - \Delta_r H^\circ(T_1) = \int_{T_1}^{T_2} \Delta_r C_p^\circ \mathrm{d}T$.

Considérons le cycle suivant (tous les constituants sont supposés dans leur état standard) :

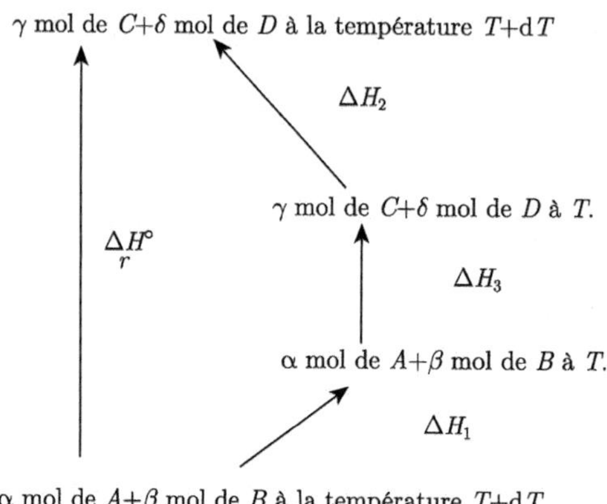

✎ Que vaut ΔH_1 ? ΔH_2 ? ΔH_3 ? En déduire la loi de Kirchhoff.

On a $\Delta H_1 = \int_{T+\mathrm{d}T}^{T} (\alpha C_{pA} + \beta C_{pB}) \mathrm{d}T$, $\Delta H_2 = \int_T^{T+\mathrm{d}T} (\gamma C_{pc} + \delta C_{pd}) \mathrm{d}T$ et $\Delta H_3 = \xi \Delta_r H^\circ(T)$ soit $\Delta_r H^\circ(T+\mathrm{d}T) = \Delta_r H^\circ(T) + \int_T^{T+\mathrm{d}T} \dfrac{(\gamma C_{pc} + \delta C_{pd} - \alpha C_{pa} - \beta C_{pb})}{\xi} \mathrm{d}T$

d'où $\dfrac{\mathrm{d}\Delta_r H^\circ}{\mathrm{d}T} = \sum_i \nu_i C_{p,i}^\circ = \Delta_r C_p^\circ$.

Il existe 2 modèles :

- Ellingham : $\Delta_r C_p^\circ \approx 0$: l'enthalpie standard de réaction est indépendante de la température T ;
- affine : $\Delta_r C_p^\circ \approx$cste : $\Delta_r H^\circ = A + BT$.

Remarque : *s'il y a un changement d'état, il faut revenir aux méthodes précédentes de décomposition car on a alors discontinuité de l'enthalpie molaire et des capacités thermiques !*

✍ Pour la réaction d'équation-bilan $C_{(graph)} + O_{2(g)} = CO_{2(g)}$, on donne à 298 K : $\Delta_r H° = -393.5$ kJ/mol.
On donne les capacités thermiques molaires en $J \cdot K^{-1} \cdot mol^{-1}$:
$C^{\circ}_{pM}(C) = 8,5$; $C^{\circ}_{pM}(O_2) = 29,3$; $C^{\circ}_{pM}(CO_2) = 46,7$.
Calculer $\Delta_r C^{\circ}_p$ et en déduire $\Delta_r H°(773 \text{ K})$.

On a $\Delta_r C^{\circ}_p = C_p(CO_2) - C_p(C) - C_p(O_2) = 8,9\ J \cdot K^{-1} \cdot mol^{-1}$. D'après la loi de Kirchhoff, on a : $\Delta_r H°(773) = \Delta_r H°(298) + \int_{298}^{773} \Delta_r C^{\circ}_p dT$ soit $\Delta_r H°(773) = -389$ kJ/mol.

✍ Les tables thermodynamiques donnent les enthalpies standard de formation suivantes (à 298 K) $\Delta_f H°(Si_{(s)}) = \Delta_f H°(O_{2(g)}) = 0$, $\Delta_f H°(SiO_{2(s)}) = -911$ kJ/mol.
1. Pourquoi les enthalpies de formation du silicium et du dioxygène sont-elles nulles ?
2. La liaison Si—O présente une énergie de liaison de $E_{Si-O} = 796$ kJ/mol. L'énergie de la liaison O=O vaut $E_{O=O} = 498$ kJ/mol. On rappelle que l'énergie de liaison est l'énergie à fournir pour casser une mole de liaison, les constituants étant tous à l'état gazeux. On donne l'enthalpie de sublimation du silicium : $\Delta_{sub} H°(Si) = 399$ kJ/mol. Établir un cycle thermochimique et donner alors l'expression littérale et la valeur numérique de l'enthalpie de sublimation de la silice.

1. Les enthalpies de formation sont nulles car ce sont des corps simples.
2. On a le cycle suivant :

$$
\begin{array}{ccccc}
SiO_{2(s)} & & \longrightarrow & & SiO_{2(g)} \\
\downarrow & -\Delta_f H°(SiO_2) & & & \uparrow\ E_{O=O} - 2E_{Si-O} \\
Si_{(s)} + & O_{2(g)} & \longrightarrow & & Si_{(g)} + 2O_{(g)}
\end{array}
$$

On a $\Delta_{sub} H°(SiO_2) = -\Delta_f H°(SiO_{2(s)}) + \Delta_{sub} H°(Si) + (E_{O=O} - 2E_{Si-O})$ soit 216 kJ/mol.

✍ On étudie la préparation industrielle du méthanol (de la famille des alcools) en présence d'un catalyseur selon l'équation : $CO_{(g)} + 2 H_{2(g)} = CH_3OH_{(g)}$. Les réactifs sont introduits dans les proportions stœchiométriques et on suppose, de plus, la réaction totale.

1. Calculer l'enthalpie standard de la réaction (1) à 298 K et 523 K.

2. La température de vaporisation du méthanol est de 337 K.

a. Proposer un cycle thermodynamique faisant intervenir l'enthalpie de vaporisation du méthanol $\Delta_{vap}H°(337K) = 37,4$ kJ/mol, permettant de déterminer l'enthalpie standard de la réaction d'équation $CO_{(g)} + 2 H_{2(g)} = CH_3OH_{(l)}$ à 298 K.

b. En déduire l'enthalpie standard de formation du méthanol liquide à 298 K.

3. Le méthanol peut être utilisé comme carburant (c'est-à-dire essence), il se produit alors la réaction $CH_3OH_{(l)} + \frac{3}{2} O_{2(g)} = CO_{2(g)} + 2 H_2O_{(l)}$. Quelle est l'énergie libérée par la combustion d'une mole de méthanol liquide à 298 K?

	$CO_{(g)}$	$H_{2(g)}$	$H_2O_{(l)}$	$CH_3OH_{(g)}$	$CH_3OH_{(l)}$	$CO_{2(g)}$
$\Delta_f H°$ (298 K) (kJ/mol)	−110,5	0	−285,8	−201,2		−393,5
$C^\circ_{p,m}$ ($J{\cdot}K^{-1}{\cdot}mol^{-1}$)	28,6	27,8		8,4	81,1	

1. D'après la loi de Hess, on a $\Delta_r H°(298) = -90,7$ kJ/mol.

Pour la calculer à 523 K, on utilise la relation de Kirchhoff :

$\Delta_r H°(523) = \Delta_r H°(298) + \int_{298}^{523} \Delta_r C_p^\circ \mathrm{d}T$ soit $\Delta_r H°(523) = -107,8$ kJ/mol.

$$
\begin{array}{lccc}
CO_{(g)} + 2H_{2(g)} & & \longrightarrow & CH_3OH_{(l)} \\
\downarrow & \Delta_r H°(298) & & \uparrow \quad C_p\Delta T \\
CH_3OH_{(g)}\ (298) & & & \uparrow \\
\downarrow & C_p\Delta T & & \uparrow \\
CH_3OH_{(g)}\ (337) & & \longrightarrow & CH_3OH_{(l)}
\end{array}
$$

2.a. D'après le cycle, on en déduit $\Delta_f H° = -93,6$ kJ/mol.

2.b. D'après la loi de Hess, on en déduit $\Delta_f H° = -204$ kJ/mol.

3. Il nous faut tout d'abord calculer l'enthalpie standard de réaction à 298 K. Par la loi de Hess, on a : $\Delta_r H°(298) = -761,1$ kJ/mol soit $Q = \xi \Delta_r H°(298) = -761,1$ kJ. L'énergie libérée est donc 761,1 kJ.

Annexe G

Thermochimie

G.1 Histoire

Germain Henri Hess (1802—1850) fut un chimiste et médecin. Il est à l'origine de la loi de Hess, principe de base en thermochimie. Hess se consacra à partir de 1830 à ses travaux de chimie. Il devint professeur à l'Institut technologique de Saint-Pétersbourg. Il expliqua l'oxydation des sucres, d'où provient l'acide saccharique. Il fit aussi la découverte d'un minéral que l'on nomma hessite en son nom. Cependant, son intérêt se porta surtout sur la thermochimie, dont l'étude le mena vers la découverte du principe de la loi de Hess, qu'il publia en 1840 et pour lequel il est mieux connu.

Gustav Robert Kirchhoff (né le 12 mars 1824 à Königsberg, en Prusse Orientale ct décédé à Berlin le 17 octobre 1887) est l'un des plus grands physiciens du XIXe siècle, avec des contributions essentielles à l'électrodynamique, la physique du rayonnement et la théorie mathématique de l'élasticité.

Deuxième partie

Exercices

Chapitre 1

Atomistique

Exercice 1 Hydrogène

Les niveaux d'énergie de l'atome d'hydrogène sont donnés par la relation

$$E_n = -\frac{13,6}{n^2}\text{eV}.$$

1. Quelle est l'énergie d'ionisation de l'hydrogène ?

2. Quelle est l'énergie cinétique minimale d'un électron capable de provoquer par choc l'excitation d'un atome d'hydrogène de son état fondamental vers son premier état excité ? Sous quelle tension minimale cet électron, initialement au repos, a-t-il été accéléré ?

3. L'atome d'hydrogène précédemment excité revient à son état fondamental avec émission d'un photon. Quelle est sa longueur d'onde ?

Exercice 2 Spectre de l'hydrogène excité

On considère l'atome d'hydrogène dans l'état excité $n = 3$.

1. Quelles sont les transitions possibles ? Faire un schéma.

2. Calculer les longueurs d'onde des photons associés à ces transitions.

3. Quelle est l'énergie d'ionisation de l'hydrogène dans cet état excité ? En eV puis en kJ.

Données : $R_H = 10973731\ \text{m}^{-1}$, $h = 6,62 \cdot 10^{-34}$ J·s, $N_A = 6,02 \cdot 10^{23}\ \text{mol}^{-1}$.

Exercice 3 Détermination de configuration électronique

1. Déterminer les configurations électroniques des atomes ou ions suivants dans leur état fondamental : O(Z=8) ; Al^{3+} (Z=13) ; Cl^- (Z=17) ; Fe (Z=26) ; Hg (Z=80) ; Se (Z=34) ; Ca (Z=20) ; Y (Z=39).

2. Pour les deux derniers atomes, quels sont leurs électrons de valence ?

3. Donner la configuration électronique du chrome (Z=24) dans son état fondamental selon la règle de Klechkowski.
On observe une autre configuration. Laquelle ? Pourquoi ?

Exercice 4 De la classification à la configuration

1. Le soufre appartient à la troisième période et à la seizième colonne. En déduire la configuration électronique de son atome dans l'état fondamental.

2. Le cobalt appartient à la quatrième période et à la neuvième colonne. En déduire la configuration électronique de son atome dans l'état fondamental.

3. L'antimoine appartient à la cinquième période et à la quinzième colonne. En déduire la configuration électronique de son atome dans l'état fondamental.

Exercice 5 Diamagnétisme/Paramagnétisme

On considère les atomes de numéro atomique Z inférieur ou égal à 10.

1. Déterminer le nombre d'électrons célibataires qu'ils possèdent.

2. Quels sont ceux qui sont diamagnétiques ?

3. Quels sont ceux qui sont paramagnétiques ?

4. Quels sont ceux qui sont paramagnétiques dans leur état fondamental mais qui peuvent être diamagnétiques dans un de leurs états excités ?

Exercice 6 Énergie d'ionisation

Le tableau ci-dessous regroupe les énergies de première ionisation des éléments de la période du lithium.

élément	Li	Be	B	C	N	O	F	Ne
E_{i1}(eV)	5,4	9,3	8,3	11,3	14,5	13,6	17,4	21,6

1. À quelle famille appartient l'élément lithium ? Citer un autre élément appartenant à cette même famille.

2. Pourquoi la faible valeur de l'énergie de première ionisation du lithium peut être mise en relation avec son caractère réducteur ?

3. Justifier la tendance générale dans l'évolution de l'énergie d'ionisation de la seconde période. Pouvez-vous expliquer les inversions locales ?

Exercice 7 Affinité électronique

1. Définir l'affinité électronique de l'hydrogène en écrivant l'équation de la réaction associée.

2. Les tables donnent $E_{ae} = 70$ kJ/mol. Cette affinité faible mais positive limite la formation d'hydrures métalliques aux éléments dont l'énergie d'ionisation est la plus faible dans chaque période. Dans quelle colonne sont-ils situés ?

3. Comparer l'affinité électronique de ${}_8O$ et de ${}_8O^-$.

Exercice 8 Étude du bore

1. Donner la configuration électronique du bore dans son état fondamental ($Z = 5$). Énoncer le principe de Pauli, les règles de Klechkowski et de Hund.

2. En déduire les différents ions possibles du bore.

Dans le tableau suivant sont données quelques propriétés caractéristiques des éléments de la colonne du bore :

Élément	Rayon atomique (pm)	Énergie d'ionisation (kJ/mol)	Électronégativité de Pauling
B	85	801	2.0
Al	125	578	1.6
Ga	130	579	1.8
In	155	558	1.8
Tl	190	589	1.6

3. Rappeler la définition de l'énergie de première ionisation. Comment évolue globalement l'énergie d'ionisation le long d'une ligne ou d'une colonne du tableau périodique ? (aucune justification n'est demandée).

4. Définir l'électronégativité. Comment évolue-t-elle dans une colonne de la classification ? (aucune justification n'est demandée).

5. Le bore se démarque des autres éléments de sa colonne, qui sont tous des métaux. Pour cette raison et compte tenu de sa place dans le tableau périodique, il est parfois qualifié de « métalloïde ». Justifier qualitativement ce terme en utilisant les données du tableau précédent.

6. Écrire le schéma de Lewis de BO_3^- en admettant le squelette OBOO.

Exercice 9 L'uranium

1. L'uranium a pour numéro atomique 92 et existe essentiellement sous forme de 2 isotopes ${}^{235}_{92}U$ et ${}^{238}_{92}U$. Définir le terme isotope. Citer 2 autres isotopes d'un autre élément de votre choix. Peut-on différencier deux atomes de noyaux isotopes par leurs propriétés chimiques ? Quel nom A porte-t-il ?

2. Les masses atomiques molaires de $^{235}_{92}U$ et $^{238}_{92}U$ sont égales à 235,0439 g et 238,0508 g. La masse molaire atomique de l'uranium naturel vaut 238,0289 g. Déterminer la proportion d'uranium 235 dans l'uranium naturel. Donner le résultat avec 2 chiffres significatifs.

3. La configuration électronique de $_{92}U$ dans l'état fondamental est :
$[Rn]\ 7s^2\ 5f^3\ 6d^1$.

a) Commenter cette configuration.

b) Expliquer pourquoi on trouve souvent l'uranium sous forme U^{6+} qui correspond à un degré +VI.

4. D'autres éléments donnent aussi des composés stables au degré +VI.

4.a. On a, par exemple, le soufre. Donner le numéro atomique du soufre et sa configuration électronique sachant qu'il se situe entre le néon $_{10}Ne$ et l'argon $_{18}Ar$.

4.b. On a aussi les éléments de transition de la colonne 6 : chrome, molybdène, tungstène. Expliquer pourquoi ces éléments passent facilement au degré +VI dans le cas du chrome ($Z = 24$).

Chapitre 2

Molécules

Exercice 10 Structures de Lewis

Donner les structures de Lewis de CF_4, PH_3, N_2, SO_3 et N_2O.

Exercice 11 Pourcentage ionique

On définit le pourcentage ionique d'une liaison comme le rapport du moment dipolaire mesuré expérimentalement au moment dipolaire théorique.

1. Calculer le pourcentage ionique des liaisons H-X connaissant le moment dipolaire expérimental μ et la longueur des liaisons H-X notée d.

2. Relier ces résultats aux électronégativités des éléments.

X	χ(X)	μ(D)	d(pm)
F	4,0	1,82	91,8
Cl	3,2	1,08	127,4
Br	3,0	0,82	140,8
I	2,7	0,44	160,8

Exercice 12 Oxoanions du manganèse

1. Donner une représentation de Lewis prépondérante des ions permanganate MnO_4^- et manganate MnO_4^{2-}.

2. Quelle est la géométrie des ions manganate ?

3. La distance Mn-O est de 162,9 pm dans MnO_4^- et de 165,9 pm dans MnO_4^{2-}. Comment expliquez-vous qualitativement cette différence ?

Exercice 13 Le phosphore

1. Donner la structure électronique de l'atome de phosphore P. À quelle période du tableau de la classification périodique l'élément phosphore appartient-il ?

2. Le phosphore blanc est constitué de molécules de tétraphosphore à basse température et de diphosphore à haute température. Donner les formules de Lewis de ces deux composés sachant que le tétraphosphore est tétraédrique. On admettra que la règle de l'octet est respectée dans ces deux cas.

3. Prévoir la géométrie de l'ion phosphate PO_4^{3-} selon la théorie VSEPR.

4. L'anion diphosphate $P_2O_7^{4-}$ peut être obtenu par chauffage d'un hydrogénophosphate selon la réaction suivante :

$$2Na_2HPO_4 \longrightarrow Na_4P_2O_7 + H_2O.$$

Donner la formule de Lewis du diphosphate.

5. En déduire sa géométrie.

6. On considère maintenant l'ion PF_4^-. Donner sa formule de Lewis ainsi que sa géométrie.

Exercice 14 Molécules polaires

1. Indiquer, parmi les molécules suivantes, celles qui sont polaires :
- BF_3, - BrF_3, - PCl_3, - $SiCl_4$, - PCl_5, - SF_6.

Exercice 15 Cyanure d'hydrogène

1. Donner la représentation de Lewis de la molécule de cyanure d'hydrogène HCN.

2. En déduire sa géométrie.

3. En supposant que la polarité de la molécule provient essentiellement de la liaison CN, préciser l'orientation de son moment dipolaire.

4. On considère la molécule CNH. Donner les formules mésomères de cette molécule.

5. Cette molécule est linéaire. Quelle est alors la formule mésomère la plus contributive ?

Exercice 16 Chimie structurale

Partie I : Carbone

1. Donner la structure électronique de l'atome de carbone $^{12}_{6}C$.

2. Citer un autre élément qui appartient à la famille du carbone et préciser son domaine d'utilisation.

3. Quelle est la géométrie usuelle du carbone tétravalent ? Donner un exemple.

4. Déterminer la structure de Lewis et la géométrie des molécules CO et CO_2.

5. Comparer les polarisations des molécules CO et CO_2.

Partie II : Hydrogène

1. Rappeler la formule de Ritz pour le spectre de l'hydrogène.

2. En notant n le nombre quantique principal, préciser le nombre maximal d'électrons d'un niveau d'énergie E_n (préciser les autres grandeurs variables).

3. Définir l'affinité électronique A de l'hydrogène en écrivant la réaction associée.

4. Les tables donnent $A = 70$ kJ/mol. Cette affinité faible mais positive limite l'existence des ions hydrure aux éléments les plus électropositifs. À quelle famille appartiennent ces derniers ?

Partie III : l'azote

1. Donner la structure électronique de l'azote ($Z = 7$). Préciser les électrons de valence et ceux de cœur.

2. Écrire les structures de Lewis de NH_3, HNO_2 et HNO_3. Préciser les charges formelles portées par les atomes.

3. Indiquer la géométrie des molécules précédentes.

4. Le phosphore appartient à la même colonne que l'azote et peut conduire à l'ion PF_6^-. Préciser sa géométrie. Pourquoi l'analogue n'existe-t-il pas dans la chimie de l'azote ?

Chapitre 3

Chimie des solutions

Exercice 17 Expressions de quotients de réaction

1. Soient les réactions d'équation :

a) $2\ MnO^{-}_{4(aq)} + 6\ H^{+}_{(aq)} + 5\ H_2O_{2(aq)} = 2\ Mn^{2+}_{(aq)} + 5\ O_{2(g)} + 8\ H_2O_{(l)}$

b) $CaCO_{3(s)} = CaO_{(s)} + CO_{2(g)}$

c) $4\ HCl_{(g)} + O_{2(g)} = 2\ H_2O_{(g)} + 2\ Cl_{2(g)}$

d) $Hg^{2+}_{(aq)} + Hg_{(l)} = Hg^{2+}_{2(aq)}$

Exprimer leurs quotients de réaction en fonction des activités des espèces mises en jeu, en supposant les gaz parfaits, les solutions diluées et les solides et liquides seuls dans leurs phases.

2. On considère l'oxydation du métal cuivre par une solution d'acide nitrique (HNO_3) selon la réaction d'équation :
$3\ Cu_{(s)} + 8\ H_3O^{+}_{(aq)} + 2\ NO^{-}_{3(aq)} = 3\ Cu^{2+}_{(aq)} + 2\ NO_{(g)} + 12\ H_2O_{(l)}$.
À l'instant initial, on a : $[H_3O^+]$ =0,020 mol/L ; $[Cu^{2+}]$ =0,030 mol/L ;
$[NO_3^-]$ =0,070 mol/L ; $p(NO)$=16 kPa.

Exprimer le quotient de réaction. Puis, déterminer l'activité de chacun des constituants et en déduire la valeur du quotient de réaction à l'instant initial.

Exercice 18 Activités d'espèces chimiques

1. Un volume V=2,50 L de solution aqueuse est préparé en dissolvant dans un volume suffisant d'eau :
- 250 mmol d'acide nitrique HNO_3 ;
- 10,1 g de nitrate de fer (III) nonahydraté $Fe(NO_3)_3, 9\,H_2O$;
- 20,0 g de sulfate de fer (III) anhydre $Fe_2(SO_4)_3$.

Déterminer la quantité, puis la concentration et enfin l'activité de chacune des espèces ioniques présentes dans cette solution. On admettra que chaque soluté est totalement dissocié en ions.

2. Un système est constitué des gaz argon (Ar), hélium (He) et néon (Ne). Les pressions partielles de ces gaz valent : p(Ar)=0,42 bar ; p(He)=210 kPa et p(Ne)=150 mmHg. Déterminer l'activité de chacun de ces gaz.

Données : 1,00 bar=$1{,}00 \cdot 10^5$ Pa=760 mmHg.

Exercice 19 Chimie du chlore

1. Le chlorure d'hydrogène $HCl_{(g)}$ très soluble dans l'eau est entièrement dissocié en solution aqueuse. Écrire la réaction de dissolution. Quel nom donne-t-on à cette solution ?

2. Sous la pression de 1 bar à 25° C, on peut dissoudre au maximum 500 L de chlorure d'hydrogène (gaz supposé parfait) dans 1 L d'eau. Cette dissolution se fait avec changement de volume du liquide. On obtient une solution S_0 dont la masse volumique est $1{,}2\ kg{\cdot}dm^{-3}$. Quelle est la concentration molaire volumique de la solution d'acide obtenue ?

Sous la pression $P_0 = 1$ bar maintenue constante, à la température T, à partir d'un mélange de $HCl_{(g)}$ et de $O_{2(g)}$, il se forme $Cl_{2(g)}$ et $H_2O_{(g)}$.

3. Écrire l'équation-bilan de la réaction avec 1 pour coefficient stœchiométrique de O_2.

4. Les réactifs sont pris en quantités stœchiométriques (1 mole de O_2). Quel

est l'avancement maximum $\xi_{\max}$ de cette réaction ?

5. À l'équilibre, 75% de HCl a disparu. Déterminer l'avancement ξ_e de la réaction à l'équilibre.

6. Les gaz étant supposés parfaits, déterminer les pressions partielles de chacun des constituants à l'équilibre.

7. Exprimer la constante de cet équilibre K_p° à la température T en fonction des pressions partielles et la calculer.

Données :
M(Cl)=35,5 g/mol et M(H)=1 g/mol.

Exercice 20 Étude de composés chlorés

On s'intéresse à la chimie du chlore. Le dichlore gazeux se dissout dans l'eau et donne naissance à $Cl_{2(aq)}$, Cl^- (chlorure), HClO (acide hypochloreux) ou ClO^- (hypochlorite) selon le pH.

On donne à 298 K :
(1) $Cl_{2(g)} = Cl_{2(aq)}$, $K_1^\circ = 6,3 \times 10^{-2}$
(2) $Cl_{2(aq)} + 2\,H_2O_{(l)} = Cl^-_{(aq)} + HClO_{(aq)} + H_3O^+_{(aq)}$, $K_2^\circ = 6,3 \times 10^{-4}$
(3) $HClO_{(aq)} + H_2O_{(l)} = ClO^-_{(aq)} + H_3O^+_{(aq)}$, $K_3^\circ = 3,2 \times 10^{-8}$.

1. Donner l'expression de l'activité chimique de chacun des constituants du système.

2. Donner l'expression littérale des constantes d'équilibre K_1°, K_2° et K_3°.

3. En déduire la valeur numérique de la constante d'équilibre K_4° associée à la méthode de production de l'eau de Javel par barbotage du dichlore gazeux dans la soude :
(4) $Cl_{2(g)} + 2\,HO^-_{(aq)} = ClO^-_{(aq)} + Cl^-_{(aq)} + H_2O_{(l)}$ de constante K_4°.

4. Une eau de chlore est obtenue en saturant l'eau pure par $Cl_{2(g)}$ sous 1 bar, ce qui impose $[Cl_{2(aq)}] = 6.3 \times 10^{-2}$ mol/L de manière stationnaire. D'après la réaction (2), calculer l'avancement volumique à l'équilibre et en déduire le pH.

5. On part de l'équilibre précédent. On supprime le barbotage de $Cl_{2(g)}$ et on

ajoute de la soude de manière à fixer le pH initial à 5. Quel est le sens de l'évolution spontanée de la réaction (2) ?

Chapitre 4

Équilibres acido-basiques

Exercice 21 Couples acido-basiques

1. Justifier le caractère acide des espèces suivantes : $HC_2O_4^-$, CO_2, Al^{3+}, SO_2 et Fe^{3+}. Donner les couples correspondants ainsi que l'équation-bilan formelle traduisant le transfert de proton.

2. Justifier le caractère basique des espèces suivantes : $HC_2O_4^-$, SO_3^{2-}, ZnO_2^{2-} et $C_6H_5NH_2$. Écrire la formule des couples correspondants et le schéma formel de transfert de protons.

3. On donne les pK_{Ai} des couples acido-basiques ci-dessus, numérotés par ordre d'apparition : pK_{A1}=4,2 ; pK_{A2}=6,4 ; pK_{A3}=4,9 ; pK_{A4}=1,8 ; pK_{A5}=3,0 ; pK_{A6}=1,2 ; pK_{A7}=7,1 ; pK_{A8}=12,7 ; pK_{A9}=4,6.

Quel est l'acide le plus fort ? L'acide le plus faible ? La base la plus forte ? La plus faible ? Y-a-t-il des espèces ampholytes ?

Exercice 22 Diagramme de prédominance

On considère les couples acido-basiques suivants dont on donne les pK_A :
HCO_2H/HCO_2^- : pK_{A1}=3,7 ;
$H_3AsO_4/H_2AsO_4^-$: pK_{A2}=2,2 ;
$HClO/ClO^-$: pK_{A3}=7,5 ;
HBO_2/BO_2^- : pK_{A4}=9,2.

1. Tracer un diagramme de prédominance de ces différentes espèces sur un seul axe.

2. Écrire l'équation et déterminer la constante d'équilibre de la réaction de :

a. l'ion formiate HCO_2^- avec l'acide hypochloreux ;

b. l'acide arsénique avec l'ion borate ;

c. l'acide arsénique avec l'ion formiate.

Exercice 23 Composition d'une solution

1. On dissout du carbonate de sodium solide (la concentration totale dissoute est notée C_0) dans un litre d'eau. On mesure le pH et on obtient pH=8. Quelle est la composition de la solution ?

Données : $CO_2,H_2O/HCO_3^-$: pK_1=6,3 ; HCO_3^-/CO_3^{2-} : pK_2=10,3.

Exercice 24 Prévision d'une réaction

On introduit dans 100 mL d'eau 1 mmol de $(NH_4)_2S$.

1. Faire apparaître les différentes zones de prédominance sur un seul diagramme. Les ions ammonium NH_4^+ et S^{2-} peuvent-ils coexister ?

2. Cette solution a un pH de 9,2. Calculer la composition de cette solution.

3. Peut-on justifier la valeur du pH ?

Données : pK_1=9,2 pour NH_4^+/NH_3 et pK_2=13,0 pour HS^-/S^{2-}.

Exercice 25 Dosage de l'acide sulfurique par simulation informatisée

On titre 20 mL d'acide sulfurique H_2SO_4 à la concentration C_a par de la soude étalon $C_b = 0,10$ mol/L. La courbe simulée par ordinateur ainsi que les proportions des espèces soufrées sont données ci-après.

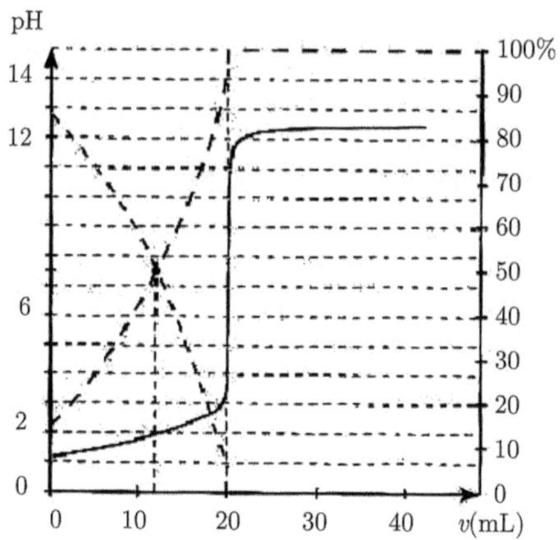

1. Sachant que la première acidité de H_2SO_4 est forte, que peut-on penser d'après la courbe de l'ordre de grandeur de pK_2 ?

2. Déterminer C_a.

3. Identifier les espèces soufrées I et II . En utilisant le diagramme de distribution des différentes espèces, déterminer la valeur de pK_2.

4. Retrouver le pH de la solution initiale ($V = 0$) par le calcul, puis par les courbes de distribution.

Exercice 26 Dosage du sel disodique de l'EDTA

L'acide éthylènediaminetétraacétate est noté Y^{4-}. Le produit commercial utilisé pour la préparation des solutions est le sel disodique (Na_2H_2Y) de l'acide correspondant (acide éthylènediaminetétraacétique H_4Y).

Considérons le titrage de 100 mL d'une solution de sel disodique de l'EDTA de concentration $1{,}0 \cdot 10^{-2}$ mol/L par une solution de soude à la concentration 1,0 mol/L. La courbe théorique de titrage montrant la variation du pH en fonction du volume v de réactif titrant ajouté, est représentée ci-dessous, de même que les courbes de variation du pourcentage des différentes formes de l'EDTA au cours du titrage.

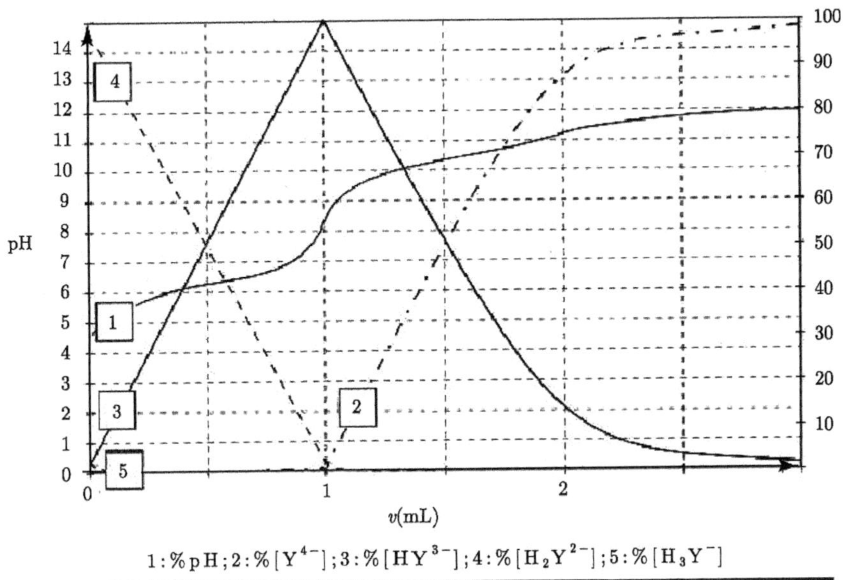

1. Déterminer et justifier par le calcul la composition et le pH de la solution initiale (on admettra l'absence de complexation de Na^+ avec Y^{4-}).

2. Indiquer les réactions de titrage successivement mises en jeu et calculer le volume de réactif correspondant à chaque point d'équivalence.

3. On note l'absence de saut net de pH autour de $v = 2$ mL. Calculer le pourcentage de Y^{4-} en ce point d'équivalence. Interpréter l'écart à la quantitativité.

Données : pK_A de H_4Y : 2,0 ; 2,7 ; 6,2 ; 10,3.

$$\%\, H_2Y^{2-} = \frac{\text{nombre de moles de l'espèce Y sous forme } H_2Y^{2-}}{\text{nombre de moles de l'espèce Y introduit initialement}} \times 100.$$

Exercice 27 Dosage de l'ammoniac

1. Une solution d'ammoniac aqueux (ou ammoniaque) a une concentration $C = 0,10$ mol/L. Le pK_a du couple NH_4^+/ NH_3 vaut 9,2. Calculer le pH de la solution.

2. On dose $V_b = 10,0$ mL d'une solution d'ammoniaque de concentration initiale inconnue C_b par une solution d'acide chlorhydrique étalon $C_a = 0,10$

mol/L, le volume ajouté étant noté V_a. La réaction est suivie par conductimétrie.

2.a. Écrire l'équation de la réaction de dosage. Justifier le fait qu'elle soit quasi-totale.

2.b. On obtient la courbe suivante. Justifier sans calcul son allure d'après les valeurs des conductivités molaires ioniques équivalentes (cf annexe du chapitre acide-base).

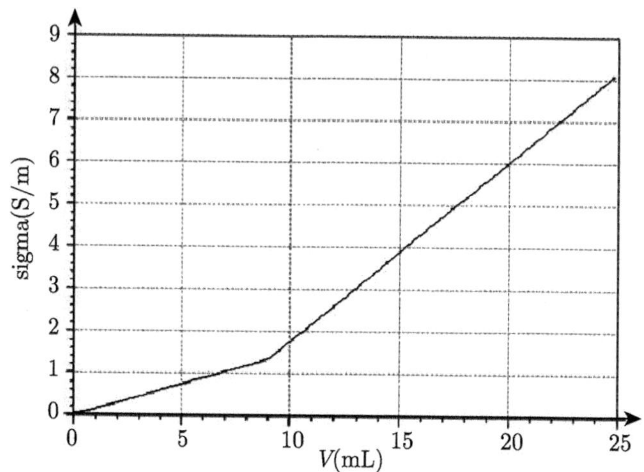

2.c. En déduire la concentration C_b.

3. Construire la courbe de dosage pH-métrique. Donner le pH aux points caractéristiques.

Exercice 28 Dosage d'une solution d'éthanoate de sodium

On envisage d'utiliser un indicateur coloré pour le dosage d'une solution d'acétate de sodium de volume $V_b = 200$ mL et de concentration $c_b = 1,00 \cdot 10^{-2}$ mol·L^{-1} par une solution d'acide chlorhydrique de concentration $c_a = 1,60 \cdot 10^{-1}$ mol·L^{-1}.

1. Donner l'équation de la réaction de dosage.

2. Définir l'équivalence d'un dosage en général et calculer le volume équiva-

lent dans le dosage considéré ici.

3. Quel est le pH initial de la solution d'acétate de sodium ?

4. Quelle est la valeur du pH à la demi-équivalence ? Justifier brièvement.

5. Quelle est la valeur du pH à l'équivalence ?

6. Tracer l'allure de la courbe donnant l'évolution du pH en fonction du volume V_a d'acide fort versé.

7. Peut-on utiliser le bleu de bromothymol pour repérer l'équivalence de ce dosage ? Pourquoi ?

8. Peut-on utiliser l'hélianthine pour repérer l'équivalence de ce dosage ? Pourquoi ?

On se propose de réaliser le même dosage par une méthode conductimétrique : dosage d'un solution d'acétate de sodium de volume V_b = 200 mL et de concentration $c_b = 1,00 \cdot 10^{-2}$ mol·L^{-1} par une solution d'acide chlorhydrique de concentration $c_a = 1,60 \cdot 10^{-1}$ mol·L^{-1}.

9. Quel type de matériel faut-il utiliser pour ce dosage ?

10. Les mesures donnent la conductivité de la solution. Préciser l'unité de cette grandeur.

11. Donner littéralement puis numériquement l'équation de la courbe donnant la conductivité en fonction du volume V_a d'acide versé et de données utiles :
1. avant l'équivalence.
2. après l'équivalence.

12. Représenter l'allure de la courbe de dosage conductimétrique donnant la conductivité σ en fonction du volume V_a d'acide versé, en faisant apparaître le volume à l'équivalence. Pourquoi n'est-il pas nécessaire de représenter la conductivité corrigée $\sigma(V_b + V_a)$ en fonction de V_a pour ce dosage ?

13. Ce dosage est-il préférable au dosage colorimétrique ? Pourquoi ?

Données :

$pK_a(CH_3COOH/CH_3COO^-)=4,8$; $pK_a(BBT)=7,3$; pK_a (hélianthine)=3,5.
Produit ionique de l'eau : $pK_e=14,0$.
Conductivités molaires ioniques à dilution infinie, $\lambda°$ exprimées en $mS{\cdot}m^2{\cdot}mol^{-1}$:

ion	H_3O^+	HO^-	Cl^-	Na^+	CH_3COO^-
$\lambda°$	35,0	19,8	7,6	5,0	4,1

Chapitre 5

Équilibres de complexation

Exercice 29 **Complexes ions aluminium (III)-ion fluorure**

Le diagramme de distribution des espèces pour les complexes des ions fluorure F^- et des ions aluminium (III) en fonction de $pF = -\log[F^-]$ est donné ci-dessous. Le ligand est monodentate et l'indice de coordination de ces complexes varie de 1 à 5. Les courbes tracées représentent les pourcentages de chacune des espèces comportant l'élément aluminium lorsque pF varie.

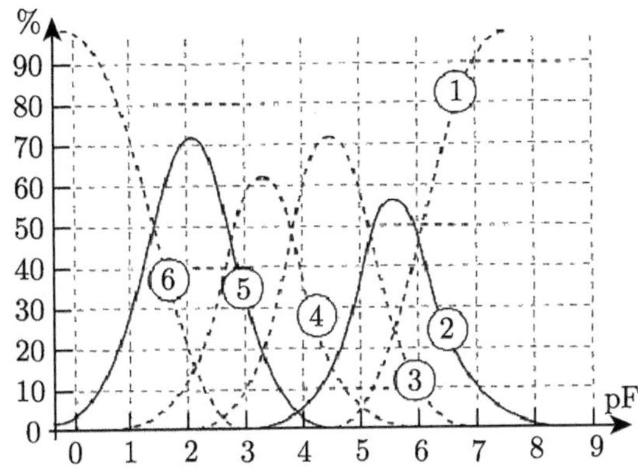

1. Donner la formule, l'indice de coordination et le nom de chacun des complexes intervenant.

2. Identifier chacune des courbes.

3. Déterminer les constantes de formation successives K_{fi} de ces complexes et en déduire la constante globale de formation du complexe pentacoordiné.

4. Lire le pF pour lequel la concentration en $[AlF_5]^{2-}$ est égale à celle de AlF_3 et retrouver ce résultat par le calcul.

Exercice 30 Compétition entre deux ions métalliques

L'ion thiosulfate $S_2O_3^{2-}$ forme de nombreux complexes avec des cations métalliques.
Avec l'ion Ag^+, le complexe formé est $[Ag(S_2O_3)_2]^{3-}$ de constante globale de formation $\log(\beta) = 13,5$.
Avec l'ion Hg^{2+}, le complexe formé est $[Hg(S_2O_3)_2]^{2-}$ de constante globale de formation $\log(\beta'_2) = 29$.

1. On mélange 20 mL d'une solution de nitrate d'argent $AgNO_3$ de concentration 0,02 mol/L et 30 mL d'une solution de thiosulfate de potassium $K_2S_2O_3$ de concentration 0,05 mol/L. Quelle est la composition de la solution à l'équilibre ?

2. À la solution précédente, on ajoute 50 mL d'une solution de nitrate de mercure (II) $Hg(NO_3)_2$ de concentration $0,04$ mol/L. Déterminer la composition de la nouvelle solution à l'équilibre.

Exercice 31 Complexes du cuivre

L'ion cuivre (II) forme de nombreux complexes.

1. Le ligand diphosphate correspond à $P_2O_7^{4-}$ et il est noté L^{4-} pour simplifier. Les tables donnent $\log\beta_1 = 6,7$ et $\log\beta_2 = 9,0$.

1.a. Calculer les constantes de formation ou de dissociation successives.

1.b. Tracer le diagramme de prédominance des espèces du cuivre (II) en milieu diphosphate. Commenter.

2. Le ligand sulfate correspond à SO_4^{2-} et il est noté L^{2-} pour simplifier. Les tables donnent $\log\beta_1 = 1,0$; $\log\beta_2 = 1,1$ et $\log\beta_3 = 2,3$.

2.a. Calculer les constantes de formation ou de dissociation successives.

2.b. Tracer un premier diagramme de prédominance et montrer que l'un des complexes ne peut jamais prédominer.

2.c. Écrire la réaction spontanée de dismutation puis en déduire le diagramme de prédominance définitif.

Exercice 32 Titrage

Les ions chlorure forment avec les ions mercurique Hg^{2+} le seul complexe $HgCl_2$ tel que le $\log \beta_2 = 13,2$.
On verse progressivement dans $V_0 = 20,0$ mL de chlorure de sodium, $C_0 = 5,0 \times 10^{-2}$ mol/L, un volume V (mL) de nitrate mercurique $C = 5,0 \times 10^{-2}$ mol/L.

1.a. Écrire l'équation du titrage.

1.b. Déterminer le volume V_e à l'équivalence.

1.c. À l'aide d'un tableau d'avancement molaire, déterminer les expressions $\mathrm{pH}_g = -\log[Hg^{2+}] = f(V)$ pour $V < V_e$, $V = V_e$ et $V > V_e$.

1.d. Tracer la courbe pHg = $f(V)$ à l'aide de quelques points.

2. Pour mettre en évidence le point d'équivalence, on utilise In incolore qui forme avec Hg^{2+} le complexe $HgIn^{2+}$ bleu, de constante de formation β'.

2.a. Donner le diagramme de prédominance des formes In et $HgIn^{2+}$ selon la valeur de pHg. Définir la zone de virage.

2.b. Montrer que si la valeur de $\log \beta'$ est voisine d'une valeur à préciser, l'indicateur permet de mettre en évidence le point d'équivalence par un changement de couleur à préciser.

Exercice 33 Formule d'un complexe par potentiométrie

L'ion cyanure CN^- donne avec les ions cadmium Cd^{2+} un complexe stable de formule [$Cd(CN)_n^{(n-2)-}$]. On cherche à déterminer expérimentalement la constante de formation β_n de ce complexe et l'indice de coordination entier n. On réalise pour cela une pile formée de deux compartiments reliés par un pont salin. Les deux compartiments ont initialement la même quantité de matière en ions cadmium (II) soit 10^{-4} mol. Dans le compartiment (2), on verse des volumes V_{CN^-} de solution de cyanure de potassium de concentration molaire 5,0 mol/L. On mesure la force électromotrice $e = E_1 - E_2$ de la pile formée pour différents volumes de la solution de cyanure versés qui est de la forme : $e = 0,030 \log \frac{[Cd^{2+}]_1}{[Cd^{2+}]_2}$ avec e en volts.

V_{CN^-} (ml)	2,0	4,0	6,0	8,0	12,0	16,0	20,0
e (mV)	327	363	384	399	420	435	447

On pourra négliger l'effet de dilution dû à l'addition de la solution de cyanure et la concentration des ions cyanure étant très élevée, on pourra considérer que, pour toutes les valeurs de V_{CN^-} indiquées, le cyanure est en très large excès, après formation du complexe dans le compartiment 2.

1. Écrire la relation existant entre e, β_n, n et $[CN^-]$, concentration des ions cyanure dans le compartiment 2.

2. Montrer qu'il est possible dans les conditions expérimentales proposées de déterminer graphiquement β_n et n.

3. En déduire la valeur de n ainsi qu'une valeur approchée de β_n.

Chapitre 6

Équilibres de précipitation

Exercice 34 Produit de solubilité et solubilité

1. Établir une relation entre la solubilité s dans l'eau pure et le produit de solubilité des composés suivants, déterminer s en supposant que les ions formés lors de la dissociation des solides ne réagissent pas avec l'eau :

a. $ZnCO_3$ (pK_{s1}=10,8) ;
b. $Zn(CN)_2$ (pK_{s2}=12,6) ;
c. $Zn_3(PO_4)_2$ (pK_{s3}=32,0).

2. La solubilité de l'arséniate de cuivre (II) $Cu_3(AsO_4)_2$ dans l'eau pure est de 1,74 g/L. En déduire sa solubilité molaire, puis son produit de solubilité et son pK_s en supposant que les ions formés lors de la dissociation des solides ne réagissent pas avec l'eau.

3. On mélange 10,0 mL de solution de sulfate de cuivre (II) à la concentration C_1=1,6·10^{-2} mol/L et 40,0 mL de solution d'arséniate de sodium à la concentration C_2=2,0·10^{-2} mol/L. Observe-t-on l'apparition d'un précipité ? De même si maintenant, $C_1 = 8,0 \cdot 10^{-2}$ mol/L, C_2 étant inchangée.

Exercice 35 Domaines d'existence des précipités

On considère une solution de nitrate de plomb (II), $Pb(NO_3)_2$ à la concentration $C_0 = 5,0 \cdot 10^{-2}$ mol/L. On ajoute à cette solution, soit une solution d'iodure de potassium KI, soit une solution de sulfure de sodium Na_2S, soit une solution de phosphate de sodium Na_3PO_4. On négligera la dilution lors de ces ajouts ainsi que les réactions basiques des anions avec l'eau.

1. Écrire les équations de formation des trois précipités.

2. Donner l'expression de chaque produit de solubilité.

3. En déduire les valeurs de $[I^-]$, $[S^{2-}]$ et $[PO_4^{3-}]$ lorsque les précipités apparaissent.

4. Tracer alors les diagrammes d'existence des trois précipités.

Données : $pK_s(PbI_2)$=9,0 ; $pK_s(PbS)$=26,6 ; $pK_s(Pb_3(PO_4)_2)$=42,1.

Exercice 36 Précipitations compétitives

À 10,0 mL d'une solution de sulfate de sodium telle que $[SO_4^{2-}]=1{,}0\cdot10^{-3}$ mol/L, on ajoute 20,0 mL d'une solution de chlorure de magnésium (II) et 20,0 mL d'une solution de chlorure de baryum (II) toutes deux à $2{,}0\cdot10^{-3}$ mol/L.

1. Y-a-t-il formation de précipités ? Si oui, lesquels ?

2. Déterminer la composition de la solution à l'équilibre.

Données : $pK_s(MgSO_4)$=2,3 et $pK_s(BaSO_4)$=9,9.

Exercice 37 Analyse par courbes de distribution

On titre un mélange d'acide phosphorique H_3PO_4 à la concentration $C_0 = 0{,}10$ mol/L et de nitrate d'argent $AgNO_3$ aussi à la concentration C_0 par de la soude NaOH à la concentration C_b=0,10 mol/L, volume versé noté v.
Les courbes simulées sont données sur la figure ci-dessous.

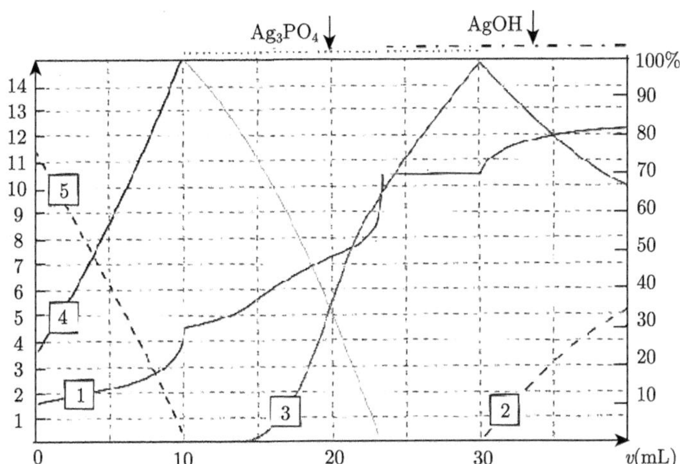

On note l'existence de deux précipités $Ag_3PO_{4(s)}$ dès la première équivalence et $AgOH_{(s)}$ en milieu basique.

1. Interpréter les diverses portions de la courbe pH=$f(v)$ après avoir identifié les espèces.

2. Déduire approximativement les valeurs des produits de solubilité de Ag_3PO_4 et AgOH.

Données : pour H_3PO_4 : pK_1=2,1 ; pK_2=7,2 et pK_3 = 12,4.

Exercice 38 Hydroxydes de fer (II) et (III)

A. Dissolution des hydroxydes en milieu tamponné

On réalise une solution de nitrate de fer (III), $Fe(NO_3)_3$ en dissolvant 0,01 mol de ce composé dans un litre de solution tampon. Les ions nitrates sont considérés comme spectateurs.

1. Dans quel domaine de pH observera-t-on la précipitation de l'hydroxyde ferrique (hydroxyde de fer(III)) ?

2. Quel pH doit-on imposer pour que 99,9 % des ions ferriques se trouvent à l'état de précipité ?

3. On réalise une solution de chlorure de fer (II) en dissolvant 0,01 mol de ce

composé dans un litre de solution tampon. Les ions chlorures sont considérés comme spectateurs. Dans quel domaine de pH observera-t-on la précipitation de l'hydroxyde ferreux (hydroxyde de fer (II)) ?

4. Il existe une relation d'ordre entre les pH de précipitations respectives des hydroxydes. Cette relation était-elle prévisible ?

B. Solution aqueuse saturée
On place un excès d'hydroxyde de fer (III) solide dans de l'eau pure.

1. Déterminer les concentrations des ions présents en solution.

2. Commenter la valeur du pH calculée.

3. On place un excès d'hydroxyde de fer (II) dans l'eau pure. Déterminer les concentrations des ions présents en solution.

4. Commenter la valeur du pH calculé et comparer les cas de l'hydroxyde de fer (II) et de l'hydroxyde de fer (III).

Données : à 298 K, $pK_s(Fe(OH)_2)=16$; $pK_s(Fe(OH)_3)=38$; $pK_e=14$.

Chapitre 7

Cinétique chimique

7.1 Cinétique formelle

Exercice 39 **Hydrolyse**

On hydrolyse le propanoate de méthyle en milieu basique à 20°C.
$CH_3CH_2COOCH_{3(aq)} + HO^-_{(aq)} = CH_3CH_2COO^-_{(aq)} + CH_3OH_{(aq)}$.

Sachant qu'à cette température, la constante cinétique k vaut 0,128 L/mol/s, que les concentrations initiales en propanoate de méthyle et en base sont toutes les deux égales à $c = 0,05$ mol/L et que la réaction est d'ordre 1 par rapport à chacun des réactifs, combien faudra-t-il de temps pour que 10% du propanoate soit hydrolysé ?

Exercice 40 **Détermination d'un ordre**

À 25°C, on mélange 100 mL d'une solution d'ion fer (II) à 10^{-3} mol/L et 100 mL d'ion cobalt (III) à 10^{-3} mol/L.

1. Écrire l'équation-bilan de la réaction qui a lieu.

2. On détermine expérimentalement la concentration de l'ion fer (II) au cours

du temps t :

t(s)	20	40	60	80	100	120
$10^{-4}[Fe^{2+}]$(mol/L)	2,78	1,92	1,47	1,19	1,00	0,86

Montrer à l'aide d'une construction graphique appropriée que ces résultats sont compatibles avec une cinétique d'ordre global égal à deux.

3. En déduire un ordre de grandeur de la constante de vitesse k.

4. Comment pourrait-on déterminer les ordres partiels ?

Données : les potentiels standard à 25° sont : $E°(Co^{3+}/Co^{2+})$=1,84V et $E°(Fe^{3+}/Fe^{2+})$=0,77V.

Exercice 41 Détermination d'ordre

On considère la réaction

$$R-Br+HO^- \longrightarrow R-OH+Br^-.$$

On mesure les vitesses initiales v_i suivantes :

$[R-Br]_0$(mol/L)	$[HO^-]_0$(mol/L)	v_i(mol/L/min)
10^{-3}	$2\cdot10^{-3}$	0,125
$2\cdot10^{-3}$	$3\cdot10^{-3}$	0,372

1. La vitesse de cette réaction étant de la forme

$$v = k[R-Br]^\alpha[HO^-]^\beta$$

Donner la valeur de k, α et β.

Exercice 42 Obtention du sulfate

On étudie la cinétique de la réaction suivante en phase aqueuse à 20°C : $S_2O^{2-}_{8(aq)} + 3I^-_{(aq)} = 2\ SO^{2-}_{4(aq)} + I^-_{3(aq)}$.

1. Donner la définition de la vitesse de cette réaction et l'exprimer en fonction de la concentration des réactifs sachant qu'elle possède un ordre. Que devient cette expression en présence d'un fort excès d'ions iodures I^- ?

2. Dans ces conditions expérimentales particulières (excès de I^-) et pour une concentration initiale en $S_2O_8^{2-}$ de 0,02 mol/L, on suit la réaction en mesurant la concentration en I_3^- .

t(min)	1	2	3	5
$[I_3^-]$(mol/L)	$6,31\cdot10^{-3}$	$1,07\cdot10^{-2}$	$1,35\cdot10^{-2}$	$1,70\cdot10^{-2}$

Établir la relation permettant de déterminer $[S_2O_8^{2-}]$. Montrer que ces résultats sont en accord avec un ordre 1 de la réaction par rapport à $S_2O_8^{2-}$. Calculer la constante apparente de vitesse et le temps de demi-réaction.

3. Sachant que la constante de vitesse précédente est multipliée par 30 à 40°C, calculer l'énergie d'activation de la réaction. On donne R = 8,31 J/mol/K.

Exercice 43 Suivi d'une cinétique par dosage redox

La réaction $H_2O_2 = H_2O + \frac{1}{2}O_2$ est suivie en prélevant des échantillons de 20 cm^3, à l'instant t, qui seront dosés par un volume v de permanganate, en milieu acide, à 0,020 mol/L. On trouve :

t(min)	0	5	10	20	30	40
$v(cm^3)$	40	32	26	16.6	11	7

1. Écrire la réaction entre MnO_4^- (MnO_4^- / Mn^{2+}) et l'eau oxygénée H_2O_2 (O_2/ H_2O_2).

2. Déterminer l'ordre et la valeur de la constante de réaction k.

Exercice 44 Pyrolyse de l'oxyde de diméthyle

La réaction de pyrolyse de l'oxyde de diméthyle est d'ordre 1 avec $k = 4,5\cdot10^{-4}$ s^{-1} à 500°C.

$(CH_3)_2O_{(g)} \longrightarrow CH_{4(g)} + H_{2(g)} + CO_{(g)}$.
Initialement l'étheroxyde est pur et la pression initiale vaut 310 mmHg.

1. Calculer le temps de demi-réaction.

2. Calculer la pression totale dans le réacteur au bout de 5 minutes.

7.2 Mécanismes réactionnels

Exercice 45 Réactions en compétition

Soient les deux schémas cinétiques suivants : (1) $A \longrightarrow B$ de constante k.
(2) $A \longrightarrow B$ de constante k_B et $A \longrightarrow C$ de constante k_C.
Toutes les réactions sont des actes élémentaires. Les concentrations initiales en B et C sont nulles. $[A](0)$ est connu et noté a_0.

1. Dans le 1er cas, on peut déterminer expérimentalement soit $[A](t)$, soit $[B](t)$. Établir l'expression de ces deux concentrations en fonction du temps. Préciser dans chaque cas la fonction à tracer pour déterminer k.

2. On considère à présent le 2ème schéma cinétique et on admet que l'on peut déterminer expérimentalement $[C](t)$. Exprimer $[A](t)$.

3. Quelle relation existe-t-il entre les rapports k_B/k_C et $[B]_\infty/[C]_\infty$?

4. Quelle est la pente de la courbe représentant $\ln\left(\dfrac{[C]_\infty}{([C]_\infty - [C])}\right)$ en fonction du temps ?

5. Comment peut-on déterminer la valeur de k_C ?

Exercice 46 Équilibre céto-énolique

En solution, un énol E s'isomérise en une cétone C suivant une réaction renversable : $E \rightleftharpoons C$.

On suppose que E se transforme en C et vice-versa selon deux réactions élémentaires de constantes k_1 et k_{-1}.

1. Dans un litre de solution, on introduit n_0 = 1,00 mole de E et on mesure la quantité n de E restant en fonction du temps. On a obtenu les résultats suivants :

t(min)	0	6	10	15	26	50	100	∞
n(mol)	1,00	0,85	0,77	0,67	0,51	0,28	0,12	0,070

2. À partir de ce tableau de valeurs, vérifier les hypothèses et déterminer les valeurs des constantes de vitesse.

Exercice 47 Catalyse supramoléculaire

Soit C le catalyseur de la réaction : $S \longrightarrow P$. Le mécanisme de cette réaction est :
$C + S \rightleftharpoons CS$ de constantes k_1 dans le sens direct et k_{-1} dans le sens inverse.
$CS \longrightarrow C + P$ de constante k_2. On pose $K_D = \dfrac{[C]\cdot[S]}{[CS]}$.

1. Montrer que la vitesse peut s'écrire $v = \dfrac{\mathrm{d}[P]}{\mathrm{d}t} = \lambda f([S]_0, [P])$.

2. Déterminer λ en fonction de $[C]$, K_D et k_2. Commenter.

3. Intégrer cette équation différentielle.

Exercice 48 Oxydation de NO

L'oxydation de NO par O_2 : $NO_{(g)} + \dfrac{1}{2}O_2 \rightleftharpoons NO_{2(g)}$ est un rare exemple de réaction où la vitesse décroît lorsque la température augmente. Pour interpréter ce phénomène, le mécanisme suivant a été avancé :

(1) $2NO \rightleftharpoons N_2O_2$ équilibre rapidement établi de constante d'équilibre K_1

(2)$N_2O_2 + O_2 \longrightarrow N_2O_4$ étape de constante de vitesse k_2

(3) $N_2O_4 \rightleftharpoons 2NO_2$, équilibre rapidement établi de constante d'équilibre K_3.

$$K_1 = \frac{[N_2O_2]_{eq}}{[NO]^2_{eq}} \text{ et } K_3 = \frac{[NO_2]^2_{eq}}{[N_2O_4]_{eq}}.$$

On cherche à exprimer la vitesse v de formation de l'azote au degré IV d'oxydation (dans NO_2 et dans N_2O_4).

1. Exprimer v en fonction de $\frac{d[NO_2]}{dt}$ et $\frac{d[N_2O_4]}{dt}$.

2. Montrer que v est de la forme $v = k \cdot [NO]^2 \cdot [O_2]$. Exprimer k en fonction des données.

3. En supposant que k_2 suit la loi d'Arrhénius et en appliquant la relation de Van't Hoff qui dit que $\frac{d\ln K}{dT} = \frac{\Delta_r H^\circ}{RT^2}$ ($\Delta_r H^\circ$ enthalpie standard de réaction à la température considérée), exprimer $\frac{d\ln k}{dT}$.

4. À quelle condition le terme $\frac{d\ln k}{dT}$ est-il négatif ? La réaction (1) est-elle endothermique ou exothermique ?

Exercice 49 Cinétique de formation de l'eau

La synthèse d'eau vapeur, à partir de dihydrogène et de dioxygène, a lieu sous radiation lumineuse, d'intensité notée I_0. Le mécanisme suivant est proposé :

$$H_2 \xrightarrow{h\nu} 2\,H^\bullet \qquad V_1 = K_1 \bullet I_0$$

$$H^\bullet + O_2 \xrightarrow{k_2} HO_2^\bullet$$

$$HO_2^\bullet + H_2 \xrightarrow{k_3} 2\,HO^\bullet + H^\bullet$$

$$HO^\bullet + H_2 \xrightarrow{k_4} H_2O + H^\bullet$$

$$H^\bullet + \text{paroi} \xrightarrow{k_5} H_{paroi} \qquad V_5 = K_5(T, S_{paroi}) \bullet [H^\bullet]$$

S_{paroi} étant la surface de la paroi du réacteur.
k_i ($i = 1$ à 5) représentant les constantes de vitesse des différentes étapes.

1. Quels sont les intermédiaires de réaction ? Préciser leur charge.

2. Montrer, à partir du bilan des étapes de propagation, que ce mécanisme est en chaîne dite ramifiée.

3. Que dire de la dernière étape ? Citer un matériau susceptible d'adsorber l'hydrogène.

4. En appliquant l'A·E·Q·S. aux intermédiaires réactionnels, montrer que la vitesse de formation de l'eau s'exprime seulement en fonction de la concentration en dioxygène et des k_i.

5. La réaction admet-elle un ordre ?

Chapitre 8

Cristallographie

Exercice 50 **Structure du niobium**

Le niobium, Nb, élément de numéro atomique $Z = 41$ cristallise à température ambiante dans une structure cubique centrée de paramètre de maille $a = 330$ pm.

1. Dessiner la maille de structure du cristal de niobium.

2. Déterminer le nombre d'atomes de niobium n par maille.

3. Calculer la masse volumique ρ et exprimer le résultat en unités SI.

4. Dans un modèle de sphères dures, déterminer le rayon atomique r du niobium.

5. Définir et calculer la compacité C de cette structure en fonction de n. Application numérique.

Données : M=92,0 g/mol.

Exercice 51 **Structures**

1. Le rayon atomique du sodium Na étant de 190 pm, calculer la densité du sodium métallique (structure cc).

2. Calculer l'arête a de la maille cubique du cuivre Cu (système cfc) dont la densité vaut $d = 8,96$. En déduire le rayon atomique du cuivre.

3. Le magnésium Mg cristallise dans le système hexagonal compact. On donne $a = b = 320$ pm. Calculer la hauteur c de la maille hexagonale. En déduire la masse volumique du magnésium.

4. Le titane Ti cristallise dans le système hc. Décrire le contenu de la maille (combien y-a-t-il d'atomes par maille ?). Calculer le rayon métallique du titane sachant que la densité vaut 4,51, la compacité du solide étant de 74%.

Données : M(Na)=23,0 g/mol ; M(Cu)=63,5 g/mol ; M(Mg)=24,3 g/mol ; M(Ti)=47,90 g/mol.

Exercice 52 Silicium

1. Le silicium cristallise dans le même système que le carbone diamant. Dessiner la maille de la structure.

2. Calculer la compacité de cet empilement. Quelles sont les valeurs maximales des rayons des sites tétraédriques et octaédriques présents dans cette maille ? On exprimera ces rayons en fonction du rayon de covalence de l'atome de silicium r_{Si} puis on donnera les valeurs numériques des rayons des deux types de site ($r_{Si} = 118$ pm).

3. Le silicium forme avec le carbone un composé très dur, réfractaire, inerte chimiquement, le carbure de silicium SiC. Sachant que le paramètre de maille a passe de 540 pm à 460 pm dans SiC, s'agit-il d'un composé d'insertion ou de substitution ? Quelle est la nature des interactions ? ($r_C = 77$ pm).

Exercice 53 Cristobalite

Une variété allotropique de la silice SiO_2, appelée cristobalite, a la structure suivante : les atomes de silicium sont placés comme ceux du carbone, dans le diamant, avec un atome d'oxygène entre deux atomes de silicium.

1. Quel est le contenu d'une maille ? En déduire le paramètre cristallin a, la densité de la cristobalite étant $d = 2,32$.

2. Déterminer la coordinence de chaque atome.

3. Comment expliquer la stabilité de cet édifice ?

Données : $M(SiO_2)$=60,1 g/mol.

Exercice 54 **Détermination de la constante d'Avogadro**

Une sphère est réalisée en cuivre, lequel cristallise selon une structure cubique compacte dont le paramètre de maille vaut a = 362 pm. La sphère pleine de rayon $R = 0,5$ cm a une masse m égale à 4,67 g.

1. Quelle relation existe-t-il entre a, m, R, M et N_A ?

2. Déterminer une valeur numérique de la constante d'Avogadro. Veiller à donner le bon nombre de chiffres significatifs...

Données : M(Cu)=63,5 g/mol ; $\rho = 8,92 \cdot 10^3$ kg/m^3.

Exercice 55 **Aluminium**

La masse volumique de l'aluminium Al qui cristallise dans le système cfc est $\rho = 2,70 \cdot 10^3$ kg/m^3.

1. Évaluer (c'est-à-dire calculer) le paramètre a de la maille de l'aluminium.

2. En déduire la valeur de son rayon atomique R(Al).

3. Déterminer les rayons des sites tétraédriques r_T et des sites octaédriques r_0.

Données : M(Al)=27,0 g/mol.

Exercice 56 Chlorure d'ammonium

En dessous de 184°C, le chlorure d'ammonium solide cristallise selon une structure CsCl avec pour paramètre $a = 387$ pm.

1. Calculer la masse volumique de ce composé.

2. Évaluer le rayon de l'ion NH_4^+ supposé sphérique sachant qu'en coordinence de 8 le rayon de l'ion chlorure est $R(Cl^-)$=187 pm.

3. En déduire la compacité du chlorure d'ammonium.

Exercice 57 Iodure cuivreux : composé ionique ou covalent

L'iodure cuivreux CuI cristallise avec une structure cubique de type blende qui peut s'analyser suivant les deux modèles de la liaison chimique, ionique ou covalente.

1. Les ions iodure de rayon $R(I^-)$=220 pm, occupent les nœuds d'un réseau cubique à faces centrées, les ions Cu^+ de rayon $R(Cu^+)$=96 pm s'insérant dans des sites tétraédriques.

2.(a) Indiquer les coordonnées relatives des ions iodure de la maille.

(b) Préciser le nombre de cations cuivre (I).

(c) Le site tétraédrique intérieur à la maille, le plus proche de l'origine, est occupé par un ion Cu^+. Indiquer les coordonnées relatives des autres cations situés à l'intérieur de la maille.

(d) En déduire la nature du réseau des ions Cu^+.

3.(a) Dans la construction d'un cristal ionique, les ions les plus petits sont supposés écarter les ions les plus gros, de charges opposées. Établir la double inégalité que doit vérifier le rapport $R(Cu^+)/R(I^-)$.

(b) Évaluer le paramètre de maille théorique a de l'iodure cuivreux dans le modèle ionique.

(c) Comparer cette valeur à la valeur réelle $a_r = 615$ pm.

4.(a) La blende présente de fortes analogies avec une importante structure covalente X. Expliquer comment la structure de la blende dérive de celle de X. Indiquer leurs différences.

(b) Déterminer le nombre d'électrons de valence apportés par un atome A (A=Cu(I)) à une entité AB_4.

(c) En déduire la contribution électronique respective des éléments cuivre et iode à la liaison Cu-I. Préciser la nature de celle-ci.

(d) Analyser la cohérence de ce modèle sur la base des rayons covalents du cuivre et de l'iode, respectivement égaux à 117 pm et 133 pm. Les électronégativités du cuivre et de l'iode valent respectivement 1,90 et 2,66.

Exercice 58 Structure du titanate de baryum

Le titanate de baryum est un solide ionique très utilisé dans l'industrie électronique, en raison de sa forte constante diélectrique, qui en fait le matériau de base de la fabrication des condensateurs. Sa structure cristalline, pour des températures supérieures à 120° est la structure perovskite, dont une maille cubique peut être décrite de la façon suivante :
- les ions baryum Ba^{2+} occupent les sommets du cube ;
- un ion titane Ti^{4+} occupe le centre du cube ;
- les ions oxyde occupent les centres des faces du cube.

1. Représenter la maille cubique décrite ci-dessus.

2. Donner la formule du titanate de baryum en justifiant vos calculs par la structure de la maille.

3. Vérifier la neutralité électrique de la maille cubique décrite.

4. Donner la coordinence des ions titane.

5. De même pour les ions baryum.

6. Dans une structure perovskite idéale, tous les cations sont en contact avec les anions qui les entourent. Quelles relations devraient vérifier les rayons des différents ions si la structure du titanate de baryum était idéale ?

7. Les valeurs des rayons ioniques sont données ci-après. La structure du titanate de baryum est-elle une structure parfaite ?

8. Quels sont, en réalité, les cations tangents aux anions si on mesure $a = 405$ pm ?

Données : rayons ioniques Ti^{4+} :68 pm ; Ba^{2+} : 135 pm ; O^{2-} : 140 pm.

Chapitre 9

Thermochimie

Exercice 59 Utilisation des enthalpies standard de formation

1. Donner la réaction standard de formation à 298 K des espèces chimiques suivantes : $H_2O_{(l)}$, $H_2O_{(g)}$, $CO_{2(g)}$, $NH_{3(g)}$, $HCl_{(g)}$, $SO_{2(g)}$ et $CH_3COOH_{(l)}$.

Données : le soufre possède plusieurs formes allotropiques : la forme α est stable sous la pression standard pour t inférieure à la température de transition de phase $t_{\alpha\to\beta} = 95,6°C$.

2. Équilibrer les équations des réactions suivantes et déterminer leurs enthalpies standard $\Delta_r H°$ à 298 K. Quelles sont les réactions exothermiques ?

$$\begin{array}{llcl}
a) & Mg_{(cr)} + CO_2 & \longrightarrow & MgO_{(cr)} + C\,; \\
b) & PbS_{(cr)} + O_2 & \longrightarrow & PbO_{(cr)} + SO_{2(g)}\,; \\
c) & Cu_2O_{(cr)} + Cu_2S_{(cr)} & \longrightarrow & Cu_{(l)} + SO_{2(g)}\,; \\
d) & UF_{4(cr)} + Ca_{(cr)} & \longrightarrow & U_{(cr)} + CaF_{2(cr)} \\
e) & HgS_{(s)} + O_2 & \longrightarrow & Hg_{(g)} + SO_{2(g)}
\end{array}$$

Données : $\Delta_f H°$ en kJ/mol à 298K :

$CaF_{2(cr)}$: −1219,9 ; $SO_{2(g)}$:−296,81 ; $Cu_2S_{(cr)}$: −79,5 ; $UF_{4(cr)}$: −1854 ;
$Cu_{(l)}$: 10,2 ; $PbO_{(cr)}$: −314,4 ; $CO_{2(g)}$:−393,51 ; $PbS_{(cr)}$: −94,3 ;
$Hg_{(g)}$: 61,33 ; $Cu_2O_{(cr)}$: −186,6 ; $MgO_{(cr)}$: −601,6 ; $HgS_{(cr)}$: −58,2.

Exercice 60 Obtention du molybdène

Le métal molybdène est utilisé pour améliorer les propriétés mécaniques de l'acier. Il est obtenu par réduction de son trioxyde par le dihydrogène.

1. Écrire l'équation-bilan faisant intervenir une mole de trioxyde. Le métal et son oxyde sont solides ; l'eau formée est à l'état de vapeur. À 298 K, l'énergie interne standard de réaction est égale à 19,8 kJ/mol. La réaction est-elle endo ou exothermique ? Déterminer l'enthalpie standard de cette réaction.

2. Déterminer l'enthalpie standard de formation du trioxyde de molybdène à 298 K, ainsi que l'énergie interne standard correspondante. La réaction est-elle endothermique ou exothermique ?

3. En pratique, la réduction du trioxyde de molybdène a lieu dans un four électrique à 973 K. Déterminer l'enthalpie standard de cette réaction à 973 K.

Données : à 298 K, $\Delta_f H°(H_2O(g))$=-241,83 kJ/mol.
Entre 298 et 2000 K, C_p° en J/K/mol : $H_{2(g)}$=27,71+2,97·10^{-3} T.
$Mo_{(cr)}$=22,3+5,7·10^{-3}T ; $H_2O_{(g)}$:30,54+10,29·10^{-3} T ;
$MoO_{3(cr)}$: 65,8+43,2·10^{-3} T.

Exercice 61 Enthalpie standard de formation des ions sodium et chlorure

1. Déterminer les enthalpies standard de formation des ions Na^+ et Cl^- en solution aqueuse à 25°C connaissant :
- les enthalpies standard de formation des corps purs $\Delta_f H°(298)$: $NaCl_{(s)}$: −411,2 kJ/mol ; $HCl_{(g)}$: −92,3 kJ/mol ;
- les enthalpies standard de dissolution en solution aqueuse : $NaCl_{(s)} \longrightarrow NaCl_{(aq)}$, $\Delta_d H°(298) = +3,9$ kJ/mol ;
$HCl_{(g)} \longrightarrow HCl_{(aq)}$, $\Delta_d H°(298) = -74,9$ kJ/mol.

Exercice 62 Variation de l'enthalpie d'un corps pur avec la température

Déterminer la variation d'enthalpie d'un système comportant 5 moles d'aluminium au cours d'une transformation sous pression constante à 101,3 kPa où la température passe de $T_0 = 298$ K à $T_1 = 2900$ K.

Données : sous la pression de 101,3 kPa, T_{fus}=933K; L_{fus}=397 kJ/kg; T_{vap} = 2740 K; $L_{vap} = 10,5 \cdot 10^3$ kJ/kg; c_{solide} = 900 J/kg/K; $c_{liquide}$ = 1090 J/kg/K; c_{gaz} = 770 J/kg/K; M=27,0 g/mol.

Exercice 63 Influence de T sur $\Delta_f H°$ du méthane

L'enthalpie standard de formation du méthane à 298 K est de −74,60 kJ/mol.

1. Donner l'expression de $\Delta_f H° = f(T)$ en utilisant soit les capacités calorifiques standard à 298 K soit les capacités calorifiques standard valables entre 298 et 2000 K.

2. Calculer dans les 2 cas la valeur à 1500 K. Conclure.

Données :
à 298 K, C_p° (J/K/mol) : $CH_{4(g)}$: 35,71 ; $H_{2(g)}$: 28,84 ; $C_{graphite}$: 8,6.
Entre 298 et 2000 K :

$$CH_4 : C_p^\circ = \left(23,64 + 47,86 \cdot 10^{-3} T - \frac{1,92 \cdot 10^5}{T^2}\right);$$

$$H_2 : C_p^\circ = \left(27,28 + 3,26 \cdot 10^{-3} T + \frac{0,50 \cdot 10^5}{T^2}\right);$$

$$C_{graphite} : C_p^\circ = \left(16,86 + 4,77 \cdot 10^{-3} T - \frac{8,54 \cdot 10^5}{T^2}\right).$$

Exercice 64 Synthèse de l'eau liquide ou vapeur

On connaît l'enthalpie standard de la réaction de formation de l'eau liquide à $T_0 = 298$ K.
En appelant C_1°, C_2°, C_3° et C_4° les capacités thermiques molaires isobares ($P°$) respectivement de H_2, O_2, $H_2O_{(l)}$ et $H_2O_{(g)}$, valeurs moyennes indépendantes de T et $\Delta_{vap}H°$ l'enthalpie standard de vaporisation de l'eau à 100° notée T_1=373 K, calculer littéralement :

- l'enthalpie standard de la réaction de formation de l'eau liquide à $T_2 = 350$ K ;
- l'enthalpie standard de la réaction de formation de l'eau vapeur à $T_3 = 400$ K.

Exercice 65 Température de flamme

Le méthane réagit dans l'air à 298 K avec la proportion théorique d'oxygène par une explosion selon la réaction
$CH_{4(g)} + \frac{3}{2} O_{2(g)} \longrightarrow 2\,H_2O_{(l)} + CO_{(g)}$.
En admettant que 1/10 de la chaleur dégagée soit perdue, déterminer la température atteinte lorsqu'on fait réagir sous 1 bar du méthane avec le volume d'air exactement nécessaire à sa combustion.

Données :

Composé	$\Delta_f H°$(298K) en kJ/mol	C_p ($J \cdot K^{-1} \cdot mol^{-1}$)
$CH_{4(g)}$	−74,81	$23,65 + 4,788 \times 10^{-2} T$
$O_{2(g)}$		$29,96 + 4,18 \times 10^{-3} T$
$CO_{(g)}$	−110,5	$28,42 + 4,1 \times 10^{-3} T$
$N_{2(g)}$		$27,88 + 4,27 \times 10^{-3} T$
$H_2O_{(l)}$	−285,8	75,47
$H_2O_{(g)}$		$30,01 + 1,071 \times 10^{-2} T$

$\Delta H^\circ_{vap}(373, H_2O) = 40,7$ kJ/mol.

Exercice 66 Pression d'explosion

On mélange 0,2 mol de méthane et 0,5 mol de dioxygène dans une enceinte adiabatique, initialement à 298 K, en acier inoxydable. On produit une étincelle et la réaction de combustion est complète. Estimer la pression finale du mélange gazeux. Expliquer la méthode.

Données :
$V_{\text{enceinte}} = 10$ L ;
C_V en J·mol^{-1}·K^{-1} : $O_{2(g)}$: $27,196 + 4,18 \times 10^{-3}T$, $H_2O_{(g)}$: $20,94 + 1,03 \times 10^{-2}T$, $CO_{2(g)}$: $44,22 + 47,86 \times 10^{-3}T$.
$\Delta_f H°$ en kJ/mol à 298 K : $CH_{4(g)}$: −74,894
$H_2O_{(g)}$: −241,826
$CO_{2(g)}$: −393,484

Exercice 67 Température de flamme

On précise qu'à l'état solide ou liquide les espèces Al, Al_2O_3, Cr et Cr_2O_3 sont non miscibles.

1. Écrire l'équation-bilan de la réduction d'une mole d'oxyde de chrome $Cr_2O_{3(s)}$ par l'aluminium $Al_{(s)}$ à 300 K.

2. L'enthalpie standard de cette réaction vaut -560 kJ/mol. On mélange 0,90 mol d'oxyde de chrome et 1,80 mol d'aluminium à 300 K. La réaction de réduction est totale et instantanée, calculer la quantité de chrome obtenue.

On suppose que la chaleur dégagée par la réaction est théoriquement suffisante pour que le chrome et l'alumine Al_2O_3 se trouvent en totalité à l'état liquide en fin de réaction pour un système isolé.

3. Calculer la température finale atteinte T_f. L'hypothèse de calcul est-elle correcte ?
On prendra pour capacités thermiques moyennes sur l'intervalle de température utile 40 J/K/mol pour le chrome (liquide ou solide) et 120 J/K/mol pour l'alumine (liquide ou solide).

4. Sachant que la densité de l'alumine liquide est nettement inférieure à celle du chrome liquide, pourquoi est-il intéressant industriellement d'obtenir le chrome et l'alumine à l'état liquide ?

Données :

espèce	$\Delta_f H°$ (kJ/mol)	$\Delta_{fus} H°$ (kJ/mol)	T_{fus} (°C)
$Al_{(s)}$		10	660
$Al_2O_{3(s)}$	−1700	110	2050
$Cr_{(s)}$		20	1910
$Cr_2O_{3(s)}$	−1140		2440

Exercice 68 Élévation maximale de température dans le réacteur

On étudie ici le procédé Shell qui permet d'obtenir de l'éthanol à partir d'éthylène suivant la réaction :
$CH_2CH_{2(g)} + H_2O_{(g)} = CH_3CH_2OH_{(g)}$.

On souhaite évaluer la variation de température maximale ΔT_{max} pouvant être observée à l'intérieur d'un réacteur. Ce réacteur est supposé adiabatique, la pression totale étant maintenue constante à 1 bar. On introduit initialement, à 400 K, dans ce réacteur, une mole d'éthylène gazeux et une mole d'eau gazeuse. La réaction de formation de l'éthanol est supposée, ici, totale.

On suppose que la capacité thermique totale à pression constante du réacteur $C_{p,\text{réacteur}}$ vaut 500 J/K, la capacité thermique molaire standard à pression constante de l'éthanol, $C_{p,\text{éthanol}}$ étant prise égale à 65 $J{\cdot}K^{-1}{\cdot}mol^{-1}$, celle de l'eau gaz vaut 30 $J{\cdot}K^{-1}{\cdot}mol^{-1}$ et celle de l'éthylène 42 $J{\cdot}K^{-1}{\cdot}mol^{-1}$.

1. Quelle fonction d'état reste constante au cours de la transformation ? Justifier votre réponse.

2.a. Calculer l'enthalpie standard de réaction à 298 K. Que vaut-elle à 400 K ?

2.b. Exprimer littéralement la relation entre la variation de température, l'enthalpie standard de réaction à 400 K et les capacités à pression constante du réacteur et de l'éthanol.

3. Calculer la variation maximale de température ΔT_{max}.

Données à 298 K : Enthalpies standard de formation en kJ/mol :
éthylène gazeux : 52,3 ; éthanol gazeux : −235,1 et eau gazeuse : −241,8.
Entropies molaires standard en $J{\cdot}K^{-1}{\cdot}mol^{-1}$:

éthylène gazeux : 220 ; éthanol gazeux : 283 et eau gazeuse : 189.
